走滑转换带控藏

——以渤海海域为例

徐长贵 李 伟 编著

科学出版社

北 京

内 容 简 介

本书基于渤海海域地质、地球物理及勘探成果资料，结合前人研究成果，创新性地将走滑断裂理论与转换断裂理论相结合，建立了走滑转换带构造理论；对渤海海域走滑转换带的发育背景、成因类型、展布规律进行了研究；建立了走滑转换带解析方法，以及不同类型走滑转换带增（释）压强度的定量表征方法；明确了不同类型走滑转换带增（释）压强度的时空展布特征。综合以上分析，结合典型区带的实例解剖，探讨走滑转换带对源岩和圈闭、沉积体系、油气输导与封堵、油气聚集分布的控制作用，揭示走滑转换带控制大中型油气田形成机制，明确不同类型走滑转换带的油气成藏模式与成藏主控因素，并提供多个勘探实例与广大读者分享。

本书可供从事走滑及相关构造领域研究和油气勘探的科技人员参考，也可供相关专业高校及科研院所的教师及研究生阅读参考。

审图号：GS 京（2022）1388 号

图书在版编目（CIP）数据

走滑转换带控藏：以渤海海域为例/徐长贵，李伟编著. —北京：科学出版社，2022.12
ISBN 978-7-03-073840-0

Ⅰ. ①走… Ⅱ. ①徐…②李… Ⅲ. ①渤海-走滑断层-研究 Ⅳ. ①P542.3

中国版本图书馆 CIP 数据核字（2022）第 220746 号

责任编辑：孟美岑 李 静/责任校对：何艳萍
责任印制：吴兆东/封面设计：北京图阅盛世

科 学 出 版 社 出版
北京东黄城根北街 16 号
邮政编码：100717
http://www.sciencep.com
北京中科印刷有限公司 印刷
科学出版社发行 各地新华书店经销
*
2022 年 12 月第 一 版 开本：787×1092 1/16
2022 年 12 月第一次印刷 印张：18
字数：427 000

定价：258.00 元
（如有印装质量问题，我社负责调换）

序

走滑断裂是岩石圈中一种非常重要的构造类型，具有延伸远、切割深、活动时间长、构造样式复杂多样的特征。走滑断裂带是不同性质和来源的流体循环活动及相关成矿作用的有利场所。因此，走滑断裂概念被提出以来，引起了全球地质学家的广泛关注，对走滑构造展开了大量研究，并取得了重要成果。走滑断裂与油气关系密切，但走滑断裂对油气富集的控制机理复杂。转换带的概念最早由 Dahlstrom(1970)在研究挤压变形时首次提出，Morley 等(1990)将其应用于伸展构造，此后国内外学者开展了大量的研究。转换带在伸展盆地的油气勘探中受到了普遍重视并发挥了重要的作用，但是在走滑作用强烈的地区，转换带的研究相对薄弱，特别是走滑转换带对大中型油气田形成的控制作用的研究国内外鲜见报道，因此《走滑转换带控藏》一书作者将走滑断裂与转换带结合起来研究是一项创新工作。

郯庐断裂带是发育于我国东部的巨型走滑断裂带，是中国东部重要的油气勘探区域。早在 20 世纪 80 年代，中国石油地质工作者就已经开展了东部郯庐走滑断裂带的相关地质研究，21 世纪初至今围绕郯庐断裂带走滑特征、成因机理及其控藏作用开展了大量深入细致而又卓有成效的研究工作，逐渐形成了一系列创新性成果和认识，发现了一系列大中型油气田，为我国能源领域的可持续、高质量发展作出了贡献。

走滑断裂，特别是多动力源控制的复杂应力背景下形成的叠合型走滑断裂对油气富集的控制机理是一个世界级难题。渤海海域作为一个新生代裂陷盆地，在地幔隆升和太平洋板块斜向挤压双动力作用下，形成了郯庐断裂带、张蓬断裂带相互交织、相互作用的非常复杂的叠合型走滑断裂，其对渤海油气的生成、运聚、成藏与分布具有重要而又复杂的控制作用。该书作者长期从事渤海海域走滑断裂带控藏的理论研究与勘探实践工作，创新揭示走滑转换带控藏机制，有效指导了渤海复杂走滑断裂带勘探，发现了一批大中型油气田，走滑转换带的提出及其解析方法的建立是构造地质学研究的一项重要创新。该书以渤海海域为例，从走滑转换带控藏作用的提出、渤海海域走滑转换带形成的区域地质条件、渤海海域走滑转换带的发育特征与展布规律、走滑转换带控藏作用分析技术与方法、走滑转换带对关键成藏要素的控制作用、走滑转换带对油气聚集分布的控制作用及成藏模式、走滑转换带勘探实例等七个方面对走滑转换带控藏作用进行了系统的论述，作者关于走滑转换带控藏的创新研究是郯庐断裂带控藏认识的重大创新成果，填补了走滑断裂带控藏研究的空白，丰富和完善了构造地质学。

该书凝聚了郯庐走滑断裂带研究人员的集体智慧，是系统论述走滑转换带控藏的一本专著，相信该书的出版能够有效推进走滑构造控藏研究的持续深入发展，对今后走滑断裂带的油气勘探具有重要的借鉴作用和参考价值。

中国科学院院士 雪承造

2022 年 6 月 6 日

前　言

转换带的概念最早由 Dahlstrom(1970)在研究挤压变形时首次提出,Morley 等(1990)将其应用于伸展构造,此后国内外学者开展了大量的研究。转换带在伸展盆地的油气勘探中受到了普遍重视并发挥了重要的作用,但是在走滑作用强烈的地区,转换带的研究相对薄弱,特别是对走滑转换带对大中型油气田形成的控制作用的研究国内外鲜见报道。

笔者在 2008 年于渤海油田辽东湾项目工作期间,通过区域断裂研究发现,郯庐走滑断裂带辽东湾段同一条走滑断层不同的弯曲段、不同走滑断层叠覆段、走滑断层末端等走滑断裂的转变部位会形成不同类型的张性、压性、张扭性和压扭性构造,并且与油气的富集贫化有密切的关系,储量丰度高的油藏往往都发育在具有挤压应力背景的转换部位,这引起了笔者极大的兴趣,当时笔者把这种走滑断裂的转换部位称为“走滑转换带”。后续在国家科技重大专项、中国海油重大科研项目支持下,通过多年的攻关,笔者带领团队对渤海这种走滑断裂的转换带进行了系统的研究,创新提出增压型走滑转换带控制渤海走滑断裂带大中型油气田形成的重大认识,并指导渤海走滑断裂带的勘探实践,先后发现锦州 20-2 北、旅大 6-2、旅大 21-1、旅大 16-3、旅大 5-2 北等一批大中型油气田,这些油田目前很多已经投入开发,为渤海油田上产 3000 万吨和持续稳产作出了重要贡献。在渤海油田,增压型走滑转换带控制大中型油气田的发育已经成为共识,在后续的研究中发现,斜向伸展背景下的转换带对大中型油田同样具有控制作用。2020 年 5 月,笔者调至南海西部油田工作,带领南海西部勘探团队在珠三坳陷的文昌凹陷、涠西南凹陷、松南–宝岛凹陷借鉴转换带控藏的认识,先后发现文昌 9-7 油田、涠洲 11-6 油田和宝岛 21-1 气田,这些发现进一步验证了断裂转换带控藏认识的正确性和实用性。正是这些成功的勘探实践,促使笔者下决心把这些年对转换带控藏的认识和体会写出来并出版,希望这些理论认识与勘探实践能给油气勘探同行们一点启发。

本书基于渤海海域丰富的三维地震、钻井、录测井、勘探成果等资料,明确走滑转换带概念、内涵,对渤海海域走滑转换带进行系统判识、特征解析和类型区划,系统总结走滑转换带控藏作用的分析技术与方法,阐明渤海海域走滑断裂带及走滑转换带控藏作用,揭示走滑转换带对源岩和圈闭、沉积储层、油气输导与封堵、油气聚集分布的控制作用,明确不同类型走滑转换带的油气成藏模式与成藏主控因素,并提供多个走滑转换带在油气勘探中的成功案例与广大读者分享。本书的核心创新认识包括以下五个方面。

(1)揭示渤海走滑转换带形成的动力学机制。地幔上涌产生的水平伸展与 NE 向走滑的叠加是走滑转换带形成的主要动力。渤海海域走滑断裂体系发育特征体现了地幔上涌产生的水平伸展与 NNE-SSW 向走滑的复合效应,具有三层结构、三组分支、三段分区的特点;“秦皇岛–旅顺”“张家口–蓬莱”NW 向先存断裂体系的存在、复活及其构造转换作用,是导致渤海东部走滑带的南、北分区效应的主要因素。渤海海域走滑断裂经历了复杂的“伸展–走滑”叠加复合过程,孔店组—沙四段沉积期伸展强于走滑,为郯庐断裂带左旋走滑到右旋走滑的构造转型期；沙三—沙一段沉积期中等伸展、右旋走滑，走滑强度逐渐增大；东营组沉积期强走滑、弱伸展，各构造单元分隔性减弱，整体断-拗转换；新近纪—第四纪渤海东部在整体拗陷基础上叠加中等强度的走滑。

(2)建立走滑转换带成因类型及分布规律。走滑转换带类型多样、两种应力状态的转换带交替发育，按其规模可以划分为三级。根据在走滑断裂带中发育的位置，可以将渤海海域走滑转换带划分为断边转换带、断间转换带、断梢转换带和复合型转换带四大类，进一步根据断层的相互作用及转换带的形态，将渤海海域走滑转换带分为S型转换带、叠覆型转换带、双重型转换带、帚状转换带、共轭型转换带及复合型转换带六种类型；根据局部应力状态可以分为增压型转换带和释压型转换带，两种转换带交替发育；根据转换带的规模，渤海海域走滑转换带可以分为一级转换带、二级转换带和三级转换带。

(3)揭示走滑转换带与油气成藏关键要素的耦合关系。走滑转换带的增(释)压效应与源岩、圈闭、岩石孔渗物性、地层压力、烃柱高度等石油地质参数存在明显的耦合关系。释压效应促进洼陷的构造沉降，有利于烃源岩的发育，且释压强度越大烃源岩厚度、总有机碳含量越大；增压效应导致圈闭幅度增大，且增压强度系数越大圈闭幅度越大；走滑转换带的增(释)压效应导致断裂及其附近孔隙度、渗透率发生变化，进而影响断裂对油气输导与封堵的控制作用，增压段具有更强的侧向封堵性，油气可沿断裂带走向(构造脊)或垂向运移；释压段侧封性弱，油气可以穿过断裂带侧向运移、沿断裂带垂向运移，难以沿断裂走向运移。

(4)揭示增压型走滑转换带是大中型油气田富集的主要场所。走滑转换带的增(释)压效应控制了油气成藏，整体表现为"释压控源、组合控圈、增压利堵、差异成藏"的特点。增压型走滑转换带圈闭类型以背斜、断背斜类圈闭为主，内部断裂封堵性较强，油气往往在上盘成藏并具有多层系成藏的特点；释压型走滑转换带圈闭类型以断块圈闭为主，内部断裂封堵性较差，常常在下盘遮挡成藏或侧向穿过断裂运移至下盘成藏，成藏层位较浅。

(5)创新建立走滑转换带构造解析技术。通过物理模拟等技术方法，创新建立走滑转换带的构造解析技术，将区域走滑作用力所派生出的垂直于各转换带方向的挤压(或伸展)应力与主走滑应力大小的比值定义为走滑转换带的增(释)压强度系数，主断裂右旋走滑时该值为走滑转换带内构造线法线方向逆时针旋转至区域走滑方向所转角度的余弦值，正值为增压，负值为释压，绝对值越大增压或释压强度越大。通过该参数的计算，实现了渤海海域不同类型走滑转换带增(释)压效应的定量表征。

本书是对以渤海海域为典型代表的复杂走滑转换带控藏全面、系统的总结，是多年来参与中国近海复杂走滑转换带控藏研究的全体人员的智慧结晶。本书由徐长贵构思，共分为八章，前言由徐长贵执笔；第一章(走滑转换带控藏作用的提出)由徐长贵、张如才、彭靖淞执笔；第二章(渤海海域走滑转换带形成的区域地质条件)由徐长贵、李伟执笔；第三章(渤海海域走滑转换带的发育特征与展布规律)由徐长贵、李伟执笔；第四章(走滑转换带控藏作用分析技术与方法)由李伟、徐长贵执笔；第五章(走滑转换带对关键成藏要素的控制作用)由徐长贵、李伟执笔；第六章(走滑转换带对油气聚集分布的控制作用及成藏模式)由徐长贵执笔；第七章(走滑转换带勘探实例)由徐长贵、张如才、李伟执笔；第八章由李伟执笔；全书由徐长贵统稿。

在走滑转换带控藏研究过程中得到了中国海洋石油集团有限公司副总经理周心怀教授，中国海洋石油有限公司总裁夏庆龙教授，中国海洋石油集团有限公司副总地质师、中国海洋石油集团有限公司首席科学家、中国工程院院士谢玉洪教授，中国工程院院士邓运华教授等领导和专家的大力支持和指导，在此表示衷心感谢。本书的构思和编写过程中，中国石油大学(华东)吴智平教授，中国石油大学(北京)余一欣副教授，中海石油(中国)有限公司天津分公司王昕、牛成民、吕丁友、杜晓峰等同志给予了帮助和支持。中海石油(中国)有限公司天津分公司宿雯、李虹霖、苏凯等多位同事，中国石油大学(华东)陈兴鹏、张同杰、蒙美芳、曹明月、茶丽婷等多位研究生参与了大量图件清绘工作，在此一并表示衷心感谢。特别感谢著名构造地质学家、中国科学院院士贾承造教授百忙之中为本书作序。

未来，随着三维地震资料品质的不断提高和探井工作量的不断增加，对断裂转换带控藏的认识也必定会不断加深，对油气勘探的指导作用也会逐渐加强，转换带油气勘探的成功率也必将会逐步得到提高，本书介绍的走滑转换带控藏认识将发挥越来越重要的作用，在类似盆地和构造区油气勘探中也有较好应用前景和推广价值。断裂转换带控藏是一个复杂的课题，本书是对复杂断裂转换带控藏研究的初步认识和技术方法的初步总结，仅仅是断裂转换带控藏研究的一个开端，希望能起到抛砖引玉的作用。由于时间和水平有限，书中难免会有不妥之处，敬请广大读者批评指正。

徐长贵

2022 年 6 月于北京

目　录

第一章 走滑转换带控藏作用的提出

渤海海域位于渤海湾盆地东北部，东邻胶辽隆起，北接下辽河拗陷，西北与燕山造山带相邻，西南接黄骅拗陷，南与济阳拗陷相接。新生代处于太平洋板块俯冲、印度–亚洲大陆碰撞的远程效应、深部地幔上涌、郯庐断裂带走滑等共同作用控制和影响之下（漆家福，2004；Qi and Yang，2010；李三忠等，2010，2013；吴智平等，2013；侯贵廷，2014；李理等，2015；吴庆勋等，2018；任健等，2019）。NNE走向的郯庐断裂带位于盆地东部，在盆地的主形成期强烈活动（Qi and Yang，2010；Zhang et al.，2003a；朱光等，2006；Zhu et al.，2009，2010；龚再升等，2007；黄雷等，2012a）。郯庐断裂带具有多期次、不同性质的复杂活动历史，起源于印支期华北与华南板块的陆–陆碰撞及构造转换（朱光等，2004），此后侏罗–白垩纪（燕山期）经历了复杂的演化过程（Zhu et al.，2005，2010；朱光等，2004，2006；牛漫兰等，2010；詹润和朱光，2012；张岳桥和董树文，2008；孙晓猛等，2010）。进入新生代，早期古新世—中始新世郯庐断裂带表现为左旋走滑兼有伸展活动（Hou and Hari，2014；黄雷，2015），晚始新世以后特别是渐新世以来郯庐断裂带表现为较为强烈的右旋走滑活动（漆家福等，2008；黄雷，2015；徐长贵，2016；张婧等，2017；李伟等，2018）。沿其走向，郯庐断裂带具有明显的分段性，大致可分为三段：南部的苏皖段、中部的山东段及北部的沈阳-渤海段（Qi and Yang，2010；张鹏等，2010），其中渤海段穿过渤海湾盆地东部的渤海海域，全长约 450km（王应斌和黄雷，2013），其发育演化对渤海海域各构造单元的形成演化和油气成藏具有重要的控制作用。目前的研究普遍认为，郯庐断裂带在渤海海域并不是一条平直、连续的断裂带，受 NW 向的张家口–蓬莱断裂带（简称张蓬断裂带）和秦皇岛–旅顺断裂带的影响（龚再升等，2007；漆家福等，2008，2010；詹润等，2013），郯庐断裂带渤海段自北向南可分为辽东湾段、渤中–渤东段和勃南段，同一区段又可以分为不同分支断裂，就每条分支断裂而言，走向上的弯曲和不同分段之间的叠覆现象普遍存在（李伟等，2016；徐长贵，2016；石文龙等，2019）。

郯庐断裂带的走滑作用与盆地的伸展作用、郯庐断裂带与张家口–蓬莱断裂带和秦皇岛–旅顺断裂带的走滑作用在不同的构造阶段相互叠加、相互影响，形成了不同类型、复杂多样的走滑转换带。作为近年来走滑构造研究中的一大重要进展，走滑转换带对油气的生成、运聚、成藏和改造具有重要的控制和影响作用，控制了大中型油气田的形成。

第一节 国内外走滑断裂带控藏作用研究现状

走滑断裂作为普遍存在于从剪切到挤压、伸展应力环境之下的构造变形，对于油气成藏具有十分重要的控制作用。前人根据走滑断裂的长度、切割深度及在石油地质上的特点将走滑断裂分为大型、中型和小型三种类型，表 1-1 对其石油地质特征进行了总结归纳(范秋海等，2008)。

表 1-1　走滑断裂按规模及石油地质特点的分类(范秋海等，2008)

断裂规模	发育部位	地质作用	地质特点	石油地质上的特点
大型	板块碰撞边界	形成沉积盆地	堆积快，形成深而窄的箕状断陷	沉积物快速充填，形成良好的生油母质及储集体
中型	沉积盆地内部	控制二、三级构造单元的展布及特征	分隔不同的成油体系，形成较大型构造、圈闭，大规模沟通上下地层	既利于油气运移，又易于造成泄漏及破坏
小型	二级构造单元内部	形成沉积盆地二、三级断裂、切穿并沟通部分地层	形成小型构造、圈闭，小范围内沟通上下地层	规模较小，利于油气运移，破坏力小

一、走滑断裂控制盆地构造格局和沉积体系

作为控制岩石圈形变的一种非常重要的构造类型，大型走滑断裂往往延伸远、切割深、活动时间长、构造样式复杂多样，对于走滑相关盆地的内部沉积模式和充填格架具有重要的控制作用(Reading，1980；Christie-Blick and Biddle，1985)。尽管走滑盆地与张性或压性盆地的沉积特征在某些方面具有相似性(Windley et al.，1990；Kim et al.，2003)，但多数走滑盆地具有独特的沉积模式，如在同沉积走滑过程中，冲积扇、扇三角洲等扇体具有沿走滑断层斜向迁移、随走滑运动周期性叠置的特征(McLaughlin and Nilsen，1982；Nilsen and Sylvester，1995)，走滑及其派生作用形成的复杂构造导致的快速相变特征(Ridgway et al.，1993；Lee and Chough，1999；Wysocka and Swierczewska，2003；范秋海等，2008)，以及晚期的断裂走滑对早期沉积体的横向错断作用等(徐长贵，2006；蒋子文等，2013)。因此，与走滑相关的沉积盆地中，沉积体系成因类型多样，相带窄、相变快、分布规律复杂，储层预测十分困难。近年来，徐长贵等(2017)以源-汇思想为指导，对渤海古近纪与走滑断裂相关沉积湖盆的源-汇体系进行深入剖析，总结走滑断裂带源-汇特征及其控砂模式，对渤海走滑带古近系储层预测起到了良好的指导作用，促进复杂走滑带的油气勘探，发现多个大中型油气田。实践证明，源-汇体系的分析思路同样适用于走滑相关的沉积盆地，这对类似沉积盆地的源-汇研究具有较好的借鉴意义。

二、走滑断裂形成有效的油气圈闭

伴随走滑断裂的发生发展，沿断裂带会产生一系列相关构造，在这些构造中已发现大量的油气储量，证明走滑断裂可以形成有效的油气圈闭尤其是构造圈闭。典型如雁列构造和花状构造等，雁列构造在走滑断裂两侧的褶皱成群、成带出现，形成一系列良好的背斜、断层圈闭，如塔里木盆地库车拗陷西部的喀拉玉尔衮走滑断裂东侧发育北喀拉玉尔衮、喀拉玉尔衮及南喀拉玉尔衮背斜三个呈雁列状排列的构造。花状构造是走滑断裂中主干断裂和分支断裂在剖面上的特殊组合形态，在大型走滑断裂带内广泛发育，其中正花状构造因其能够塑造四面倾伏的背斜圈闭而利于油气聚集，是走滑断裂带内重要

的油气聚集场所[图 1-1(a)]；负花状构造因具有负向构造特征，不易形成较好的圈闭而不利于油气聚集[图 1-1(b)](Harding，1985，1990)。例如，美国洛杉矶盆地圣安德列斯断裂带内发现的巨型油田多位于正花状构造部位。黄雷和刘池洋(2019)认为渤海海域还发育有一类特殊且众多的复合花状构造，这些复合花状构造在分支断层组合样式上与负花状构造相同，即以正断层为主，但整体形态上却发育着与正花状构造相类似的背斜，有利于形成良好的圈闭[图 1-1(c)]。

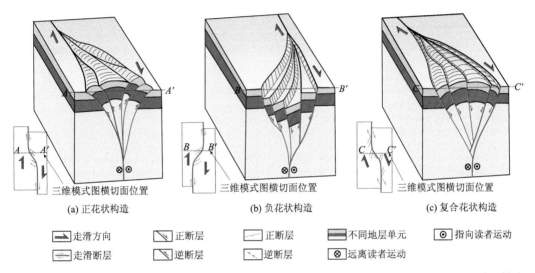

图 1-1　走滑断裂带内典型的正花状构造、负花状构造以及渤海海域张扭断裂带内复合花状构造模式
(据黄雷和刘池洋，2019)

除了雁列构造和花状构造外，走滑断裂还可以产生很多其他构造。漆家福等(1995b)对位于郯庐走滑断裂带上的下辽河–辽东湾拗陷研究发现一系列的走滑伴生构造，包括线性地堑与地垒、斜列的盖层正断层组与盖层褶曲、拉分与推挤构造、岩浆与泥底辟构造等，这些构造同样影响着地层的变形和圈闭的形成。

三、走滑断裂成为有效的油气运移通道

由于走滑过程中的扭应力，生油层中分散的油气被强拧驱赶运移至储层当中(张延玲等，2006)，正如李四光先生的"拧湿毛巾"理论。从生油层到圈闭这一过程中，运移是一个非常关键的环节，当生油层与储层垂向上并不直接相邻时，断层作为纵向运移通道的作用非常重要。走滑断裂切割深度大、断面陡直的普遍特征，使它在垂向上能够沟通更多的烃源岩，成为比倾向断裂更为有效的运移通道，如塔里木盆地顺北油田(邓尚等，2018，2019)。

除了主干走滑断裂外，渤海湾盆地浅层通常会发育平面上呈"羽状"、剖面上呈"花状"向上撒开的次级走滑断裂系统，在空间上与砂体共同构成网毯状结构。一方面，这些浅层的走滑断裂形成期为新近系馆陶组—明化镇组沉积时期，与大规模油气的运聚时

期相吻合(刘朝露和夏斌,2007;宠鹏等,2009);另一方面,后期活动断裂为先期运移到主干走滑断裂带附近的油气向浅层运移提供了运移通道,使得浅层走滑构造带附近地区油富集程度高。

四、走滑断裂改善储层储集物性

走滑断裂应力集中,在局部范围内应力不均,从而会在地层内部产生一系列的小裂缝和微裂隙(宽度小于 1μm,肉眼不可见),这些小裂缝和微裂隙对储集空间贡献不大,但却能极大地改善储层的渗透性,大幅提高低孔隙储层的产能,甚至可以使仅靠基质孔隙本不能作为储层的致密地层如碳酸盐岩、泥岩、煤层等具备储集能力,达到产出工业油气流的商业指标(夏义平等,2007)。

除此之外,大型走滑断裂系虽然可能只有很小的铅直运动矢量,但由于其巨大的走滑位移、复杂的几何特征及多变的运动过程,可以产生一万米甚至几万米的隆升(赵越等,1996)。地层的隆升必然导致大规模的剥蚀、风化,再经过埋藏成为很好的储层。塔里木盆地北部地区在逆冲-走滑运动的联合作用下,全面隆升、普遍遭受剥蚀,下古生界碳酸盐岩溶孔、溶洞、裂缝相当发育,大大改善了碳酸盐岩的储集性能(魏国齐等,1995)。

综上所述,前人对走滑断裂控藏作用已经开展了大量的研究和探索,取得了一系列重要成果和认识,有效地指导了走滑及相关构造的油气勘探。但是,伴随着研究的不断深入,以及勘探程度的不断提高,人们逐渐认识到在走滑断裂带内部及邻近地区还发育有数量众多、特征复杂的走滑转换带,这些走滑转换带的发育导致局部构造变形、应力场特征、油气地质条件的复杂性与多样性,仅仅依靠现有的走滑断裂控藏理论难以满足日益深入细致研究和勘探的需求。

第二节 渤海走滑断裂研究历程与走滑转换带控藏 作用的提出

渤海海域油气勘探始于 1965 年,至今已经历了半个多世纪艰难而又辉煌的发展历程。从勘探认识的角度出发,渤海海域油气勘探历程可划分为以陆区油气勘探经验为指导的摸索勘探阶段、以复式油气聚集理论指导的古近系油气勘探阶段、以新构造运动晚期成藏理论为指导的新近系浅层勘探阶段、以复杂断裂带成藏理论为指导的立体勘探阶段四个阶段(夏庆龙和徐长贵,2016)。经过渤海石油地质工作者的不懈努力和大胆创新,走滑断裂与走滑转换带控藏作用勘探理论逐渐发展、成熟,指导了多个大中型油气田的发现。

一、渤海断裂控藏研究历程及存在问题

郯庐断裂带是一条大型走滑断裂带,它从南到北贯穿整个渤海海域,对渤海湾海域盆地的成盆、成烃、成藏起着重要的控制作用,渤海油田石油地质工作者对郯庐走滑断裂带开展了大量的研究,认识也逐步得到深化。在走滑转换带控藏认识形成之前,渤海郯庐走滑断裂带研究大致经历了以下三个重要的阶段。

(1)第一阶段:"九五"之前,郯庐走滑断裂带成藏研究探索阶段,郯庐断裂带沿线基本没有规模性油气发现。

20世纪80年代,伴随着郯庐断裂带研究的逐渐深入(许志琴等,1982;徐嘉炜等,1984;蒋海昆等,1988)和圣安德列斯断裂带压扭构造油气田的发现(Dieterich,1997),郯庐断裂带渤海段及其对油气成藏的控制作用越来越受到大家的关注。李德生(1979,1980)、刘星利(1987)等通过二维地震解释,结合磁力和重力资料落实了郯庐断裂带渤海段的区域位置,认为郯庐断裂带自莱州湾拗陷进入,穿过渤中拗陷至辽东湾拗陷,纵贯渤海,长约400km,宽20~40km,分布在渤海海域大部分区域,是渤海中–新生代主要的断裂带,并控制了裂陷盆地的发育。葡殿忠(1982,1984)提出郯庐断裂带右旋平移派生的拉张作用是引起渤海基岩块体旋转和地壳变薄的根本原因,并进一步梳理了渤海湾盆地的扭动构造特征及其控圈和控藏作用。到90年代,漆家福等(1995b)等对郯庐断裂带的特征和演化进行了系统研究,认为郯庐断裂带渤海段中–新生代剧烈活动,特别是渐新世、上新世至今右旋走滑运动十分活跃,剖面上表现为负花状构造,许多断裂直通海底,平面走滑断层切割早期伸展断层,从深到浅逐渐雁裂,其圈闭定型于上新世。有学者认为渤海主要的排烃期开始于渐新世末期,排烃高峰在中新世,断裂活动及其圈闭形成都在中新世大规模排烃之后,不利于捕捉和保存油气,同时还会破坏早期的油气藏,难以形成大规模的油气田。

基于上述认识,这一阶段勘探主要集中在远离郯庐断裂带的凸起区,发现了秦皇岛32-6、南堡35-2油田等浅层油气藏。油藏圈闭类型以石臼坨和沙垒田凸起上的披覆构造为主,油藏埋深浅,基本上以稠油为主。对比凸起区,郯庐断裂带晚期构造活动强,保存条件可能更差,油藏规模可能更小,油品和工业性前景不明,勘探投入较少。

(2)第二阶段:大致在"九五"到"十五"时期,创新提出晚期成藏理论,认为郯庐走滑断裂带晚期构造活动控制了新近系油气富集,郯庐断裂带沿线浅层发现了多个大中型油田。

在这一阶段,龚再升和王国纯(2001)、郝芳等(2004)、邓运华(2004)、侯贵廷等(2001)多位学者提出晚期成藏理论,认为新构造运动控制了渤海浅层的晚期成藏,逐步形成了渤海海域油气勘探的新思路:①郯庐断裂带是古老断裂,深切地幔,受走滑和伸展双动力源的影响,郯庐断裂带成为断陷中心,被郯庐断裂带贯穿的渤中拗陷和辽东湾拗陷成为华北克拉通裂谷断陷盆地发育发展的归宿。华北克拉通裂谷断陷盆地的沉降中心、沉积中心、断裂、构造,都从燕山、太行山、胶辽、鲁西隆起向郯庐断裂带由老到新推移,因此,越是靠近郯庐断裂带其烃源岩、储集层、油气成藏都相应越新,其勘探目的层系

也不能完全沿用周边陆地模式，应有自身的特殊性，因此，渤海海域油气勘探应以新近系为主要目的层。②郯庐断裂带周缘可能是华北含油气盆地规模最大"皮厚肉也厚"的生烃裂谷，既有沙河街组又有东营组烃源岩，其中大规模演化成熟的东营组有效烃源岩主要分布在郯庐断裂带，巨厚的成熟烃源岩为郯庐断裂带大规模的油气成藏奠定了物质基础。③渤中拗陷特别是郯庐断裂带周缘，新近纪因裂后快速强烈沉降，又远离物源区，发育曲流河、辫状河及滨浅湖相沉积，改善了盖层条件，优化了馆陶组、明化镇组的储盖组合。④渤海新构造运动控制了油气晚期成藏。虽然渤海油气生排烃高峰期在中新世，但其古近系油气藏的调整、新近系的充注成藏的高峰期从上新世新构造运动开始一直持续至今。郯庐断裂带自上新世以来十分活跃，发育了剪切、张扭等不同级次的断裂网，形成了一大批新的断块圈闭。同时，新构造运动发育的大规模断裂为油气从古近系向新近系运移提供了通道，调整、控制了渤海浅层油气晚期成藏，也促成了油气在新近系动平衡成藏。

根据晚期成藏的认识，这一阶段将主要勘探层系调整为新近系，同时围绕富生烃凹陷，在郯庐断裂带展开勘探，发现了蓬莱 19-3、蓬莱 25-6、渤中 25-1S、渤中 34-1、旅大 32-2 和旅大 27-2 等油田，新近系新增三级石油地质储量近 10×10^8 t，但这些油田埋藏较浅，油质重、稠，油品较差。

第二阶段解决了勘探区带的问题，勘探开始向郯庐断裂带倾斜，但是勘探成功率仍然不高，活动断裂带油气成藏机理复杂，如何创新思维实现大中型优质油气田重大突破成为主要问题。活动断裂带构造活动性及其油气成藏差异非常明显，在活动断裂带上烃类易快速逸散的特点，能否找到局部储盖条件较好、逸散速度较低的构造成为关键。另外，走滑断裂带的油气富集模式及其成藏特征也有待进一步归纳总结。

(3)第三阶段：大致在"十一五"到"十二五"时期，创新提出了郯庐活动断裂带的差异性发育机制，提出了活动断裂带差异控藏新认识，活动断裂带不仅仅能找到新近系浅层稠油油田，也找到了中深层优质油田。

朱伟林等(2008，2015)、夏庆龙等(2013)、周心怀等(2010)、徐长贵等(2008)、徐长贵(2013)等创新提出了渤海海域活动断裂带差异控藏新认识，主要包括三个方面：一是创新提出了渤海伸展–走滑复合区活动断裂带形成机制与时空差异性。渤海海域活动断裂带是由郯庐断裂带和张蓬断裂带联合构成的具有多活动期次的构造复合区。该带处于地壳和岩石圈减薄区，地壳厚度最薄为 28~30km，为重力异常场梯度等其他物理场特殊区域。与其他盆地相比，渤海海域新生代盆地经受了走滑-伸展双动力源作用，其发育、发展、断裂形式、几何形态具有与陆地不同的时空差异性。在活动期次上明显表现出东营组沉积时期的强烈裂陷和新构造运动期较强的活动，在构造形迹上反映出伸展和走滑双重特征，在平面上体现东西分带、南北分段的特点。渤海活动断裂带时空差异性对成盆-成烃-成藏有着明显的控制作用，决定了渤海海域油气的差异性富集。二是创新建立了活动断裂带油气差异富集机理。通过分析活动断裂带油气成藏特征，明确活动断裂带油气聚集与输导的动平衡过程主要受断裂活动速率、烃类充注强度、盖层质量三因素控制。郯庐断裂带和张蓬断裂带具有近源成藏、持续供烃、高效输导，以及有效封盖的优势油气成藏地质要素，具备了形成从潜山、古近系到新近系多层系优质大中型油气田的有利条件。三是创新提出活动断裂带油气差异富集模式，结合渤海活动断裂带时空分布的差异性，揭示渤海活动断裂带油气藏主要有盆缘走滑早期充注型、盆缘伸展晚期强注型、盆内走滑贯穿晚期强注型以及盆内压扭调节幕式充注型等四种富集模式，其中盆内走滑贯穿晚期强注型以及盆内压扭调节幕式充注型是郯庐断裂带和张蓬断裂带主要的油气立体富集模式。

根据活动断裂带控藏的认识，开始在郯庐断裂带和张蓬断裂带展开从潜山、古近系到新近系的立体勘探，发现了金县 1-1、锦州 25-1、锦州 20-2 北、蓬莱 9-1、旅大 6-2、旅大 21-2、锦州 23-1、渤中 8-4、曹妃甸 12-6 和垦利 16-1 等油田，落实三级石油地质储量超过 15×10^8 t。由于勘探层系的下探，原油密度和黏度大大降低，提高了渤海油田的勘探开发的经济性。

总体来说，第三阶段开拓了走滑断裂带中深层勘探层系，找到了优质油田，但勘探成功率仍较低，勘探研究中主要有三个难题：①渤海海域复杂走滑活动断裂形成于多应力体制叠加背景下，其构造变形差异及控盆作用不清。渤海海域作为郯庐与张蓬两条大型走滑断裂带交汇发育区，地质构造复杂，断裂类型多样，具有长期的发育历史和复杂的演化过程。前人对叠合走滑断裂体系控制作用下的盆地形成及演化特征缺乏系统研究。②渤海海域郯庐断裂带对油气成藏建设–破坏的耦合关系不清晰。郯庐断裂带新生代以来的多期活动形成了大量的活跃断层，且断裂带泵吸效应明显，沿着断裂油气运移活跃，其对油气的运聚往往具有正反两方面的作用，如何辩证理解郯庐断裂带及其伴生断裂对油气成藏建设与破坏的作用需要深入研究。③渤海海域郯庐断裂带活动背景下的油气贫化–富集规律不清楚。渤海郯庐断裂带的活动在不同位置具有明显的差异性，继而对圈闭、沉积、油气输导与封闭性等关键成藏要素也起到不同的控制作用，具体是什么原因引起的不同构造区带成藏贫富不均需要深化研究。

二、渤海走滑转换带控藏作用的提出

前文已述，渤海郯庐走滑断裂带研究大致经历了三个阶段，"九五"之前的第一阶段认为郯庐断裂带不利于大规模油气富集，该阶段油气勘探主要集中在远离郯庐断裂带的凸起区，发现了秦皇岛 32-6、南堡 35-2 油田等浅层油气藏；"九五"到"十五"时期的第二阶段认为郯庐走滑断裂带晚期构造活动控制了新近系油气富集，围绕富生烃凹陷在郯庐断裂带展开勘探，发现了蓬莱 19-3、蓬莱 25-6 等多个油田，但这些油田埋藏较浅，油品较差，且该阶段成功率仍然不高；"十一五"到"十二五"时期的第三阶段创新提出了郯庐活动断裂带的差异性发育机制，提出了活动断裂带差异控藏新认识，指导在郯庐断裂带和张蓬断裂带展开从潜山、古近系到新近系的立体勘探，发现了金县 1-1、旅大 6-2 等多个大中型油田，但渤海郯庐断裂带的活动在不同位置具有明显的差异性，成藏贫富不均。围绕以上认识及勘探实践方面存在的诸多问题，徐长贵等开展了大量的基础研究工作，通过相关课题攻关及勘探实践，率先在辽东湾提出了走滑转换带控藏的认识。渤海海域郯庐断裂带是油气的富集区，但是渤海油田在郯庐断裂带进行的多轮次勘探中，有成功也有失败，到底是什么因素控制了郯庐断裂带油气的富集？什么位置是大中型油气田的主要场所？徐长贵 (2016) 通过多年的研究与勘探实践，认为郯庐断裂带油气分布存在明显的差异性，增压型走滑转换带是郯庐走滑断裂带油气富集的主要场所，是寻找大中型油气田的有利位置，提出了一系列观点和认识，有效地指导了渤海海域郯庐走滑断裂带油气勘探。

(一)增压型走滑转换带控制了大型圈闭的发育

转换带虽然类型多样，但从转换带内的应力状态上看主要有两种类型：一种是增压型转换带，如右旋左阶 S 型转换带、右旋左阶叠覆型转换带、右旋左阶走滑双重型转换带等；另一种是释压型转换带，如右旋右阶 S 型转换带、右旋右阶叠覆型转换带、右旋右阶走滑双重型转换带等。

现代自然环境中，走滑转换带的增压段和释压段在地球表面广泛分布，从大型山系到裂谷盆地的级别再到野外露头的级别均可见到 (Swanson，2005)。增压段为地形隆升、地壳缩短和结晶基底暴露的环境 (Segall and Pollard，1980)，而释压段则是以地形下沉或地壳伸展形成沉积盆地、高热流值，以及可能的火山活动为特征的环境 (Aydin and Nur，1982)。所以，增压段和释压段形成的地形特征存在明显差异。

在地质历史时期内，这两种应力状态的转换带内发育的圈闭特征存在明显差异。增压型转换带内由于处于挤压应力环境或挤压应力占优势的应力环境中，在该转换带下发育的圈闭具有两个重要特点：一是圈闭规模比较大，在渤海海域，增压型转换带发育的构造圈闭通常可达 5~10km^2，大者可达 20km^2，圈闭幅度一般为 250~350 m；二是圈闭类型往往是背斜类、断裂背斜类或鼻状构造为主的圈闭，如蓬莱 19-3 大型油田的圈闭就是增压型的走滑双重型转换带断裂背斜类圈闭，增压型走滑转换带对大型圈闭发育的控制是大中型油田形成的基础。而释压型转换带内处于张性引力环境或以张性应力环境为主的应力环境中，在该转换带下发育的圈闭往往规模比较小，圈闭类型以小型断块型圈闭为主。

(二)走滑转换带调节断裂控制了转换带油气运移

转换带的主干断裂附近常常发育一系列对应力状态起调节作用的断裂，统称为转换带调节断裂，它们发育的时期与主干断裂一致，与主干断裂的产状不同。转换带调节断裂是转换带油气运移的重要通道，特别是在增压型转换带中，其主干断裂往往具有压性或压扭性特点，主干断裂并不起运移作用，而是转换带调节断裂起主要运移作用，调节断裂的断至层位控制油气成藏层系，调节断裂的密度控制油气的富集程度，如金县 1-1 油田、旅大 6-2 油田，调节断裂的断至层位就是油气富集的层位，调节断裂的密度控制了油气的丰度，旅大 6-2 油田南区调节断裂发育，油气丰度高，储量丰度达 1030×10^{4}m^3/km^2，北区调节断裂不发育，油气丰度低，储量丰度仅为 300×10^{4}m^3/km^2。

(三) 增压型走滑转换带控圈断层具有良好的侧封性

渤海海域是复杂的陆相断陷盆地, 古近纪以来构造活动强烈, 在复杂的构造作用下, 各种与断层相关的圈闭最为发育, 控圈断层的侧向封闭作用对油气的保存具有重要的作用, 控圈断层的侧封性能影响油气藏的丰度。增压型走滑转换带由于处于局部压扭环境, 主控断层具有良好的封闭作用。物理模拟实验表明, 在走滑断裂的增压段, 断裂处于挤压构造应力场中, 呈闭合状态, 且闭合程度较高。随着走滑位移量的增大, 调节断裂的挤压幅度逐渐变大, 断裂逐渐封闭, 并出现旋扭的现象, 使增压型走滑转换带具备了遮挡流体继续运移的重要条件。对比同一实验中的释压型走滑转换带位置, 断裂明显处于开启状态, 难以阻止流体的运移。所以在走滑转换带发育的不同位置, 同一条断裂的封闭性差异较大, 走滑增压段断层闭合程度更强, 是油气保存的有利位置。

由于增压型走滑转换带良好的侧向封堵作用, 在渤海海域, 增压型走滑转换带的油藏高度往往大于释压型走滑转换带的油藏高度, 如旅大 6-2 油田, 增压带的油藏高度为 150~200m, 而在释压带的油藏高度仅有 40~80m; 在增压型转换带, 常常可见砂岩和砂岩对接的情况下, 主控断层也能起到良好的侧封作用, 如旅大 21-2 油田、锦州 20-2 北油田及锦州 25-1 油田。

(四) 渤海海域走滑转换带大中型油田分布特征

渤海海域郯庐走滑断裂带到目前为止发现大中型油气田或含油气构造 33 个, 其中有 30 个分布在不同类型的增压型转换带中, 分布在 S 型增压转换带的有 15 个, 分布在走滑双重型增压转换带的有 4 个, 分布在叠覆型增压转换带的有 9 个, 分布在帚状增压转换带和共轭型增压转换带的分别有 1 个。从储量来看, 渤海郯庐断裂带发现石油地质储量 33×10^8 t, 超过渤海总石油地质总储量的 60%, 其中增压型转换带石油地质储量占郯庐断裂带总地质储量的 81%。渤海海域勘探实践表明, 增压型走滑转换带在走滑断裂体系中的油气勘探中具有重要的地位, 是寻找大中型油气田的主要场所。

"十三五" 后期, 渤海油田进一步展开全渤海的走滑转换带研究, 不仅重点解剖了郯庐走滑断裂带的走滑转换带, 还全面开展了张家口-蓬莱断裂带的研究, 进一步丰富和完善了走滑转换带控藏理论, 在整个渤海海域勘探中发挥了重要作用。在这一阶段, 明确了张家口-蓬莱断裂带、秦皇岛-旅顺断裂带的空间展布特征、构造样式、时空演化及成因机制。提出了受 NW 走向的秦皇岛-旅顺、张家口-蓬莱断裂带影响, 渤海东部郯庐走滑断裂带可分为渤南段、渤中-渤东段、辽东湾段, 不同分段断裂体系差异明显, 辽东湾段整体表现为 NNE 向主干断裂与近 EW 和 NE 向次级断裂构成的 "韭" 字形结构模式; 渤中-渤东段整体表现为 NNE 向主干断裂与 NW 和 NE 向次级断裂构成的 "爽" 字形结构模式; 渤南段整体表现为 NNE 向主干断裂与 NWW 向断裂构成的 "井" 字形结构模式。明确了共轭叠加区走滑转换带的发育与 NNE 向郯庐断裂带和 NW 向张家口-蓬莱断裂带及秦皇岛-旅顺断裂带共轭交切有关。由于郯庐断裂带新生代大规模右行走滑, NW

向的张家口–蓬莱断裂带和秦皇岛–旅顺断裂带处于挤压兼左行走滑的运动状态，具有较高的增压强度系数，有利于断块、断鼻型圈闭的发育，同时 NW 向断裂的侧向封堵能力较强。以渤中凹陷南部的 NW 向断裂构造带为例，其北侧渤中凹陷东三段烃源岩较为发育，可作为该构造带的油气来源，NW 向的断裂具有较高的增压强度系数和侧向封堵能力，因此在该断裂带北部具有较好的油气勘探潜力。而在该断裂带南侧，NW 向断裂封堵性较强，油气不容易通过该断裂带，BZ21-1-1 井油气勘探实践也表明该断裂带南部圈闭见油气显示，但油气聚集规模较小。

第二章 渤海海域走滑转换带形成的区域地质条件

渤海海域位于渤海湾盆地东北部，是在华北克拉通上发育起来的新生代裂陷盆地，面积5万多平方千米，可以分为辽东湾拗陷、渤中拗陷、渤南拗陷和渤西拗陷四个二级构造单元。作为中国东部重要的巨型走滑断裂带，郯庐断裂带位于渤海海域东部，从南部的青东地区进入渤海，经过莱州湾、黄河口、渤中、渤东、辽东湾等地区后，从渤海海域北部的营口地区出海，呈NNE–NE方向延伸，横贯整个渤海海域东部地区，涉及渤海海域东部地区众多凸起和凹陷，涉及的范围占整个渤海海域面积的2/3（图2-1）。除

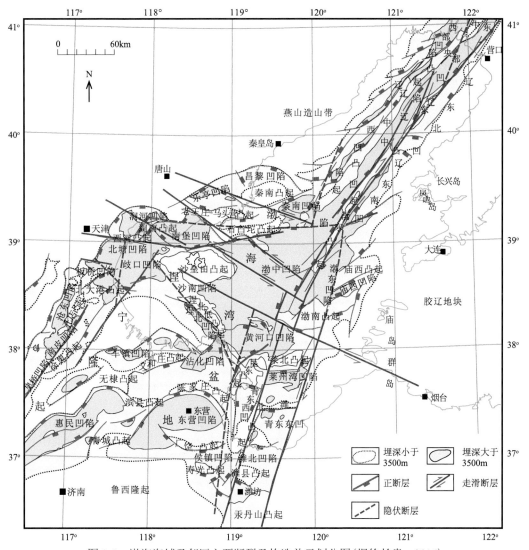

图 2-1 渤海海域及邻区主要断裂及构造单元划分图(据徐长贵，2016)

了 NNE–NE 走向的郯庐断裂带之外,在渤海海域还发育两条 NW 向的左旋走滑断裂带,即秦皇岛–旅顺断裂带和张家口–蓬莱断裂带(漆家福等,2008,2010;龚再升等,2007;詹润等,2013;徐长贵,2016),这两条断裂带均由一系列断续相连的 NW 至近 EW 向断裂组成,由于在地震剖面上反映的信息较弱,北西向的张蓬断裂带和秦皇岛–旅顺断裂带在早期并未引起石油勘探人员的太多关注,随着近年来三维地震资料处理和解释技术的不断提高,这两条断裂带逐渐被揭示出来,开始引起了人们的注意。本书首先基于渤海海域东部三维连片地震处理资料,在构造精细解析的基础上对渤海东部走滑断裂带的构造变形特征、演化过程进行了系统研究,对比了不同分段、不同分支、不同层系断裂的差异性,实现了对渤海东部走滑断裂的整体把握和精细刻画,为进一步研究走滑转换带奠定基础。

第一节　走滑断裂的变形差异是走滑转换带形成的基础

走滑转换带是发育于走滑断裂带内部、不同走滑断裂之间,以及走滑断裂尾端等转变部位的张性、压性、张扭性和压扭性构造,对主走滑断裂带的精细刻画与系统解析是研究走滑转换带的基础和关键。前人利用布格重力异常[图 2-2(a)](刘星利和王仲明,1981;刘光夏等,1996;张德润和卢建忠,2007;张鹏等,2007;宋景明等,2009;王应斌和黄雷,2013)、剩余重力异常(宋景明等,2009;漆家福等,2010)、深部重力异常(漆家福等,2010)、航磁异常[图 2-2(b)](刘星利和王仲明,1981;王桥先和李桂群,1983;李延成,1993;刘光夏等,1996;张德润和卢建忠,2007;张鹏等,2007;周斌等,2008;万桂梅等,2009a;漆家福等,2010;王应斌和黄雷,2013)、大地电测深剖面(图 2-3)(宋国奇,2007)等揭示郯庐断裂带渤海段是一条分布于渤海海域东部切穿地壳的深大走滑断裂。在航磁异常图上,该断裂表现为明显的 NNE–NE 向长条形串珠状排

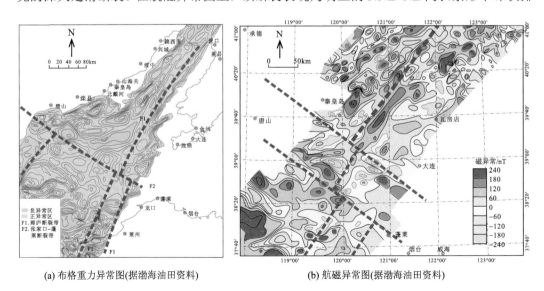

(a) 布格重力异常图(据渤海油田资料)　　　(b) 航磁异常图(据渤海油田资料)

图 2-2　渤海海域区域布格重力异常和航磁异常图

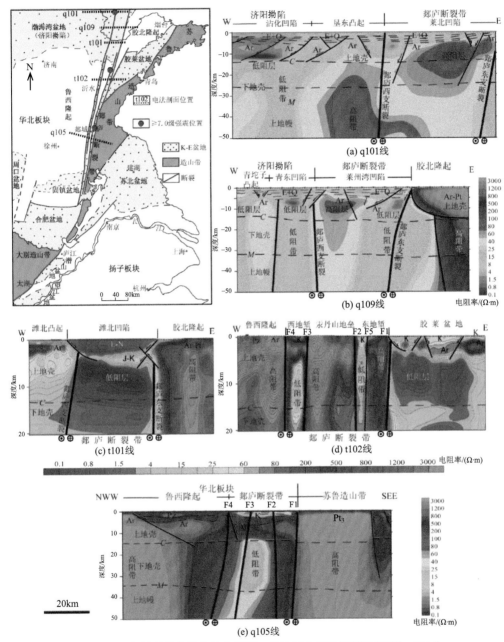

图 2-3　郯庐断裂带中段大地电测深二维连续介质反演剖面(胡惟, 2014)

列的区域磁异常特征且东、西两侧存在明显差异，布拉格重力异常图上也存在着类似的特征，大地电磁测深剖面揭示郯庐断裂带是切割上地幔的深大断裂带，具有多个分支断裂。整体而言，郯庐断裂带在渤海海域表现为长约 400km，宽 50~80km 的异常条带(龚再升等，2007)，由南向北沿着莱州湾凹陷—黄河口凹陷—渤东凸起两侧—辽东湾拗陷东侧呈 NNE 向延伸(漆家福等，2010)。除 NNE 向异常条带外，重力和航磁异常资料亦指示了渤海海域深部存在一系列 NW 向的异常条带(漆家福等，2010)，这些 NW 向异常条带分别与张家口-蓬莱断裂带和秦皇岛-旅顺断裂带对应,并把郯庐断裂带分为辽东湾段、渤中段和渤南段三段(图2-2)。

在前人研究成果的基础上,本书基于渤海海域东部最新的三维大连片处理地震资料,通过相干体、曲率体、蚂蚁体、边缘增强等技术手段,利用等时相干切片、沿层相干切片和三维立体显示(图 2-4)等平面图件,明确了郯庐断裂带渤海段的分支组成和发育位置。在此基础上,根据 NW 向张家口-蓬莱断裂带和秦皇岛-旅顺断裂带在渤海海域的展布特征及对郯庐断裂带的切割作用,将郯庐断裂带渤海段分成了渤南段、渤中-渤东段和辽东湾段,并对其不同段分支断裂的剖面特征、平面形态和组合样式进行了分析。

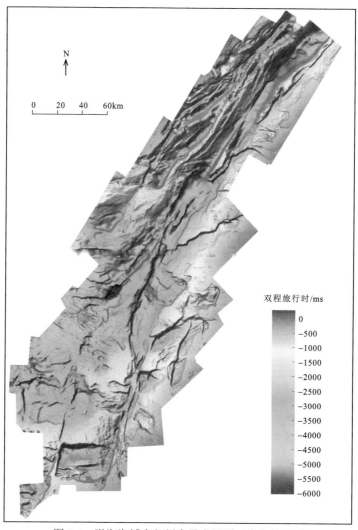

图 2-4　渤海海域东部新生界底界面三维立体显示

一、郯庐走滑断裂带构造特征

基于三维地震平、剖面特征分析和前人研究成果,识别出渤海东部郯庐断裂带 19

条分支断裂，渤南地区发育莱州西支 1 号断裂、莱州西支 2 号断裂、莱州西支 3 号断裂、莱州中支 1 号断裂、莱州中支 2 号断裂、莱州中支 3 号断裂、莱州东支 1 号断裂、莱州东支 2 号断裂和莱州东支 3 号断裂，渤东地区发育蓬莱 7-6 断裂、渤东 1 号断裂、渤东 2 号断裂、渤东 3 号断裂、中央走滑断裂、旅大 21 号断裂，辽东湾地区发育旅大 21 号断裂、辽中 1 号断裂、辽中 2 号断裂、辽东 1 号断裂、辽西大走滑断裂(图 2-5)。受 NW 向张家口–蓬莱断裂带和秦皇岛–旅顺断裂带的分隔，自南向北可以划分为渤南段、渤中–渤东段、辽东湾段。

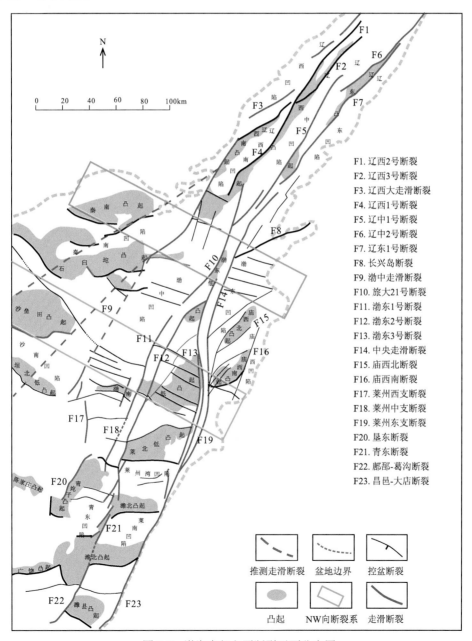

F1. 辽西 2 号断裂
F2. 辽西 3 号断裂
F3. 辽西大走滑断裂
F4. 辽西 1 号断裂
F5. 辽中 1 号断裂
F6. 辽中 2 号断裂
F7. 辽东 1 号断裂
F8. 长兴岛断裂
F9. 渤中走滑断裂
F10. 旅大 21 号断裂
F11. 渤东 1 号断裂
F12. 渤东 2 号断裂
F13. 渤东 3 号断裂
F14. 中央走滑断裂
F15. 庙西北断裂
F16. 庙西南断裂
F17. 莱州西支断裂
F18. 莱州中支断裂
F19. 莱州东支断裂
F20. 垦东断裂
F21. 青东断裂
F22. 郯郚-葛沟断裂
F23. 昌邑-大店断裂

推测走滑断裂　　盆地边界　　控盆断裂

凸起　　NW向断裂系　　走滑断裂

图 2-5　渤海东部主要断裂平面分布图

(一)郯庐走滑断裂带分段特征

1. 渤南段

郯庐走滑断裂带渤南段是指渤海海域东部渤南低凸起张家口–蓬莱断裂带以南的部分，是陆上郯庐断裂带在渤海海域的自然延伸，由西、中、东三组近于平行、走向约NNE(15°～30°)的主走滑断裂组成。西部分支包括莱州西支 1 号、莱州西支 2 号和莱州西支 3 号断裂，莱州西支 1 号和莱州西支 2 号断裂位于渤南低凸起西部边界，走向NNE向；莱州西支 3 号断裂发育于黄河口凹陷西部边界，呈近 SN 向走向。中部分支包括莱州中支 1 号、莱州中支 2 号和莱州中支 3 号断裂，莱州中支 1 号断裂由青东凹陷东侧向北延伸，经莱州湾凹陷的西侧一直延伸至渤南低凸起；莱州中支 2 号断裂平行于莱州中支 1 号断裂，延伸距离较远，北段切割渤南低凸起，南段位于莱州湾凹陷西侧的垦东凸起之上，位于黄河口凹陷的中段，连续性较差；NNE 向断层形迹不明显；莱州中支 3 号断裂切割渤南低凸起，向北延伸至渤中凹陷，且延伸距离较短。东部分支包括莱州东支 1 号、莱州东支 2 号、莱州东支 3 号断裂，整体延伸距离较长，自莱州湾向北一直延伸至庙西和渤东凹陷南部，并在渤南低凸起北侧被 NWW 向张家口–蓬莱断裂带所切割(图 2-6、图 2-7)。

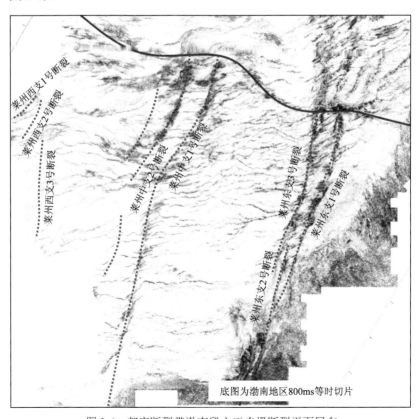

底图为渤南地区800ms等时切片

图 2-6　郯庐断裂带渤南段主干走滑断裂平面展布

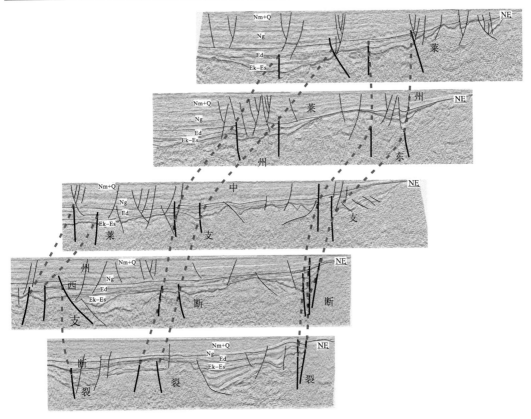

图 2-7　渤南地区郯庐断裂带各分支剖面特征及组合关系图

1）莱州东支断裂

莱州东支断裂构成了现今黄河口凹陷和莱州湾凹陷的东部边界，并可一直向南北两端延伸，主要由三条分支断裂构成，彭文绪等（2009，2010）通过 1200ms 三维地震水平方差切片的观察认为该组断裂存在右旋走滑的拖拽现象，是莱州湾地区新近纪右旋走滑的直接证据。平面上三条分支断裂清晰，整体构成左阶排列，在主断裂两侧发育一系列 NEE 向次级断裂[图 2-8（a）]；剖面上断面近直立或呈高角度板式，与次级断层组成明显的花状构造。此外，由于东部分支断裂的整体左阶排列，在主断裂附近派生出了明显的挤压应力，造成局部古近系东营组和新近系弯曲上拱[图 2-8（b）、（c）]。

2）莱州中支断裂

莱州中支断裂在渤南地区延伸较长，北部将黄河口凹陷分割成东西两个次洼，南部构成莱州湾凹陷的西界，并可一直向南延伸。平面上 1000ms 三维地震水平方差切片显示两条断裂南部表现为单一断裂，中北部由一系列近 EW 和 NEE 向次级断裂雁列式构成，但东侧分支较西侧分支更为发育，西侧分支在中部断裂特征不明显[图 2-9（a）]。莱州中支断裂由两条分支断裂构成，剖面上深层断裂特征明显，单一直立断裂或高角度板式；而浅层两条分支断裂存在差异，东侧分支自南至北均较为发育，西侧分支则仅在南北两端较为发育，中部不明显[图 2-9（b）、（c）]。与莱州东支断裂相似，中支两条分支断裂在平面上左阶排列，北部尤为明显，形成了较为明显的走滑转换带或中央构造脊，控制了储集砂体的发育展布(朱秀香等,2009),但是与东支断裂相比,派生挤压应力并不显著,挤压主要发育在东侧分支断裂的局部弯曲外凸部位,剖面上表现为下正上逆的反转断层,以及地层的下凹上凸[图 2-9(d)]。

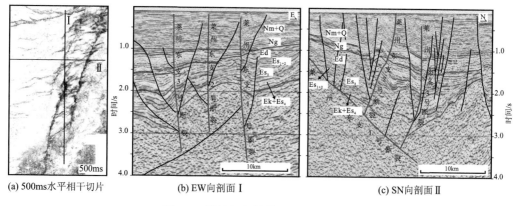

(a) 500ms水平相干切片　　　(b) EW向剖面 I　　　　　　(c) SN向剖面 II

图 2-8　莱州东支断裂平面及剖面特征

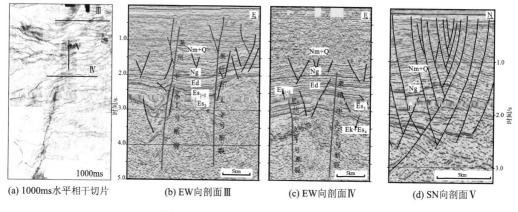

(a) 1000ms水平相干切片　　(b) EW向剖面 III　　(c) EW向剖面 IV　　(d) SN向剖面 V

图 2-9　莱州中支断裂平面及剖面特征

3) 莱州西支断裂

张明振等(2006)、胡贤根等(2007)对济阳坳陷桩海地区的研究认为,NNE 或近 SN 走向的长堤、孤东和垦东断层具有明显走滑特征,这些走滑断裂在区域上与渤南地区黄河口凹陷西部走向相连,为郯庐断裂带西支的向南延伸。在渤南地区,莱州西支断裂由三条分支构成,整体呈 NNE 或近 SN 向。平面上浅层由一系列次级近 EW 或 NEE 向断裂雁列式组成[图 2-10(a)、(b),图 2-11(a)、(b)],剖面断裂切割深度较大,向浅层主断裂仅切割至古近系或新近系馆陶组下部[图 2-10(c)、图 2-11(c)]。与东支和中支相同,莱州西支断裂仍为左阶排列,但并未发现明显的挤压构造特征。

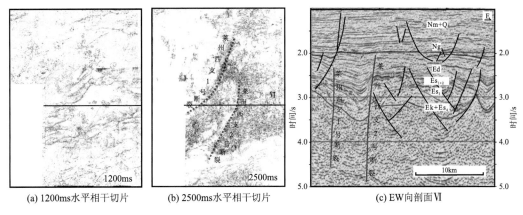

图 2-10 莱州西支 1 号、2 号断裂平面及剖面特征

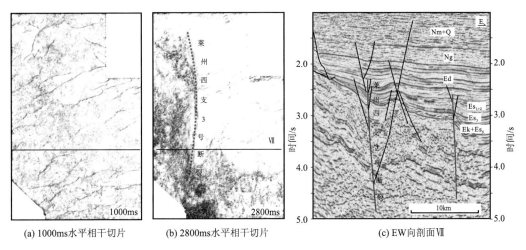

图 2-11 莱州西支 3 号断裂平面及剖面特征

整体而言，渤南地区郯庐断裂带的三组分支断裂在垂向和横向上均存在着明显的特征差异，深层主断裂均较为发育，切割深度大，表现为单一直立断裂；向浅层次级断裂数量逐渐增多，主断裂倾角逐渐变缓，自东至西主断裂连续性变差，主断裂与次级断裂的组合关系由东支的梳状转变为中支的侧列式、雁列式，西支浅层主断裂不发育、次级断裂雁列式分布。此外，尽管三组分支断裂均呈明显的左阶排列，在右旋走滑条件下派生局部挤压应力，但明显的挤压构造主要发育在东部分支。综合上述对渤南地区郯庐断裂带延伸长度、平面和剖面特征及与次级断裂组合样式的分析，认为渤南地区郯庐断裂带不同分支的走滑强度具有自东至西、由深至浅逐渐减弱的趋势。

2. 渤中–渤东段

郯庐走滑断裂带渤中–渤东段位于 NWW 向的张家口–蓬莱断裂带和秦皇岛–旅顺断裂带(石臼坨凸起东段–蓬莱 3 走滑断裂一带)之间，主要包括渤东 1 号断裂、渤东 2 号断裂、渤东 3 号断裂、中央走滑断裂、蓬莱 7-6 断裂和旅大 21 号断裂。相比于郯庐断裂带渤南段主走滑断裂的平行或近平行排列而言,渤中–渤东段主走滑断裂表现为明显的斜交特征,并且主走滑断裂的走向发生了明显的变化(图2-12、图2-13)。

郯庐断裂带渤中–渤东段可以明显识别出中部和东部分支,中部分支断裂是莱州中支在渤中凹陷的延伸,包括了渤东1号断裂、渤东2号断裂、蓬莱7-6断裂和旅大21号断裂四条主走滑断裂。其中渤东1号断裂和旅大21号断裂是莱州中支2号断裂的延伸,渤东2号断裂是莱州中支1号断裂的延伸,而蓬莱7-6断裂则是莱州中支1号断裂的分支(图2-12)。东部分支断裂是莱州东支在渤东凹陷的延伸部分,包括了渤东3号断裂、中央走滑断裂两条主走滑断裂,其中渤东3号断裂延伸至渤东低凸起北部,而中央走滑断裂贯穿渤东凹陷至辽中南洼地区(图2-12)。推测郯庐断裂带渤中–渤东段西部分支断裂位于西侧的渤中凹陷中部。

底图为渤东–渤中地区800ms等时切片

图2-12 郯庐断裂带渤中–渤东段主干走滑断裂平面展布特征

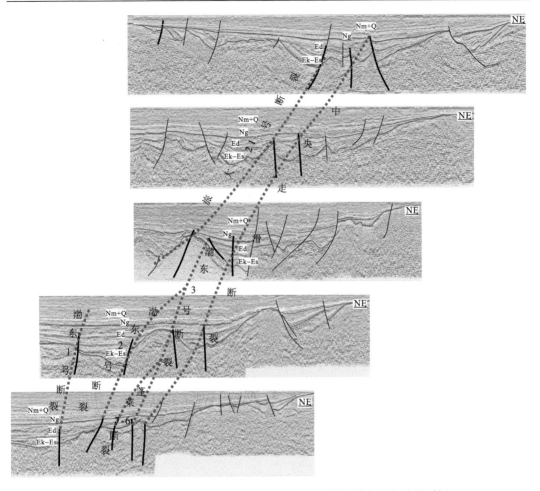

图 2-13　渤中–渤东地区郯庐断裂带各分支断裂剖面特征及组合关系图

1) 旅大 21 号断裂

旅大 21 号断裂南部为渤东低凸起的西部边界断裂，向北延伸至辽中南洼，是莱州中支断裂在渤中凹陷延伸的北段。平面上，北部为雁列式展布的狭长次级断裂带，至南部转变为侧接式断裂组合；整体浅层特征明显，深层主走滑断裂不明显，连续性较差 [图 2-14(a)～(c)]。剖面上，中北段主断裂向西倾，与次级断裂组合成似花状构造；南段主断裂近直立发育，与浅部次级断裂组成花状构造 [图 2-14(d)～(f)]。

2) 渤东 1 号和渤东 2 号断裂

渤东 1 号和渤东 2 号断裂是郯庐断裂带渤南段莱州中支 2 号断裂和莱州中支 1 号断裂在渤中凹陷的延伸部分。渤东 1 号断裂北起渤东低凸起北部，南至渤东低凸起，平面上断裂走向为 NNE 向，浅部 NE 向次级断裂呈雁列式展布，深部主断裂不明显 [图 2-15(a)～(c)]；剖面上，北部发育半花状构造，深部主干断裂形迹不明显，由北向南上覆地层厚度减小，走滑强度逐渐增加，主走滑断裂形迹明显，发育明显的花状构造 [图 2-15(d)～(f)]。渤东 2 号断裂南起渤南低凸起，北至渤东低凸起南端，走向 NNE 向，平面上浅层以雁列式断裂组合为主，深层主断面明显 [图 2-15(a)～(c)]；剖面上主断面直立或高角度铲式，浅层发育明显的花状构造[图 2-15(d)～(f)]。

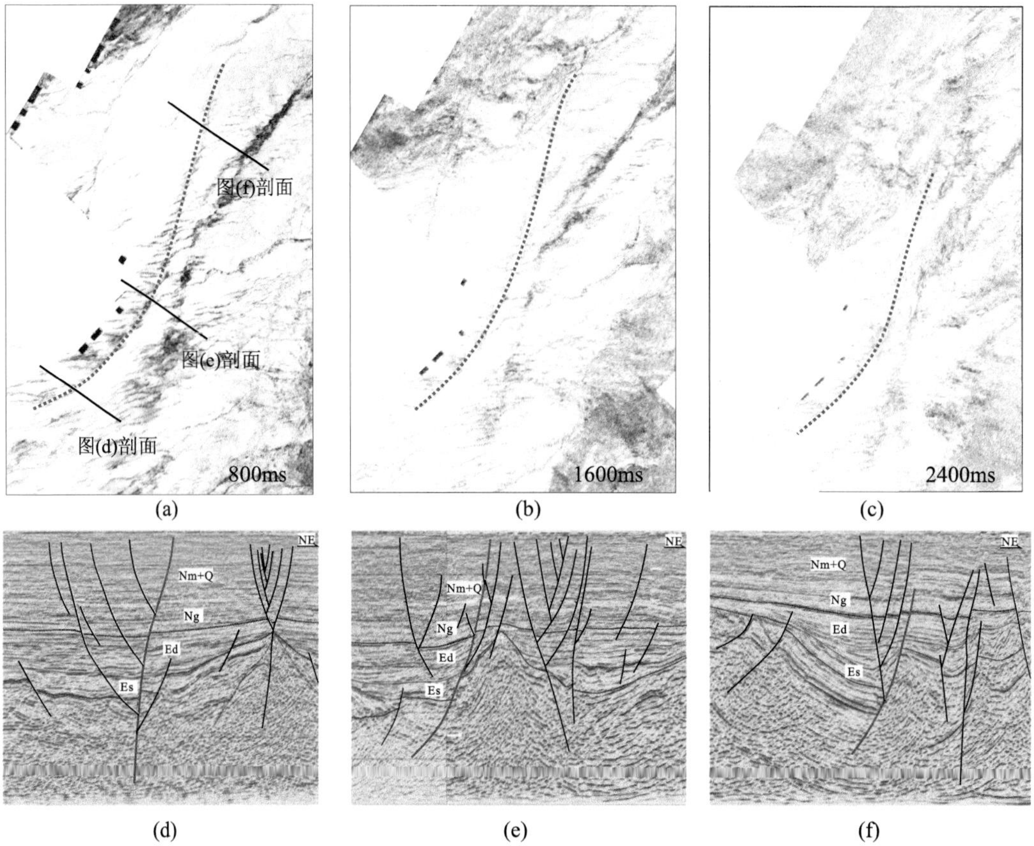

图 2-14　郯庐断裂带渤中–渤东段旅大 21 号断裂特征

3）蓬莱 7-6 断裂

蓬莱 7-6 断裂发育于渤东低凸起至渤南低凸起之间，延伸约 66km，整体呈 NE 向展布，南端斜交于莱州中支 1 号断裂，北端斜交于渤东 3 号断裂。平面上该断裂被一系列 NWW 向断裂错动，浅层数条 NE 向断裂左阶排列，深层主干断裂清晰；剖面上深层断面近于直立，浅层发育花状构造（图 2-16）。

4）渤东 3 号断裂

渤东 3 号断裂为郯庐断裂带渤南段莱州东支 3 号断裂在渤东凹陷的延伸，向北延伸至渤东低凸起的北端，平面延伸距离约 100km，依据其走向变化可分为南北两段，南段走向近 SN，北段走向 NNE。平面上由于南段位于渤南低凸起之上，沉积地层厚度较小，浅层主走滑断裂清晰可见，而北段位于渤东凹陷，新近纪沉积地层厚度较大，浅层主要表现为一系列 NEE 向的次级断裂呈雁列式展布；在深部南段主走滑断裂清晰可见，而北段主断裂形迹不明显[图 2-17(a)～(c)]。剖面上沿走向主干断裂倾角、构造样式等具有明显变化，由南向北主断裂倾角逐渐减小，且依次发育花状、似花状和多级 Y 字形断裂组合[图 2-17(d)～(f)]。

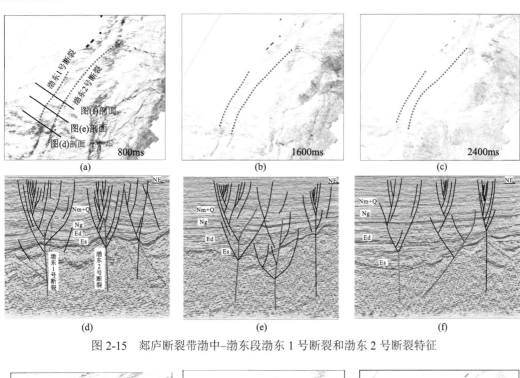

图 2-15　郯庐断裂带渤中–渤东段渤东 1 号断裂和渤东 2 号断裂特征

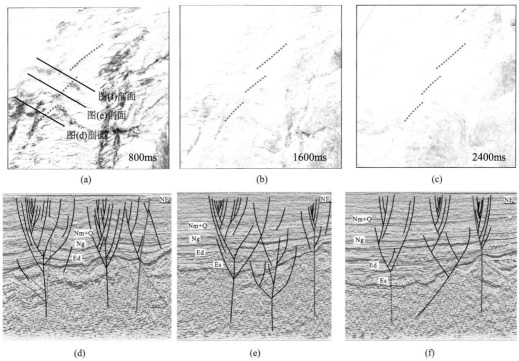

图 2-16　郯庐断裂带渤中–渤东段蓬莱 7-6 断裂构造特征

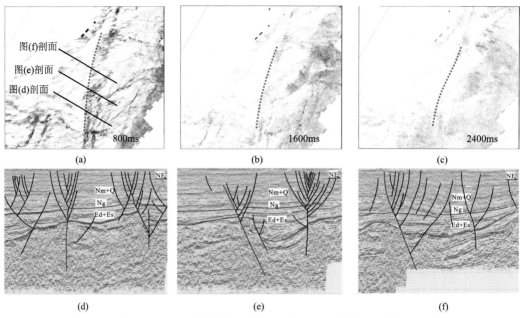

图 2-17　郯庐断裂带渤中–渤东段渤东 3 号断裂平面特征

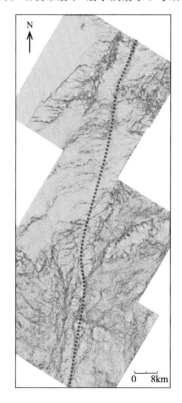

图 2-18　曲率体切片揭示郯庐断裂带渤中–渤东段中央走滑断裂平面展布特征

5) 中央走滑断裂

中央走滑断裂为郯庐断裂带莱州东支 2 号断裂在渤东凹陷的延伸部分，北至辽中南洼，与辽中 1 号断裂侧接，平面延伸距离约 135km，依据其走向的变化可分为南、中、北三段，南段走向为近 SN 向，中段走向为 NNE 向，北段走向为 NE 向。前人对中央走滑断裂南北两端的延伸距离及不同分段的构造特征存在着一定争议，通过对渤东凹陷及邻区的连片三维地震资料曲率体属性提取，揭示了渤东凹陷中部存在着明显的 NNE 向的断裂形迹，证实了莱州东支 2 号断裂向北延伸穿过了渤东凹陷至辽中南洼(图 2-18)。就剖面特征而言，中央走滑断裂南段位于渤南低凸起之上，上覆新生界地层较薄，主断裂特征明显、断面陡直，与浅层次级断裂组成花状构造；中段渤东凹陷新生界地层厚度较大，主干断裂形迹不明显，较难识别，浅层次级断裂较为发育，构造样式表现为花状或似花状构造；北段进入辽东湾拗陷辽中南洼地区，中央走滑断裂具有明显的控沉积作用，主断面明显，倾向 SE，表现为似花状或多级 Y 字形构造样式(图 2-19)。

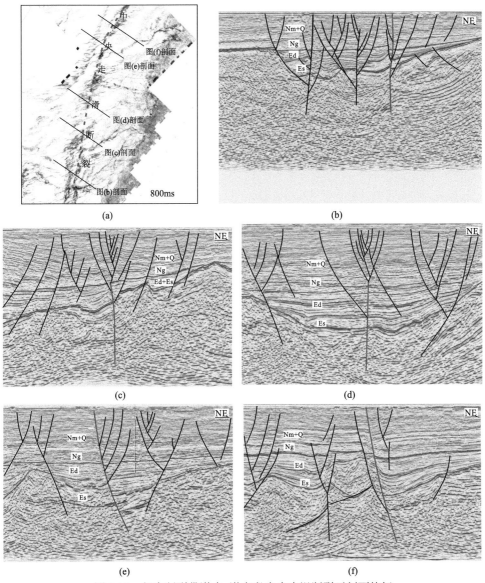

图 2-19　郯庐断裂带渤中–渤东段中央走滑断裂平剖面特征

综上所述，郯庐断裂带渤中–渤东段主要发育两组分支断裂，中部分支由四条主走滑断裂组成，各主走滑断裂整体呈由北向南逐渐撒开特征；东部分支由两条主走滑断裂构成，主走滑断裂呈近平行展布，两组分支断裂由南向北逐渐交汇，推测在西侧的渤中凹陷发育郯庐断裂带西部分支断裂。相比于郯庐断裂带渤南段，渤中–渤东地区各走滑断裂弯曲程度较大，走向发生明显的变化，浅层由一系列次级断裂呈雁列式或条带状展布构成，主走滑断裂不发育，深部主走滑断裂形迹由北至南逐渐明显。剖面上南部主走滑断裂直立，浅层次级断裂发育，组合成花状构造；而北部主走滑断裂多表现为铲式或高角度板式，浅层次级断裂较为发育，与主干断裂组成似花状构造(图2-12)。

3. 辽东湾段

郯庐断裂带辽东湾段在渤海海域主要发育在秦皇岛–旅顺断裂带以北地区，主要包括辽西大走滑断裂、辽中1号断裂、辽中2号断裂和辽东1号断裂，整体走向为NNE向。相比于郯庐断裂带渤南段主走滑断裂的平行或近平行、渤中–渤东段的斜交式展布，郯庐断裂带辽东湾段以侧接或叠覆为其主要特征(图2-20、图2-21)。

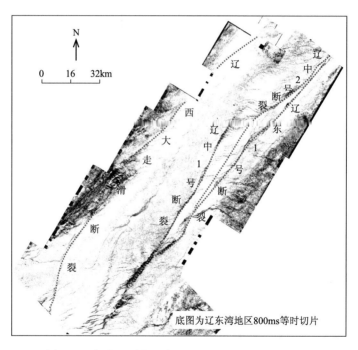

图2-20　郯庐断裂带辽东湾段主干走滑断裂平面展布

1)辽中1号断裂

辽中1号断裂自南向北延伸距离约125km，南起旅大22-1构造，北至锦州27-2构造，最南端可延伸至辽中南洼内，贯穿整个辽中凹陷，为辽东湾地区一条规模较大的走滑断裂。平面上辽中1号断裂整体呈NNE走向，浅层以NEE向雁列式次级断裂发育为

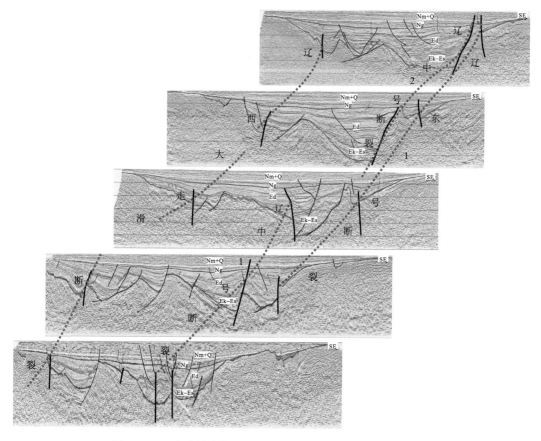

图 2-21 辽东湾拗陷郯庐断裂带各分支剖面特征及组合关系图

主，深部可见清晰的主干断裂(图 2-22)。剖面上整体表现为较为陡立或直立发育的断层，切割深度大，上部次级断裂较为发育，与主断裂面共同组成花状构造或似花状构造。沿走向断裂倾向多变，北部多为东倾，中部为西倾，到南部又转变为东倾，体现了走滑断裂所具有的"丝带效应"(图 2-23)。值得注意的是，剖面上断裂倾向发生改变的位置与平面上断裂发生弯曲的部位相对应。结合断裂的倾向、构造样式特征以及走滑强度等方面的特征来看，辽中 1 号断裂分段性十分明显，可分为北段、中段、南段及辽中南洼段。北段主断裂附近次级断裂发育较多，与主断裂组合形成帚状断裂体系[图 2-23(a)]，走滑强度较弱，剖面上断裂东倾、产状较陡、垂向断距大，与上部次级断裂组合为多级 Y 字形或似花状构造[图 2-23(c)]；中段平面上断裂紧闭，连续性好[图 2-23(b)]，走滑强度大，在剖面上普遍呈近直立发育，上部次级断裂较为发育，与主断裂组成花状构造[图 2-23(d)]；南段断裂较宽，连续性差[图 2-23(c)]，走滑性质较弱，剖面上断裂倾角变缓，倾向 NW，上部次级断裂发育且多发育在辽中 1 号断裂西侧，与主断裂构成多级 Y 字形组合[图 2-23(e)]；辽中南洼段是辽中 1 号断裂向辽中南洼的延伸，平面上深层断裂带紧闭，浅层表现为雁列式次级断裂带[图 2-23(d)]，剖面上断裂向南逐渐消失、切穿层位递减，断面直立[图 2-23(f)]。

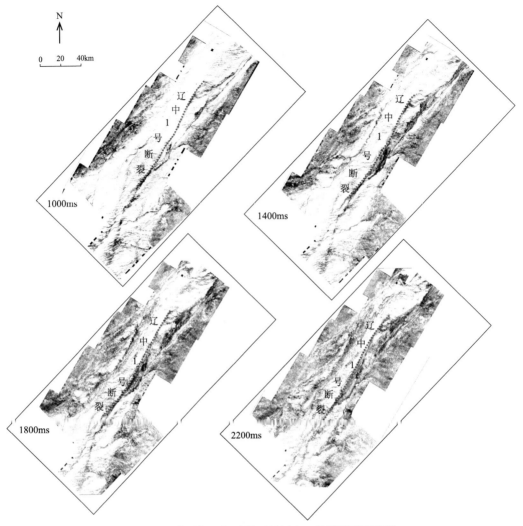

图 2-22　水平相干切片揭示的辽中 1 号断裂平面特征

2) 辽中 2 号断裂

辽中 2 号断裂位于辽中 1 号断裂的东北部，平面延伸距离约为 120km，南起旅大 12-2 构造，北至锦州 17-3 构造，整体呈 NNE 走向，平面上表现为弱弯曲的 S 形。从辽东湾拗陷 T8 构造层立体显示图上可以看出，辽中 2 号断裂可分为南北两段，北段控制辽中凹陷的形成，为边界控凹断裂，南段对沉积的控制作用减弱。结合辽东湾拗陷不同时间深度的时间切片来看，辽中 2 号断裂在平面上南北分段明显，北段连续性好，由深层至浅层断裂面清晰，而南段深层断裂面较为清晰，浅层不明显（图 2-24）。

剖面上辽中 2 号断裂南北两段的构造发育特征差异明显。北段断裂西倾，倾角较陡，最北端断裂近乎直立，向南倾角逐渐变缓，转变为大型的铲式正断裂，次级断裂发育较多，与主断裂组成似花状构造或多级 Y 字形组合[图 2-25(d)、(e)]。辽中 2 号南段倾角逐渐变缓，向南断裂发育的层位逐渐变深，仅控制古近系深层沉积，上部被辽东 1 号断裂切割，并逐渐消失[图 2-25(b)、(c)]。

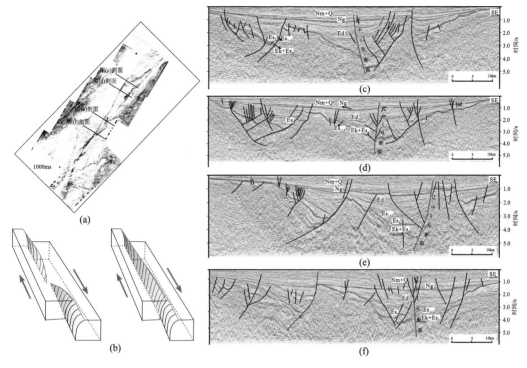

图 2-23　辽中 1 号断裂剖面特征

3) 辽东 1 号断裂

辽东 1 号断裂是发育在辽东湾拗陷最东侧的大型走滑断裂，南起旅大 12-2 南构造，北至锦州 23-2 北构造，平面延伸距离长达 130km，为辽东凹陷的西部边界断裂，整体呈 NNE 走向，断裂连续，沿走向发生微弱弯曲。平面上辽东 1 号断裂在浅层整体连续性好且断裂带紧闭 [图 2-26 (a)、(b)]，深部北段断裂带依然较为紧闭，南部断裂带有所变宽，整体连续性较差 [图 2-26 (b)]。剖面上断裂分段差异性显著，依据断裂产状以及与次级断裂的组合样式，可将辽东 1 号断裂分为南、中、北三段。北段断裂为单一断裂，倾角陡、近直立发育，上部不发育次级断裂，控制了辽东凹陷的形成；中段断裂近直立发育，浅层发育较少量次级断裂，或分散在辽东 1 号断裂两侧，该段对辽东凹陷的控制作用较为明显；南段断裂直立，与上部次级断裂组合构成花状构造样式，切割了早期发育的辽中 2 号断裂 [图 2-26 (c)～(e)]。

4) 辽西大走滑断裂

前人对辽西凹陷是否发育郯庐断裂带分支走滑断裂一直存在争议，基于新的三维大连片地震资料，通过水平切片、振幅切片和地震剖面的联合解释，明确了辽西凹陷内大型走滑断裂带的存在。该断裂带发育于辽西凹陷西斜坡，自南向北贯穿于整个辽西凹陷，在 T6 立体显示图上可以发现辽西南凸起、辽西凹陷被明显切割错断 [图 2-27 (a)]。

辽西大走滑断裂整体为 NNE 走向，依据断裂走向及剖面断裂特征，可将其分为三段：北段发育于辽西凹陷北部洼陷带，对地层沉积不起控制作用，剖面上主断裂近于直立发育，次级断裂发育，组合成花状构造[图 2-27(b)]；中段发育于辽西凹陷南部斜坡带，走向 NE–NNE，断裂较为连续，剖面上主断裂有所变缓，上部次级断裂发育，与主断裂组合成似花状构造样式[图 2-27(c)]；南段发育于辽西南地区，走向 NNE，主断面直立，次级断裂发育少[图 2-27(d)]。

综上所述，郯庐断裂带辽东湾段发育三组分支断裂，西部分支和东部分支各发育一条主走滑断裂，而中部分支由辽中 1 号和辽中 2 号两条主走滑断裂组成。整体而言，郯庐断裂带辽东湾段各主走滑断裂走滑特征显著，断面陡立，花状或似花状构造发育，对伸展断裂多具明显的切割改造作用；平面上主断裂规模较大，分段性强，断裂的弯曲、侧接现象显著(图 2-27)。

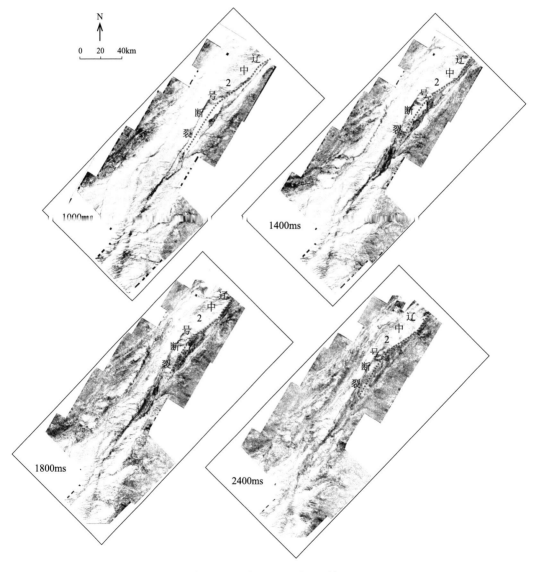

图 2-24 辽中 2 号断裂平面特征

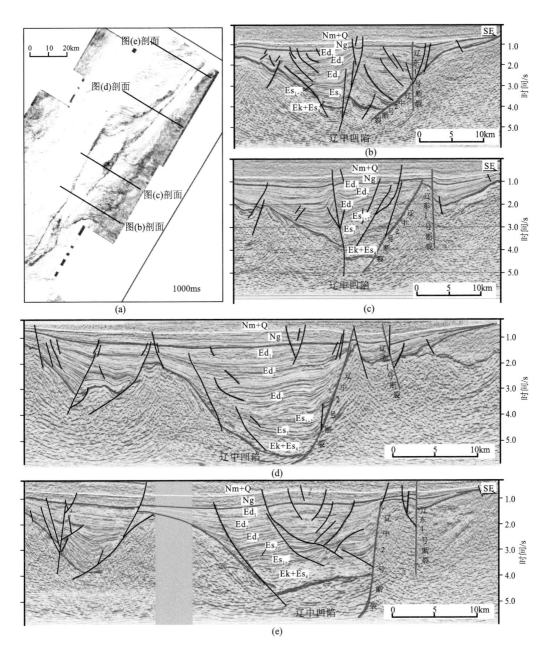

图 2-25　辽中 2 号断裂剖面特征

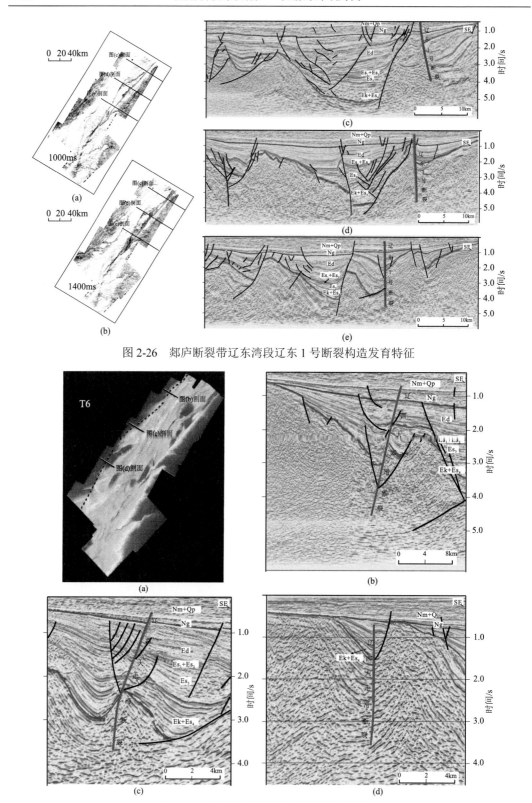

图 2-26　郯庐断裂带辽东湾段辽东 1 号断裂构造发育特征

图 2-27　辽西大走滑断裂带构造发育特征

(二)不同层系断裂的差异性

渤海海域郯庐断裂带除了上述分析的不同分段主干断裂差异性之外，垂向上不同层系主干断裂和整体断裂体系同样存在明显差异。

1. 主干断裂的垂向差异

就主干断裂而言，深部层系表现为连续的单一主干断裂，随着深度变浅，主干断裂连续性变差，次级断裂数量开始增加，至浅层主干断裂多不发育，表现为次级断裂的雁列式(或侧接式)展布。例如，莱州中支 1 号断裂，深部层系表现为单一的主干断裂主位移带(principal displacement zone，PDZ)，断裂带紧闭；至中部层系断裂带主干断裂 PDZ 仍然发育，但连续性变差，断裂带变宽，开始出现次级断裂(P 剪切、R 剪切)斜交于主干断裂；至浅部层系，主干断裂不发育，一系列不连续的 P 剪切断裂少量发育，同时大量的 R 剪切(或者 T 破裂)呈雁列式展布(图 2-28)。渤海海域东部走滑断裂带主干断裂均有类似的特征，深部单一主干断裂，连续性较好，中部发育 P 剪切发育，主干断裂连续性变差，至浅部以 R 剪切和 T 破裂发育为主，且表现为雁列式展布。

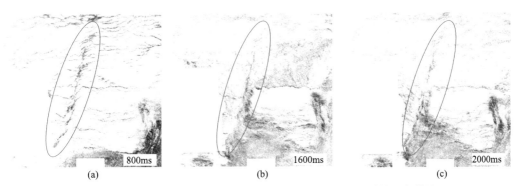

图 2-28　不同时间水平相干切片揭示莱州中支 1 号主干断裂的垂向差异

2. 整体断裂体系的垂向差异

就各层系整体断裂体系而言，通过对渤海海域东部走滑断裂带发育的不同方向、不同级别断裂的精细刻画和判定，结合水平相干切片、各层系沿层相干切片，明确了现今各层系断裂系统的平面展布(图 2-29～图 2-34)，并对各层系现今断裂发育展布规律进行了总结和对比。

新生界底界面(T8 反射层)及沙三段底界面(T6 反射层)主干断裂规模大、连续性好、延伸距离长，辽东湾地区主干断裂多为 NNE 向，渤中–渤东地区主干断裂近 SN 向、NNE 向，发育少量近东西向断层，而渤南地区主干断裂以 NNE 向和近 EW 向为主(图 2-29、图 2-30)。就次级断裂而言，数量相对较少，辽东湾拗陷和渤东凹陷发育的次级断裂多为 NE 走向，而渤南地区和渤中地区次级断裂多为近 EW 走向，且渤南、渤东地区次级断裂数量明显多于辽东湾地区和渤中地区(图 2-29、图 2-30)。整体断裂走向以 NE 向和近 EW 向为主，同时发育一定数量的 NNW 向断裂(图 2-35)。

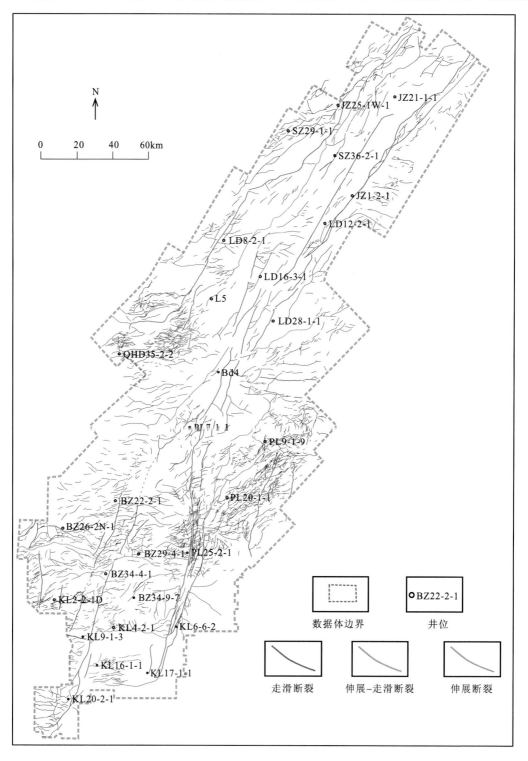

图 2-29 渤海东部走滑断裂带新生界底界面断裂系统图

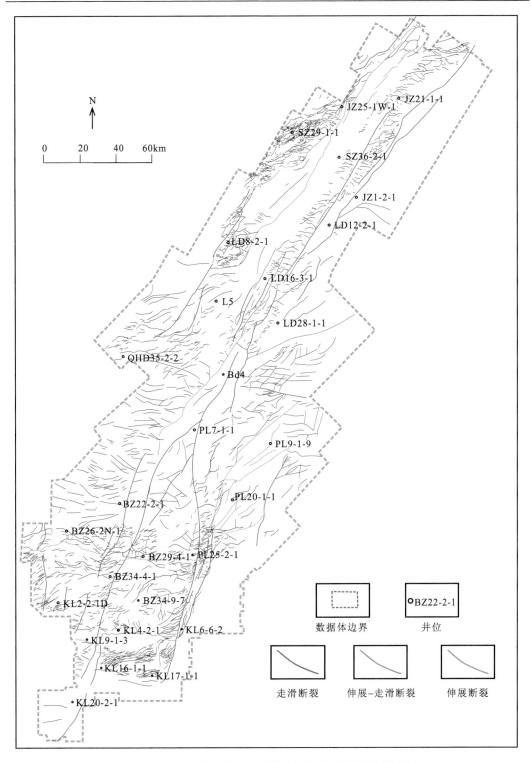

图 2-30　渤海东部走滑断裂带沙三段底界面断裂系统图

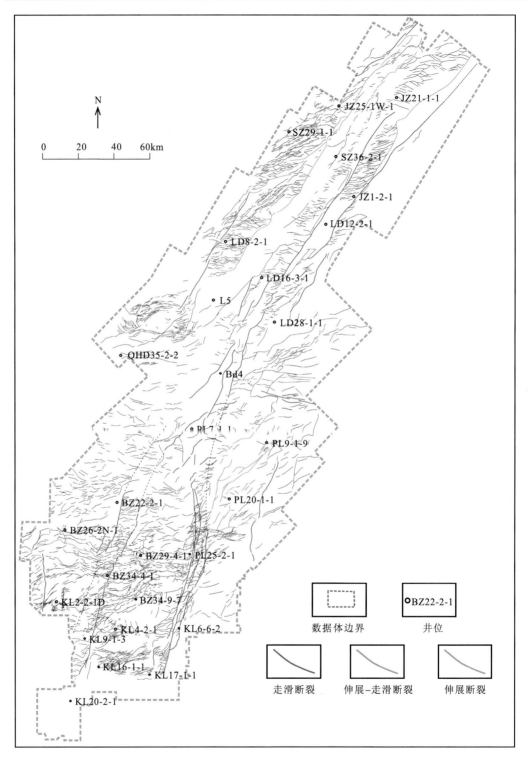

图 2-31　渤海东部走滑断裂带沙二段底界面断裂系统图

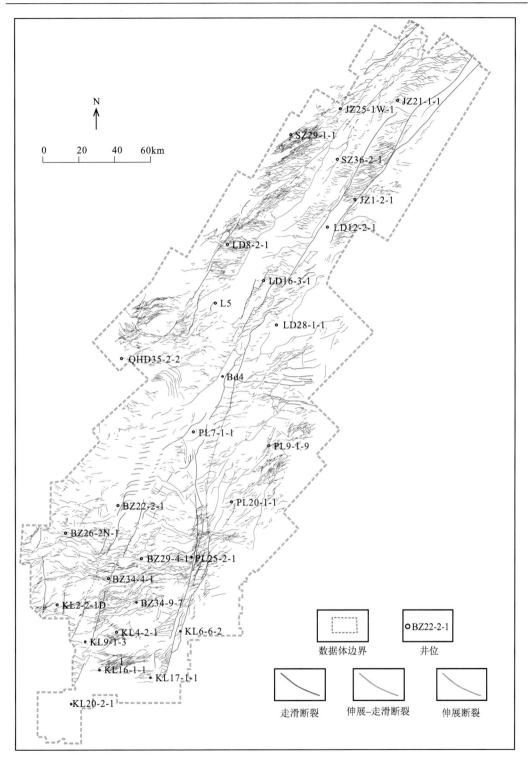

图 2-32　渤海东部走滑断裂带东营组底界面断裂系统图

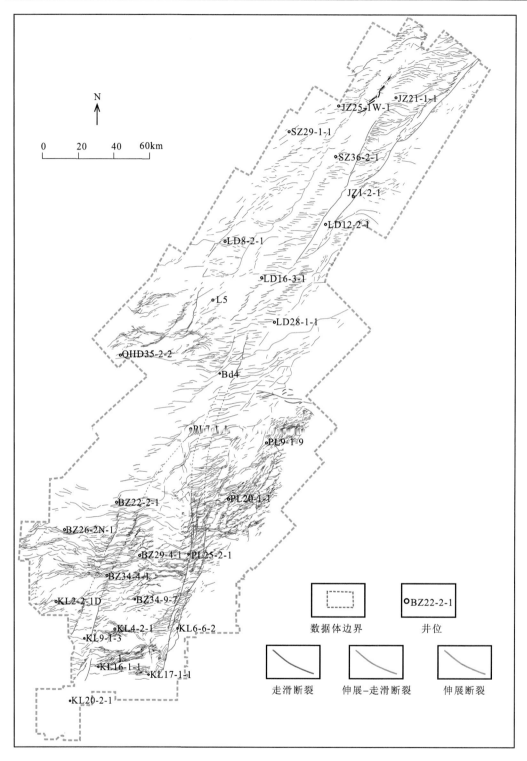

图 2-33　渤海东部走滑断裂带新近系底界面断裂系统图

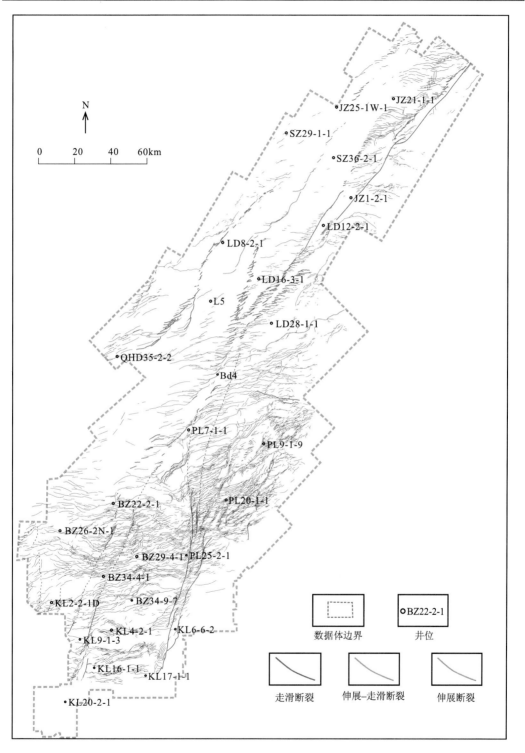

图 2-34　渤海东部走滑断裂带馆陶组顶面断裂系统图

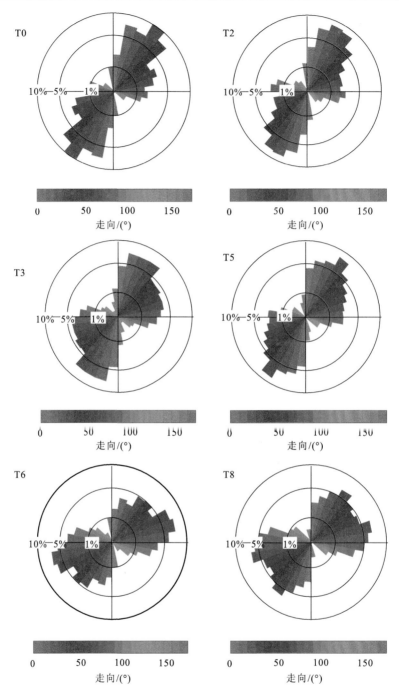

图 2-35　渤海海域东部走滑断裂带不同层系断裂走向玫瑰花图

沙一、二段底界面(T5 反射层)及东营组底界面(T3 反射层)较为相似,相比于 T8 和 T6 反射层,渤南和渤东地区断裂数量有所减少,但是辽东湾拗陷和渤中凹陷断裂数量明显增加。主干断裂连续性变好,尤其是在渤南和辽东湾地区开始出现连续的主干走滑断裂。就次级断裂而言,辽西地区和渤东凹陷断裂走向为 NE 向,而辽中、辽东地区为 NEE

向为主，渤中凹陷以近 EW 向次级断裂发育为主，而在渤南地区主要发育 NWW 向、近 EW 向和 NE 向三组次级断裂(图 2-31、图 2-32)。就断裂走向而言，以 NNE 向为主，相比于 T8 和 T6 反射层 NNW 向断裂数量减少(图 2-35)。

馆陶组底界面(T2)及明化镇组底界面(T0)反射层主断裂连续性较差，且大部分主走滑断裂不发育，取而代之的为一系列沿基底主走滑断裂呈雁列式展布的次级断裂。渤南及渤东地区次级断裂数量明显多于辽东湾地区，而渤中凹陷次级断裂数量最少(图 2-33、图 2-34)。就断裂走向而言，以 NE、NEE 向为主，同时还发育少量 NNW 向断裂(图 2-35)。

(三) 不同分支断裂的差异性

除了走向上的分段差异、垂向上的分层差异之外，横向上郯庐断裂带渤海段发育几条分支断裂，各分支断裂是何种关系，一直以来都存在争议。近年来的勘探实践证实，在渤南地区发育莱州西支走滑断裂，辽东湾地区辽西凹陷西斜坡发育辽西大走滑断裂，为系统明确渤海东部郯庐断裂带分支断裂组合关系及发育特征提供了依据。

渤海东部郯庐走滑断裂带在横向上可以分为三组分支断裂，各分支断裂由 1~3 条走滑断裂组成，渤南段发育莱州西支、莱州中支和莱州东支三支断裂，呈平行或近平行展布；渤中–渤东段只发育中支和东支，其中中支包括渤东 1 号断裂、渤东 2 号断裂、旅大 21 断裂和蓬莱 7-6 断裂，推测其西支可能发育于渤中凹陷；辽东湾段发育西、中、东三支，其中西支为辽西大走滑断裂，中支为辽中 1 号断裂，东支为辽中 2 号断裂和辽东 1 号断裂。就其平面展布关系而言，郯庐断裂带渤南段三组分支断裂向北延伸至渤南低凸起的张家口-蓬莱断裂带，莱州东支断裂继续向北延伸但其走向发生明显变化，由 NNE 向转变为近 SN 向，而莱州中支继续保持了 NNE 走向向北延伸，受秦皇岛–旅顺断裂带的转换作用，郯庐断裂带中支和东支在辽东–辽中南洼交汇，之后再次分隔向北延伸穿过辽中、辽东地区；而郯庐断裂带西支经黄河口凹陷西部边界向北延伸进入渤中凹陷，之后进入辽西凹陷(图 2-36)。

平面上郯庐断裂带不同分支断裂构造变形特征同样存在明显差异。整体而言，郯庐断裂带东支走滑作用较强、连续性较好，平面上主走滑断裂清晰、显著，以主位移带发育为主，P 剪切和 R 剪切发育不明显，剖面上断裂特征明显、近于直立，多发育典型的花状构造，如莱州东支 1 号断裂、莱州东支 2 号断裂、莱州东支 3 号断裂、中央走滑断裂南段和北段、辽东 1 号断裂。郯庐断裂带中支走滑作用中等，连续性中等，常具断开不连续形迹，如莱州中支 2 号断裂，主走滑断裂深层明显，浅层以雁列式 R 剪切发育为主，中部层系可见 P 剪切断裂，如莱州中支 2 号断裂、旅大 21 号断裂、莱州中支 1 号断裂，剖面上断裂特征不明显，发育花状构造或似花状构造。郯庐断裂带西支走滑作用最弱，连续性较差，走滑形迹不明显，识别难度较大，平面和剖面上深部断裂形迹均不明显，浅层以雁列式断裂发育为主。

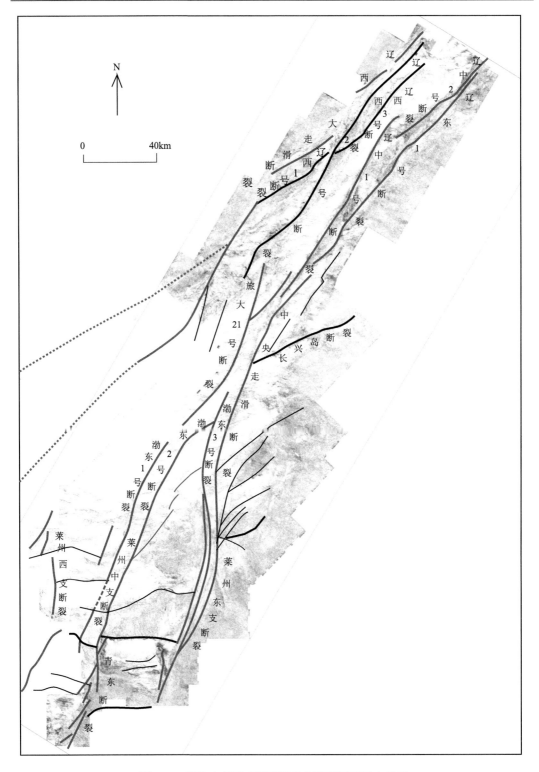

图 2-36 渤海东部郯庐断裂带分支断裂平面展布关系

(四)渤海东部郯庐断裂带发育模式

在渤海东部郯庐断裂带几何学特征系统分析刻画的基础上,本书对渤海东部郯庐断裂带发育模式进行了系统梳理和总结归纳。受 NWW 向张家口-蓬莱断裂带和秦皇岛-旅顺断裂带的分割作用,郯庐断裂带及渤海东部断裂体系均具有明显的分区效应。

渤南地区:郯庐断裂带西、中、东三组分支在该地区近于等间距平行排列,东支走滑强度最大;NW 向先存断裂被改造、复活以及郯庐断裂带 NNE 向走滑的派生作用导致 NWW 向和近 EW 向断裂发育;NNE 向断裂与 NWW 向和近 EW 向断裂相互切割,整体构成"井"字形断裂体系[图 2-37(c)、图 2-38]。

渤中-渤东地区:北部辽东湾地区的东支、中支走滑断裂在秦皇岛-旅顺 NW 向断裂转换带处合并为一支,向南又分化为两支,且东支走滑强度大;在"人"字形走滑带的东侧,以走滑派生出的 NE 向张性断裂和 NNE 向的次级走滑断裂为主,西侧则以 NNE 向和近 EW 向的次级断裂为主[图 2-37(b)、图 2-38],整体构成"爽"字形断裂体系。

辽东湾地区:NNE 向一级断裂以走滑、伸展-走滑为主;NEE 向(近 EW 向)断裂、NE(E)向伸展断裂构成主走滑断裂的派生或伴生断裂体系;南部 NW 向秦皇岛-旅顺基底断裂的转换作用使得东支和中支合并为一条走滑断裂[图 2-37(a)、图 2-38],整体构成"韭"字形断裂体系。

综上所述,渤海东部走滑断裂带除了沿走向明显的三段分区效应之外,在垂向上断裂体系具有明显的分层差异,横向上不同分支断裂差异性同样显著,整体构成"三段分区、三组分支、三层结构"的立体发育模式。

(1)三段分区:受 NW 向秦皇岛-旅顺、张家口-蓬莱断裂带分割,可分为渤南段、渤中-渤东段和辽东湾段。

(2)三组分支:各分区均具有东、中、西三组分支走滑断裂,走滑强度存在差异。

(3)三层结构:深层以主位移带发育为主,中层主位移带、同向剪切破裂(P)、里德尔剪切(R)均有发育,浅层以里德尔剪切(R)和张性破裂(T)为主,整体自下而上走滑程度逐渐减弱。

二、NW 向走滑断裂带构造特征

除了 NNE-NE 走向的郯庐断裂带之外,中国东部还发育有一组 NW-NWW 走向的张家口-蓬莱断裂带,二者在渤海海域东部交汇,与我国华北地区的地震活动、水文地质和矿产资源分布密切相关,受到众多学者的关注(徐杰和宋长青,1998;高战武等,2001)。相比于 NNE 向的郯庐断裂带,NW 向张家口-蓬莱断裂带与 NE 向断裂相互切割改造,连续性较差,构造形迹不明显、特征复杂。张家口-蓬莱断裂带也被称为张家口-渤海断裂带,西起河北省张北地区,向东南经北京、天津,进入渤海海域,过山东半岛北缘进入黄海海域。前人依据断裂带通过的构造单元、断裂几何形态、活动特征及其与 NE 向构造的关系,将张家口-蓬莱断裂带划分为张北-怀来段、南口-宁河段、渤海段和蓬莱-烟台段(高战武等,2001;方颖和张晶,2009;陈长云,2016)。就陆地部分而言,前人利

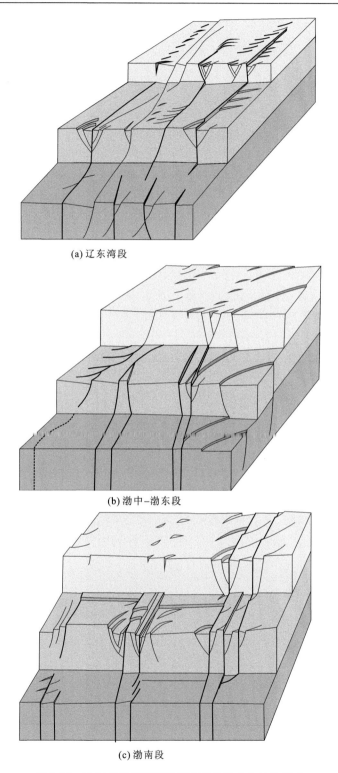

(a) 辽东湾段

(b) 渤中–渤东段

(c) 渤南段

图 2-37　渤海东部郯庐断裂带不同分区垂向结构模式

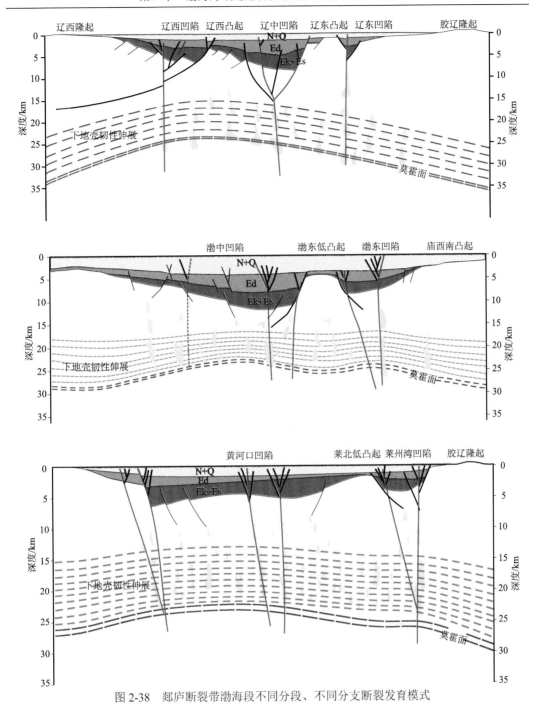

图 2-38　郯庐断裂带渤海段不同分段、不同分支断裂发育模式

用 GPS 资料、地球物理资料、野外露头资料和卫星影像资料等对断裂带 NW 向断裂的几何学和活动特征等进行了大量的研究。此外，深部地球物理资料揭示在张家口–蓬莱断裂带的南部还存在一条 NWW 向的断裂带，前人将其称之为秦皇岛–旅顺断裂带，这两条断裂带在地球物理场上均表现为明显的 NW–NWW 向扰动带［图 2-2（b）、图 2-39］，断裂带两侧的地球物理场、构造格局明显存在差异。

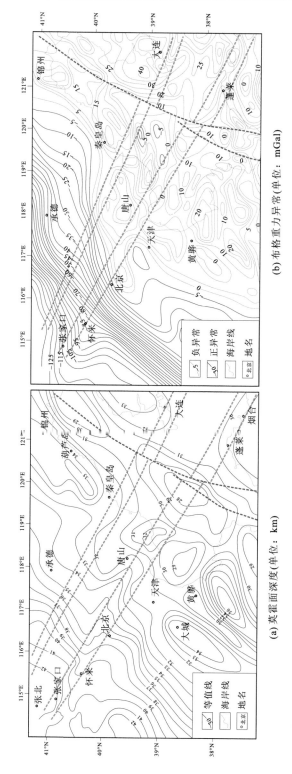

(a) 莫霍面深度 (单位: km)

(b) 布格重力异常 (单位: mGal)

图 2-39　张家口–蓬莱断裂带及邻区莫霍面深度、布格重力异常等值线图 (据韩孔艳, 2009 修改)

近年来，随着渤海海域勘探程度的不断提高，三维地震资料不断丰富，渤海海域 NW 向断裂的发育特征、演化过程及其对油气的控制作用逐渐受到重视。就渤海海域东部而言，NW 向的张家口-蓬莱断裂带与 NNE 向的郯庐断裂带在此交汇，构造特征极其复杂。目前对 NW 向断裂的研究相对较少，多在宏观上认为渤海海域东部存在两条 NW 断裂带，而对其发育特征、演化过程以及与 NNE 向的郯庐断裂带的关系研究较少，制约了进一步对渤海海域东部构造发育演化过程、油气生成与运聚成藏的深入研究。本书在对渤海东部三维大连片地震资料精细解释的基础上，结合前人的研究成果，识别出了 NW 向的张家口-蓬莱断裂带和秦皇岛-旅顺断裂带，并对其进行精细的解释刻画，明确了 NW 向断裂带的发育特征。

（一）秦皇岛-旅顺断裂带特征

秦皇岛-旅顺断裂带西起张家口张北地区，经燕山褶皱带过秦皇岛地区进入渤海海域。就渤海海域而言，渤东低凸起东侧、辽东湾拗陷南注、渤西地区石臼坨低凸起东段南部均发育一系列 NWW 向断裂，沿其走向可延伸至乐亭凹陷，整体呈 NWW 向展布。

1. 蓬莱 3 号走滑断裂

蓬莱 3 号走滑断裂位于渤东凹陷北部，渤东低凸起东侧，长兴岛断裂以南，走向 NWW。平面上，浅层一系列 NEE、近 EW 向的次级断裂呈雁列式展布，深部主断裂清晰连续，呈 NWW 向[图 2-40(a)～(c)]；剖面上主断裂倾向 NNE，浅层次级断裂发育，与主干断裂组成花状或似花状构造[图 2-40(d)～(f)]。

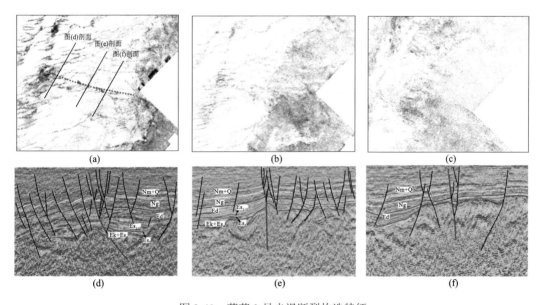

图 2-40　蓬莱 3 号走滑断裂构造特征

2. 辽中南洼 NW 向断裂体系

辽中南洼断裂体系复杂，NEE 向走滑断裂弯曲、分段、叠覆、斜交特征显著，与 NW 向断裂体系的相互交织、切割改造密切相关。从地震剖面[图 2-41(a)、(b)、(d)、(e)]和水平相干切片[图 2-41(c)、(f)]上看，NW 向断裂在浅层发育数量少，平面延伸距离较短[图 2-41(a)~(c)]；深部层系 NW 向断裂发育较为连续，数量多、延伸距离长、规模较大[图 2-41(d)~(f)]。剖面上断裂表现为倾角较缓的铲式伸展断裂[图 2-42(b)~(d)]，倾向 SW，部分段新生代活化、继承性发育[图 2-42(d)]。该断裂带属于 NW 向的秦皇岛-旅顺断裂带的一部分，以 T8 反射层为界分为上下两套断裂体系。

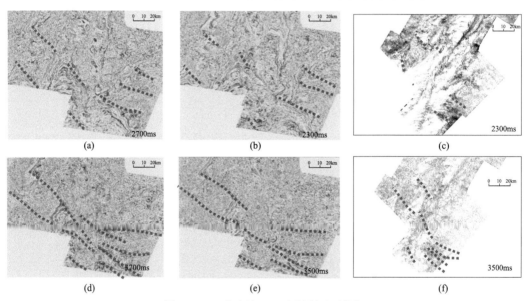

图 2-41　辽中南洼 NW 向断裂平面特征

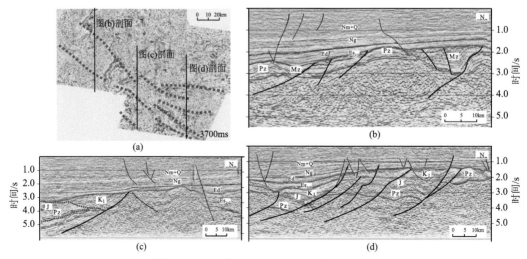

图 2-42　辽中南洼 NW 向断裂体系剖面特征

此外，在渤海及周边地区航磁异常图上[图 2-2(b)]，除了郯庐断裂带所导致的一系列长轴 NNE-NE 向呈串珠状排列的正磁异常带(漆家福等，2008，2010)之外，在辽东湾拗陷南部，沿秦皇岛-大连一线以南，NNE-NE 向长轴的正磁异常带两侧具有明显的 NWW 向展布趋势，进一步验证了本书所识别出的辽东湾拗陷南部 NWW 向断裂体系的存在。龚再升等(2007)也认为 NW 向的秦皇岛-大连断裂带分割了辽东湾和渤中两大构造单元，詹润等(2013)则将其称为秦皇岛-旅顺断裂带。

3. 渤西地区 NWW 向断裂体系

在渤西地区石臼坨凸起东段南部同样发育一组 NWW 向断裂系，平面上浅层断裂不发育，深层振幅切片显示深层存在两条 NWW 向断裂；剖面上，浅层断裂不发育，深部两组断裂倾向 SSW，控制中生代地层沉积，新生代基本不活动(图 2-43)。

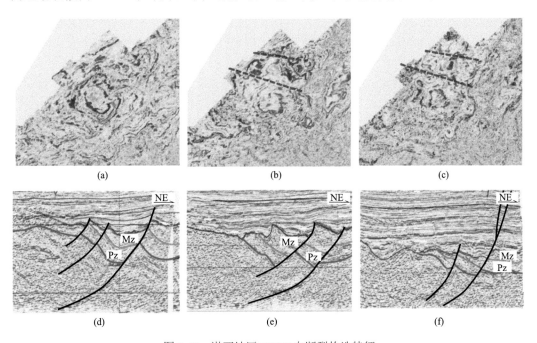

图 2-43　渤西地区 NWW 向断裂构造特征

4. 滦河断裂

滦河断裂为乐亭凹陷的北界控凹断裂，走向 NWW、近 EW，倾向 SSW，剖面上呈板式正断层，断层上盘古生界具有明显的"秃底"现象，靠近断裂处古生界被完全剥蚀，揭示了其在中生代早期(晚三叠世—侏罗纪)为逆断裂，断裂上盘被剥蚀；至白垩纪早期负反转为张性伸展断裂，上盘接受沉积，后期持续活动(图 2-44)。

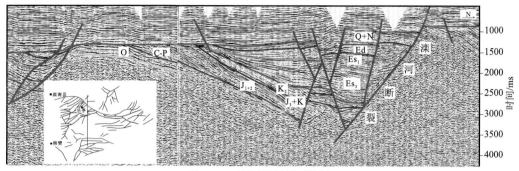

图 2-44　滦河断裂剖面特征

(二)张家口–蓬莱断裂带特征

与秦皇岛–旅顺断裂带相比,张家口–蓬莱断裂带研究程度相对较高,前人将该断裂带划分为西段的陆域部分和东段的海域部分,陆域部分包括太行山以西的张家口—怀来段和华北平原北部的北京—天津段,海域部分包括位于渤海海域的渤海段和山东半岛北缘的蓬莱—威海段(高战武等,2001;王志才等,2006)。就渤海海域而言,渤南地区发育的黄河口 1 号断裂、黄北 1 号断裂、渤南低凸起上的 NW–NWW 向断裂、沙垒田凸起南北两侧断裂是张家口–蓬莱断裂带的重要组成部分,向陆上可延伸至南堡拗陷和黄骅拗陷北部,整体呈 NW–NWW 向展布。

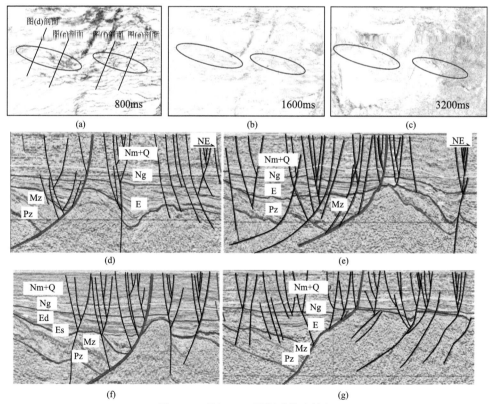

图 2-45　黄河口 1 号断裂构造特征

1. 黄河口 1 号断裂

黄河口 1 号断裂为黄河口凹陷北侧的控凹断裂，平面延伸约 80km。可分为东、中、西三段，整体呈 NWW 向，被郯庐断裂带切割。深部断裂连续好，浅部断裂连续性变差〔图 2-45(a)～(c)〕，剖面上断裂下部切穿古生界，并表现出明显的薄底现象，控制中生代沉积，上部切至第四系，就构造样式而言西段表现为多级 Y 字形，东段表现为下铲上花的构造样式〔图 2-45(d)～(g)〕。

2. 黄北 1 号断裂

黄北 1 号断裂为渤南低凸起北段边界断层，平面延伸距离约 25km，走向 NWW 向。平面上断裂深部连续性好，浅部连续性变差，次级断裂发育；剖面上主断裂陡直，直插基底，浅层次级断裂较为发育，与主干断裂组成花状构造(图 2-46)。

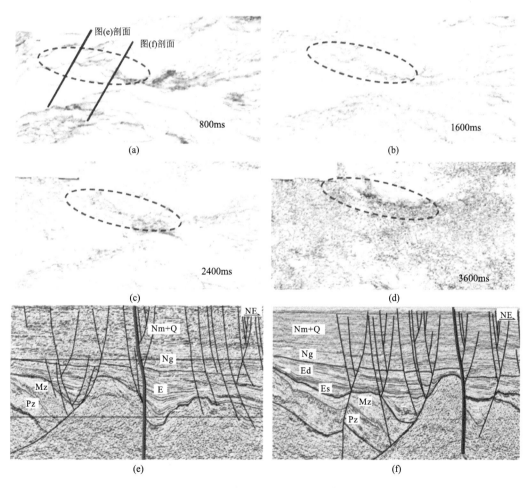

图 2-46　黄北 1 号断裂构造特征

3. 渤南低凸起东段 NW–NWW 向断裂系

位于渤南低凸起东段，由 4～5 条平行断裂组成，与 NNE–NE 向郯庐断裂带成复杂的切割错断关系。平面上浅层为一系列近 EW 向次级断裂组成的 NWW 向断裂带，曲率体切片显示深部存在明显的 NW 向基底断裂；剖面上一系列 SW 倾向的基底断裂呈多米诺式或似花状组合，部分基底断裂在浅层复活表现为似花状构造。北侧的一条断裂断面陡直，与次级断裂组合成花状构造（图 2-47）。

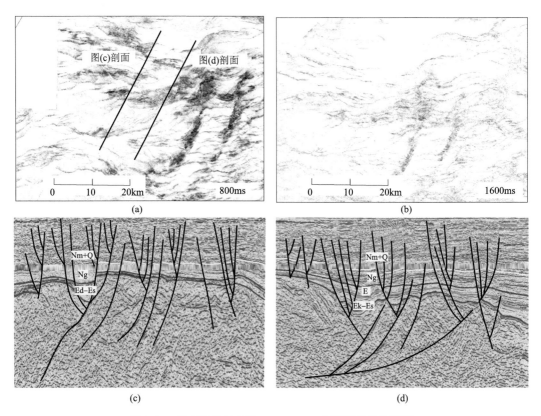

图 2-47　渤南低凸起东段 NW–NWW 向断裂系构造特征

4. 渤南低凸起西段 NW 向断裂系

位于渤南低凸起至渤中凹陷的缓坡带上，整体构造带呈 NW 向展布。平面上浅层一系列近 EW 向断裂呈雁列式展布，随深度增大次级断裂逐渐减少，至深部主断面不明显；剖面上浅层一系列次级断裂组合成 2～3 个"花状构造"或"似花状构造"，深部可能发育直立的主干断裂（图 2-48）。

5. 沙南–埕北凹陷 NW 向断裂体系

沙垒田凸起南侧的沙南断裂和埕北断裂是渤海海域西部主要的 NW 向一级控盆断

裂。埕北断裂倾向 SW，主断裂深部切穿古生界，下降盘古生界地层有明显的薄底现象。埕北断裂控制了中生代地层的沉积，上部切至第四系。整体断裂形态下缓上陡，浅层断面陡立，次级断裂与主干断裂组成多级 Y 字形或似花状构造(图 2-49)。埕北断裂构造特征表明其在中生代早期为逆冲断裂，中生代中、晚期发生负反转，而上部的似花状断裂组合则表明在新生代晚期发生过走滑作用。沙南断裂具有与埕北断裂类似的下铲上花和古生界秃底式反转特征(图 2-49)，表明沙南断裂同样经历了由逆冲到伸展的负反转过程，后期走滑叠加改造。

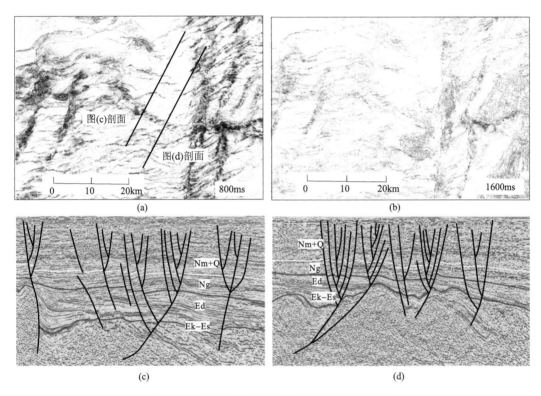

图 2-48 渤南低凸起西段 NW 向断裂系构造特征

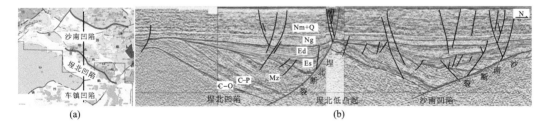

图 2-49 埕北断裂和沙南断裂剖面特征

6. 沙北走滑断裂

沙垒田凸起北侧的沙北走滑断裂为南堡凹陷南堡 4 号断裂带在渤中凹陷的延伸部

分，位于沙垒田凸起北侧，长约 40km。平面上浅层表现为一系列次级断裂组成的侧列或雁列式断层系，深层为连续的主干断裂，剖面上深部发育直立的主走滑断裂，切割早期伸展断裂，浅层一系列次级断裂收敛于主走滑断裂组合成花状构造(图2-50)。

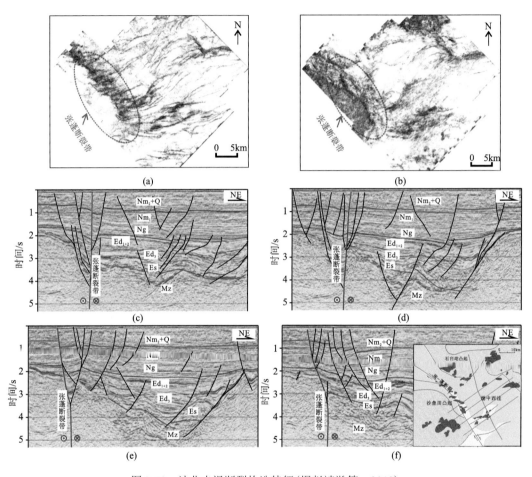

图 2-50 沙北走滑断裂构造特征(据彭靖淞等，2018)

根据以上分析，结合前人的研究成果，明确了渤海海域两条 NW–NWW 向大型走滑断裂带的发育，分别为北部的秦皇岛–旅顺断裂带和南部的张家口-蓬莱断裂带，两条断裂带规模大、延伸远，由多条断裂组成，对于渤海海域乃至整个华北板块构造发育演化具有重要的控制和影响作用，根据其构造特征及演化规律可以分为三种类型：①持续活动型，中生代早期以逆冲断裂发育为主，上盘遭受剥蚀，中生代中晚期发生负反转，转变为伸展性质下降盘接受沉积，之后持续活动，晚期被走滑活动叠加改造，以埕北断裂、沙南断裂最为典型；②早期消亡型，早期以逆冲断裂发育为主，上盘遭受剥蚀，中生代发生负反转，进入新生代断裂活动微弱或不再活动，以渤中凹陷和辽中南洼 NW 向断裂最为典型；③新生型，中生代不活动，新生代中晚期发生明显的走滑活动，以花状或似花状构造为主要特征，以黄北 1 号断裂和沙北断裂最为典型。NW 向先存断裂体系的发生发展、复活改造及其构造转换作用，是导致渤海东部郯庐走滑断裂带的南北分段、走向差异的主要控制因素。

第二节　渤海走滑断裂新生代运动学特征

通过对渤海海域走滑断裂的系统刻画可以发现，不同地区、不同层系现今断裂体系差异显著。需要指出的是，现今所看到的断裂体系并非是一期构造运动造成的，而是形成于多期次构造作用的叠加、改造，具有复杂的成因演化过程。就断裂性质而言，渤海海域走滑断裂体现出了伸展和走滑作用并存的特征，不同演化阶段、不同地区伸展和走滑作用的叠加配比关系是导致这种差异性的主要原因。为了揭示走滑断裂的形成演化过程，特别是伸展与走滑作用的叠加配比关系，本书从断裂的垂向活动性和水平走滑量两个方面针对渤海海域主要断裂进行了活动性的定量表征，在此基础上离析出了各演化阶段的活动断层，明确其活动特征及展布规律。进一步结合构造演化剖面和构造物理模拟实验、数值模拟实验明确渤海东部走滑断裂的演化过程及其差异成因机制，建立走滑断裂的形成演化模式。

一、断裂垂向活动特征

(一)渤南地区

1. 郯庐断裂带

郯庐断裂带莱州西支 Ek–Es₄ 沉积期开始活动，至 Es₃ 沉积期活动最为剧烈，之后活动强度逐渐降低，进入新近纪停止活动(图 2-51)；郯庐断裂带莱州中支 Es₃ 沉积期开始剧烈活动，之后活动强度逐渐降低，至 Nm–Q 沉积期再次剧烈活动(图 2-52)；郯庐断裂带莱州东支 Ek–Es₄ 沉积期开始活动，Es₃ 沉积期活动最为剧烈，Es₂–Es₁ 沉积期活动速率明显降低，至 Ed 沉积期活动强度有所增大，Ng 沉积期活动强度再次减弱，至 Nm–Q 沉积期活动强度再次增大(图 2-53)。

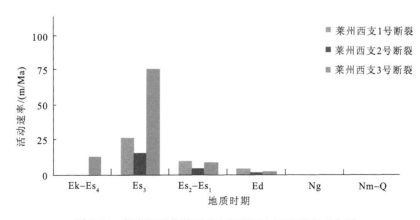

图 2-51　郯庐断裂带莱州西支断裂垂向活动速率直方图

整体而言，郯庐断裂带渤南段不同分支断裂的垂向活动特征存在明显差异，就开始活动时间而言，西支和东支 Ek–Es$_4$ 沉积期开始活动，中支 Es$_3$ 沉积期开始活动；就强烈活动期次而言，均在 Es$_3$ 沉积期强烈活动，中支 Es$_2$–Es$_1$ 沉积期、东支 Ed 沉积期活动也较为强烈。

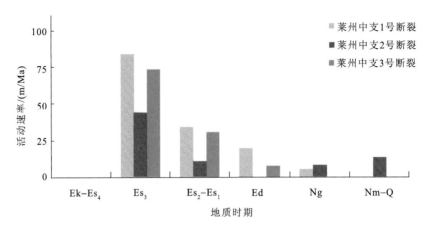

图 2-52　郯庐断裂带莱州中支断裂垂向活动速率直方图

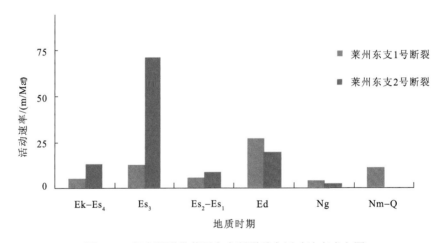

图 2-53　郯庐断裂带莱州东支断裂垂向活动速率直方图

2. 伸展、走滑–伸展断裂

渤南地区伸展和走滑–伸展断裂主要包括 NE、NW 和近 EW 向三组。NE 向断裂 Es$_3$ 沉积时期开始活动，之后活动速率逐渐减弱，至 Nm–Q 沉积时期活动速率达到最小（图 2-54）；NW 向断裂和 NE 向断裂具有相同的活动规律，但 NW 向断裂的断层活动速率明显小于 NE 向断裂（图 2-55）；与 NE 和 NW 向断裂相比，近 EW 向断裂活动较为复杂，Ek–Es$_4$ 沉积时期开始活动，Es$_3$ 沉积时期活动强度达到峰值，Es$_2$–Es$_1$ 沉积时期活动强度明显减弱，Ed 沉积期活动强度再次增大，Nm–Q 活动强度逐渐减弱、区域消亡，整体新生代具有明显的波动式活动特征（图 2-56）。

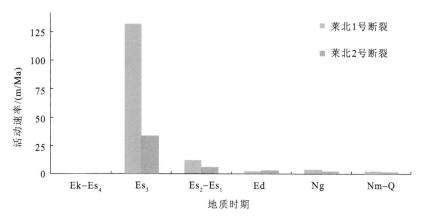

图 2-54 渤南地区 NE 向伸展、走滑–伸展断裂垂向活动速率直方图

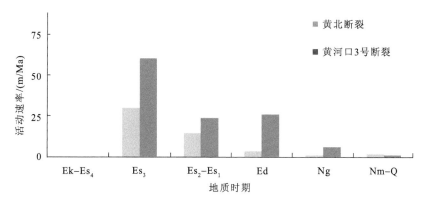

图 2-55 渤南地区 NW 向伸展、走滑–伸展断裂垂向活动速率直方图

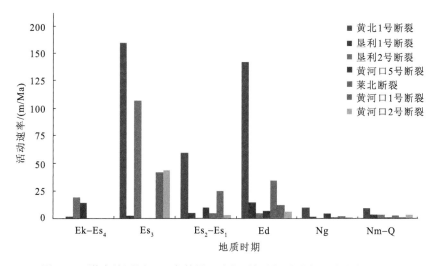

图 2-56 渤南地区近 EW 向伸展、走滑–伸展断裂垂向活动速率直方图

整体而言，渤南地区伸展、走滑–伸展性质断裂都在 Es$_3$ 沉积期垂向活动速率达到最大，而在 Es$_2$–Es$_1$ 和 Ed 沉积期活动速率相对较强，至 Nm–Q 沉积期趋于消亡；与伸展和

走滑–伸展性质断裂相比，郯庐断裂带垂向活动强度较弱，但其活动时期基本相同，此外伸展和走滑–伸展性质断裂中的近 EW 向断裂活动强度大于 NE 向和 NW 向断裂活动强度(图 2-57、图 2-58)。

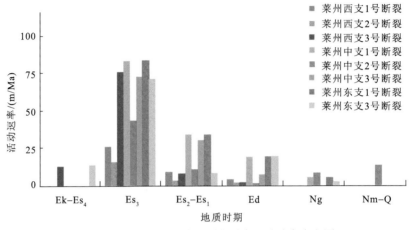

图 2-57　渤南地区郯庐断裂带垂向活动速率直方图

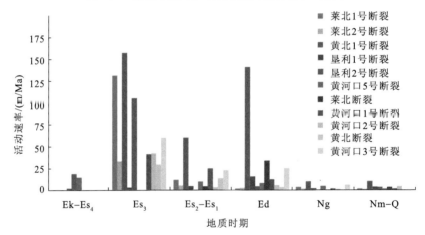

图 2-58　渤南地区伸展和走滑–伸展断裂垂向活动速率直方图

(二)渤中–渤东地区

1. 郯庐断裂带

渤中–渤东地区郯庐断裂带主要发育东支和中支，两组分支断裂整体具有相似的垂向活动特征，均在 Ek–Es₄ 沉积时期开始活动，Es₃ 沉积时期活动强度增大，至 Ed 沉积期断层活动强度达到峰值，Ng 沉积期断层活动强度明显减弱，至 Nm–Q 沉积期断层活动强度又有所增大(图 2-59、图 2-60)。此外，整体古近纪各演化阶段中支的垂向活动强度大于东支。

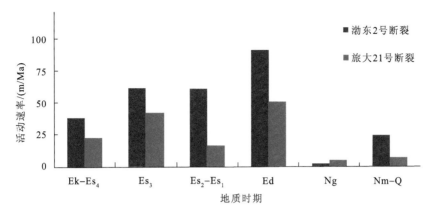

图 2-59 渤中–渤东段郯庐断裂带中支垂向活动速率直方图

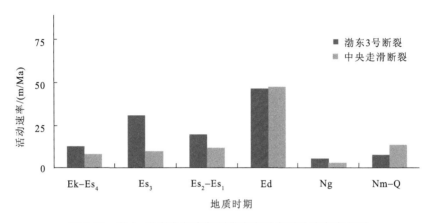

图 2-60 渤中–渤东段郯庐断裂带东支垂向活动速率直方图

2. 伸展、走滑–伸展断裂

渤中–渤东地区伸展、走滑–伸展断裂在 Ek–Es$_4$ 沉积时期开始活动，Es$_3$ 沉积时期活动强度增大，Es$_2$–Es$_1$ 沉积时期活动强度有所减弱，至 Ed 沉积期活动强度达到峰值，Ng 沉积期活动强度减弱，Nm–Q 沉积期再次强烈活动（图 2-61）。

整体而言，渤中–渤东段郯庐断裂带和伸展、走滑–伸展断裂均在古近纪初期开始活动，此后活动强度逐渐增大，在 Ed 沉积期达到峰值，至 Ng 沉积期活动速率明显减弱，而至 Nm–Q 沉积期活动强度略有增大，整体演化特征相似。

（三）辽东湾地区

1. 郯庐断裂带

西支的辽西大走滑断裂 Ek–Es$_4$ 沉积期开始活动，Es$_3$ 沉积期活动速率达到峰值，此后逐渐降低，Ed 沉积期活动强度略有增大，进入新近纪垂向活动趋于停止（图 2-62）。

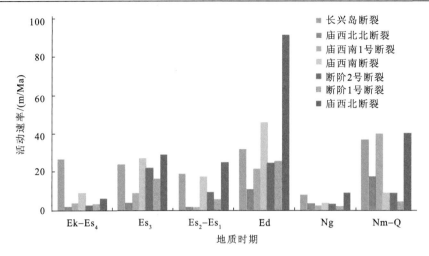

图 2-61　渤中–渤东地区伸展、走滑–伸展断裂垂向活动速率直方图

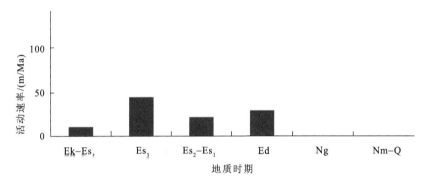

图 2-62　辽东湾段郯庐断裂带西支垂向活动速率直方图

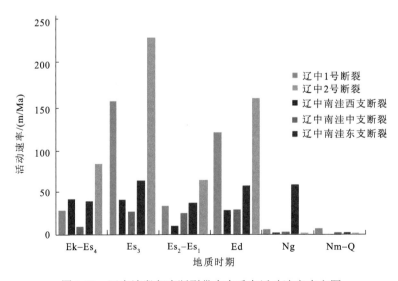

图 2-63　辽东湾段郯庐断裂带中支垂向活动速率直方图

中支的辽中 1 号、辽中 2 号断裂垂向活动特征相似，均在 Ek–Es$_4$ 沉积期开始活动，至 Es$_3$ 沉积期断层活动速率明显增大达到峰值，Es$_2$–Es$_1$ 沉积期活动强度明显减弱，至 Ed 沉积期活动强度有所增大，但仍没达到 Es$_3$ 沉积期的活动强度，新近纪—第四纪垂向活动逐渐停止(图 2-63)。与主走滑断裂相比，辽中南洼走滑断裂整体垂向活动性较弱，Ek–Es$_4$ 沉积期开始活动，古近纪各演化阶段变化不大，新近纪—第四纪垂向活动强度明显减弱、逐渐停止(图 2-63)。

东支的辽东 1 号断裂 Ek–Es$_4$ 沉积期开始活动，整体垂向活动强度较弱，存在 Es$_3$、Ed 两个活动高峰，进入新近纪垂向活动逐渐停止(图 2-64)。

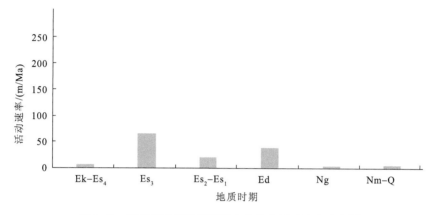

图 2-64　辽东湾段郯庐断裂带东支垂向活动速率直方图

整体而言，郯庐断裂带辽东湾 Ek–Es$_4$ 沉积期开始活动，Es$_3$ 沉积期垂向活动强度最大，其次为 Ed 沉积期，至 Nm–Q 沉积期断裂垂向活动趋于停止。就不同断裂而言，西支垂向活动强度小于中支和东支，东支垂向活动强度最大。

2. 伸展、走滑–伸展断裂

辽东湾地区伸展、走滑–伸展断裂主要以 NE 向为主，主要发育在辽西地区。辽西南 1 号断裂 Ek–Es$_4$ 沉积期开始活动，Es$_3$ 沉积期强烈活动达到峰值，至 Es$_2$–Es$_1$ 和 Ed 沉积期活动速率明显减弱，新近纪以来断裂垂向活动趋于停止(图 2-65)。辽西 1 号断裂 Ek–Es$_4$ 沉积期开始活动，但活动微弱，Es$_3$ 沉积期强烈活动达到峰值，Es$_2$–Es$_1$ 沉积期活动强度明显减弱，Ed 沉积期再次强烈活动，新近纪以来断裂垂向活动趋于停止(图 2-65)。辽西 2 号、辽西 3 号断裂 Ek–Es$_4$ 沉积期开始活动，活动微弱，至 Es$_3$ 沉积期剧烈活动达到峰值，之后活动强度逐渐减弱，新近纪以来断裂垂向活动趋于停止(图 2-65)。

整体而言，郯庐断裂带辽东湾段和伸展、走滑–伸展性质断裂都在 Es$_3$、Ed 沉积期垂向活动速率较大，其次为 Ek–Es$_4$ 和 Es$_2$–Es$_1$ 沉积期，新近纪—第四纪断裂垂向活动逐渐减弱、趋于停止。

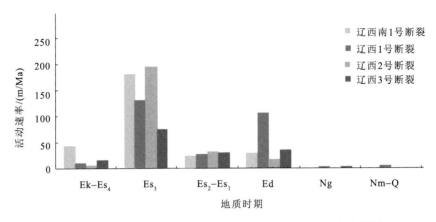

图 2-65　辽东湾地区伸展、走滑–伸展断裂垂向活动速率直方图

（四）断裂垂向活动性小结

通过分析渤海东部主干断裂垂向活动性可以发现，不同性质、不同走向、不同分区的主干断裂活动规律存在着明显的差异。就不同分段而言，整体辽东湾地区活动强度大于渤中–渤东和渤南地区；就不同分支而言，除辽中 2 号和莱州东支 3 号断裂垂向活动强度明显偏大外，其他东支断裂各时期垂向活动强度均小于中支，但大于各郯庐断裂带西支（图 2-66）。

二、断裂走滑活动特征

目前普遍认为郯庐断裂带新生代的构造演化具有伸展、走滑叠加复合演化的特点，争议主要集中在右旋走滑开始的时期，多数学者认为始新世沙三段沉积期开始右旋走滑（黄雷等，2012a，2012b；吴智平等，2013；黄超等，2013；Huang and Liu，2014；贾楠等，2015；刘超等，2016；李伟等，2019），并持续至今。走滑位移量是定量表征走滑活动强度的主要参数，计算难度较大，是构造地质学研究的热点之一。针对地震资料覆盖全、精度高且勘探程度较高的盆地区，构造物理模拟实验和构造解析相结合的方法具有较强的适用性和较高的准确性。采用该方法，本书对渤海海域郯庐断裂带主干断裂新生代的走滑量进行了计算，并对比了不同分段、不同分支断裂的差异性。

（一）郯庐断裂带渤南段

整体而言，郯庐断裂带渤南段自 Es₃ 沉积期开始具右旋走滑活动特征，Ed 沉积期达到峰值，N–Q 逐渐降低。就不同分支而言，整体东支走滑强度大于中支和西支（图 2-67）。

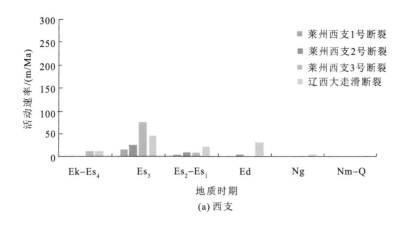

(a) 西支

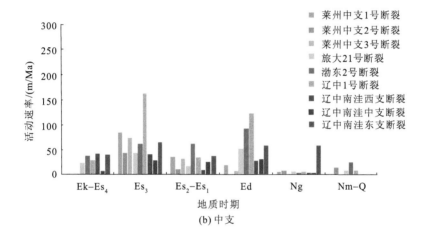

(b) 中支

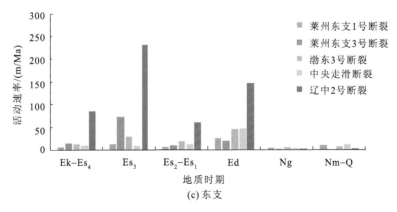

(c) 东支

图 2-66　郯庐断裂带不同分支断裂垂向活动速率直方图

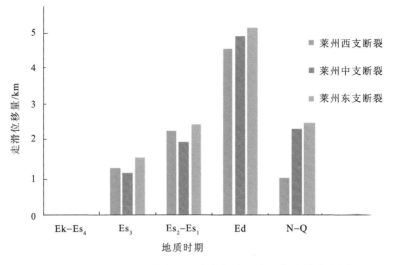

图 2-67 郯庐断裂带渤南段新生代各阶段走滑位移量直方图

(二)郯庐断裂带渤中-渤东段

郯庐断裂带渤中-渤东段由于次级派生断层发育较少,仅旅大 21 号断裂和中央走滑断裂发育一定数量的走滑派生次级伸展断层,因此主要估算了旅大 21 号断裂和中央走滑断裂的走滑位移量。整体右旋走滑开始于 Es₃ 沉积期,Ed 沉积期达到最大,N–Q 逐渐降低。旅大 21 号断裂走滑位移量略大于中央走滑断裂(图 2-68)。

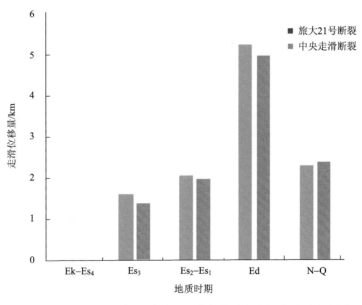

图 2-68 郯庐断裂带渤中-渤东段新生代各阶段走滑位移量直方图

(三)郯庐断裂带辽东湾段

就辽东湾段而言,整体各阶段走滑量以中支辽中 1 号断裂最大,明显大于东支和西支。就不同时期而言,东营组沉积期走滑量最大,辽中 1 号断裂接近 15km,辽中 2 号断裂和辽东 1 号断裂接近 10km,辽西地区走滑断裂在 5km 左右;辽西地区新近纪较古近纪早期走滑量大;辽中 1 号断裂、辽东 1 号断裂古近纪各时期走滑量大于新近纪(图 2-69)。

进一步对比前人研究成果,漆家福(2004)通过分析对比辽东凸起南部–渤东凸起的火山岩体、构造线等地质体的分布,估算辽东地区郯庐断裂带新生代的右旋走滑量大致为 10~15km;余朝华(2008)计算得出郯庐断裂带中段新生代右行走滑量在 40km 左右;彭文绪等(2010)采用半地堑模型计算得到的郯庐断裂带莱州湾段的水平位移为 7km;卢姝男等(2018)通过走滑活动速率法对郯庐断裂带新生代的走滑位移量的估算结果表明,受新生代伸展构造变形及走滑断裂带结构的影响,不同地段的走滑量具有差异性,大致在 15~20km。蒋子文等(2013)通过分析辽东湾拗陷辽东走滑带东三段沉积中心的迁移及砂体的鱼跃效应,认为辽中 1 号断裂东三段沉积期的右行走滑距离约为 12km,略小于本书的估算结果。整体看来,前人的认识与本书的计算结果较为吻合,说明采用构造物理模拟实验和构造解析相结合的方法具有较强的适用性和较高的准确性,进一步证明了该方法在渤海海域郯庐断裂带的适用性,以及所得结果的可靠性。

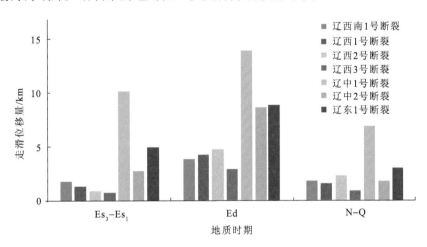

图 2-69　郯庐断裂带辽东湾段新生代各阶段走滑位移量直方图

综合上述分析可以发现,渤海东部郯庐断裂带的水平走滑量在不同分段和不同分支断裂均存在着一定的差异性。就不同分段而言,辽东湾段走滑位移量>渤中–渤东段>渤南段,整体表现为由南向北走滑位移量逐渐增加、走滑强度逐渐增大的特点(图 2-70)。就不同分支而言,郯庐断裂带中支走滑位移量大于东支和西支(图 2-71)。

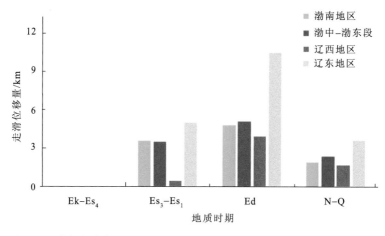

图 2-70　渤海海域东部不同地区走滑断裂新生代各阶段走滑位移量直方图

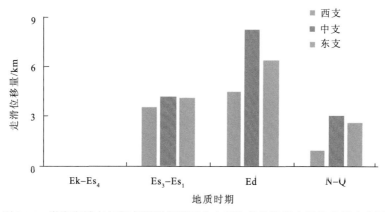

图 2-71　渤海海域东部郯庐断裂带不同分支新生代各阶段走滑位移量直方图

第三节　郯庐断裂带不同时期动力学背景及其构造响应特征

渤海海域所在的渤海湾盆地为华北克拉通东部新生代陆内断陷-拗陷型盆地(刘杰，1981；詹润等，2013)。受印度板块与欧亚板块的碰撞作用、西太平洋板块的俯冲作用及地幔热活动影响(漆家福等，2008)，渤海盆地演化具有显著的多旋回性和时空不均一性，多幕裂陷叠加、多成因盆地原形复合(蔡东升等，2000)。就新生代盆地而言，渤海海域盆地受到伸展和走滑作用的相互叠加、改造，形成现今复杂多样的构造特征(漆家福等，2008)。本书在对渤海海域东部走滑断裂垂向活动性、水平走滑量定量表征的基础上，明确了渤海海域东部不同构造演化阶段的活动断裂，进一步结合区域演化的地球动力学背景、伸展–走滑作用的叠加配比关系，划分了构造演化阶段(图 2-72)，建立了渤海东部走滑断裂带新生代构造演化模式，明确了新生代各演化阶段的构造发育特征。

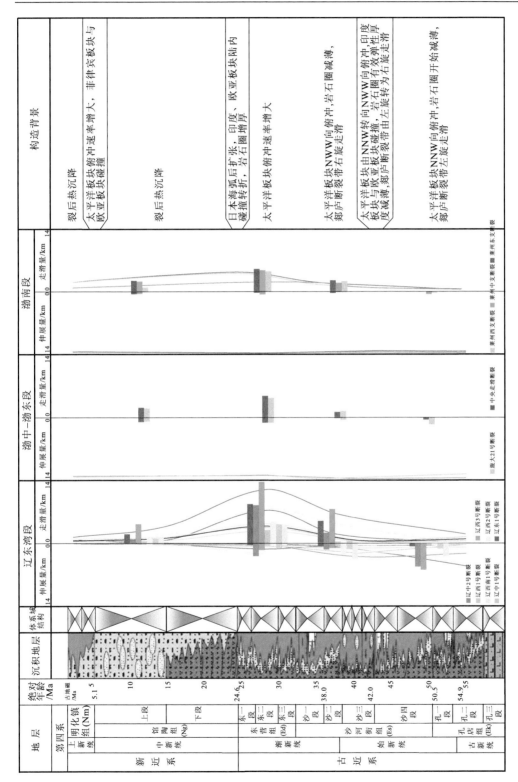

图 2-72　渤海海域东部新生代构造演化阶段划分表

一、孔店组—沙四段（Ek–Es₄）沉积期（古新世—中始新世）

古新世—中始新世，太平洋板块沿 NNW 方向向欧亚板块俯冲、挤压，两板块的俯冲汇聚速率由白垩纪的平均 130mm/a 减小到始新世的 38mm/a。而印度板块沿 NE–SW 向与欧亚板块碰撞，两板块之间的汇聚速率由 170mm/a 减小到始新世的 60mm/a 左右。汇聚碰撞的速率减小所发生的能量损失必然会使碰撞带内陆壳发生冲断叠置，或发生走滑运动。这种不对称的俯冲作用导致软流圈向东蠕散，对岩石圈产生拖拽作用，致使岩石圈减薄，产生裂陷伸展作用（蔡东升等，2000）。

该阶段渤海东部应力场特征表现为强伸展–弱走滑，构造发育主要受控于区域伸展作用，此时郯庐断裂带渤海段仍为左旋走滑（张婧等，2017），主要表现为伸展性质断裂。渤南地区此时整体主要受近 SN 向伸展作用控制，除了 NNE 向郯庐断裂带外，NWW 和近 EW 走向的黄河口凹陷及莱州湾凹陷边界大断层活动强烈，基本形成了两凸两凹的构造格局。渤中–渤东地区以 NW-SE 向伸展作用为主，导致渤东低凸起的形成，分隔渤中和渤东凹陷，形成了两凹加一凸的构造格局。辽东湾地区辽东凸起北段此时并未发育，为胶辽隆起的一部分；拗陷内主干断裂多呈 NE–NNE 向发育，盆地整体表现为 NE–NNE 向的堑垒构造系，辽中凹陷、辽西凹陷、辽西南凹陷、辽西南凸起、辽西凸起和辽东凸起南段开始形成；辽中南洼受早期伸展断裂控制，局部地块抬升（图 2-73、图 2-74）。

二、沙三段—沙一段（Es₃–Es₁）沉积期（晚始新世—早渐新世）

晚始新世，太平洋板块向欧亚板块俯冲方向由之前的 NNW 向转为 NWW 向（Kopp et al.，2001，2003；Koppers et al.，2004），同时印度板块仍保持前一阶段速率向欧亚板块俯冲，对其施加 NE 向的挤压力，致使华北板块向东移动，沿先存断裂带（燕辽太行–中条断裂带）开始产生右行张剪运动，致使 NNE 走向的郯庐断裂带转为右旋走滑，同时太平洋板块的俯冲后撤导致整个渤海海域仍然保持伸展构造应力场，但相比古新世—中始新世，伸展作用明显减弱（刘杰，1981；侯贵廷等，2001；万桂梅等，2010）。

该阶段应力场特征为中等伸展–中等走滑，渤海海域东部受伸展和走滑作用的共同控制，在古新世—中始新世构造格局的基础上，进一步发育演化。NNE 向主干断裂连续性变差，由一系列近 EW 或 NEE 向的次级断裂沿主断裂走向呈雁列式展布构成，控沉作用减弱，开始在主走滑断裂附近发育大量的次级断裂与主干断裂组成帚状构造体系（图 2-75、图 2-76）。渤南地区此时受近 SN 向的伸展控制，渤南低凸起和莱北低凸起继续隆升；NNE 向郯庐断裂带各分支断裂开始右旋走滑，莱州中支断裂分隔了黄河口凹陷，黄河口凹陷西洼和莱州湾凹陷近东西向次级断裂发育，而黄河口东洼发育 NE 向的次级断裂。渤中–渤东地区受 NW-SE 向伸展作用减弱，渤东低凸起变成水下凸起，庙西凸起开始形成；NNE 向走滑作用导致郯庐断裂带渤中–渤东段开始右旋走滑，但走滑活动微弱，沿基底断裂发育一系列 NE 向次级断裂。辽东湾地区南部凸起继续隆升，北部逐渐变为水下凸起，凸起范围减小，辽东凸起北段的南部率先从胶辽隆起分离；各主干断裂走滑作用增强，辽东 1 号断裂南段开始活动；辽中南洼被走滑改造，发育三条走滑断裂带；辽西地区伸展性质的断裂被走滑作用叠加改造，次级断裂数量增多，NEE 向、近 EW 向次级断裂开始发育(图 2-77)。

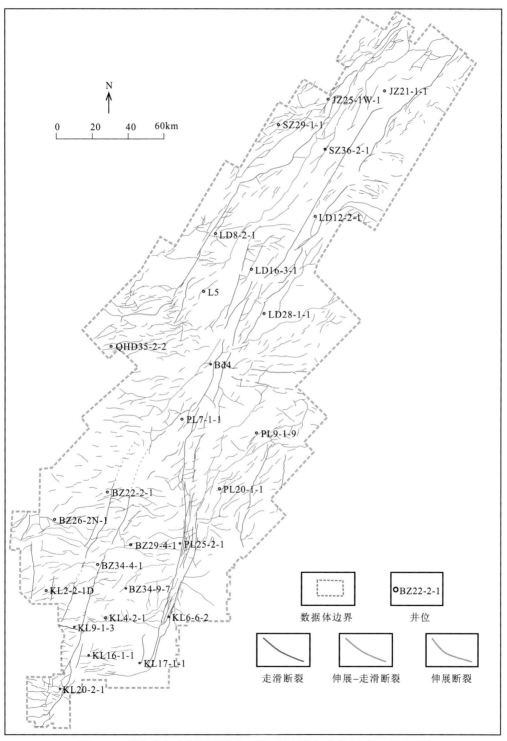

图 2-73 渤海东部走滑断裂带孔店组—沙四段沉积期活动断裂展布图

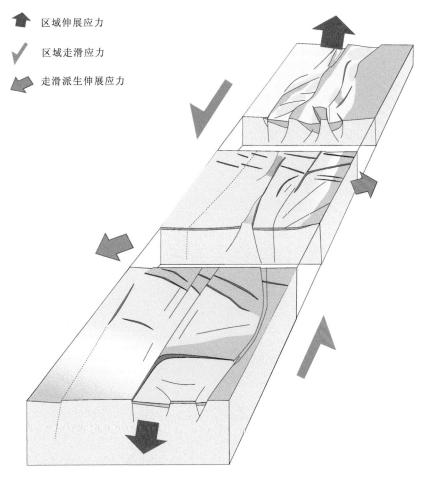

区域伸展应力

区域走滑应力

走滑派生伸展应力

图 2-74　渤海海域东部孔店组—沙四段沉积期构造发育模式

三、东营组（Ed）沉积期（晚渐新世）

　　晚渐新世，太平洋板块向欧亚板块俯冲方向仍为 NWW 向，但俯冲速率有所增大，渤海海域 NNE 走向郯庐断裂带的右旋走滑活动达到峰值，同时太平洋板块的俯冲后撤导致整个渤海海域仍然保持伸展构造应力场，但相比晚始新世，伸展作用进一步减弱（刘杰，1981；侯贵廷等，2001；万桂梅等，2010）。

　　该阶段应力场特征为强走滑-弱伸展，渤海海域东部盆地整体处于断-拗转换阶段，主干断裂垂向活动减弱，次级断裂大量发育（图 2-78）。渤南地区基本保持了晚始新世的构造格局，强烈的右旋走滑作用不仅改造了渤南低凸起，同时使黄河口凹陷中央走滑隆起带发育定型，分割黄河口凹陷成东、西两个次洼；莱州湾凹陷的沉降中心向北东偏移，同时郯庐断裂带不同分支之间的走滑拉分作用加剧了渤南地区各个凹陷的沉降。渤中-渤东地区构造格局未发生明显变化，强烈的走滑作用导致郯庐断裂带各分支断裂强烈活动，由于渤中-渤东地区该时期地层沉积厚度较大，郯庐断裂带各分支仍表现为

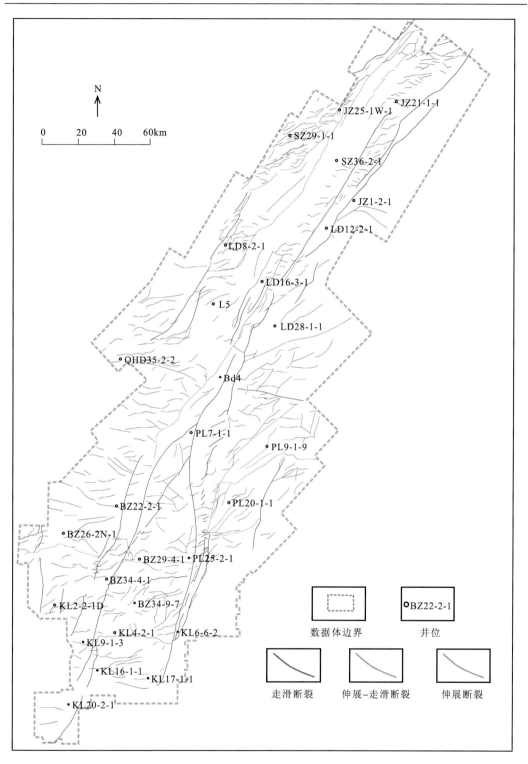

图 2-75　渤海东部走滑断裂带沙三段沉积期活动断裂展布图

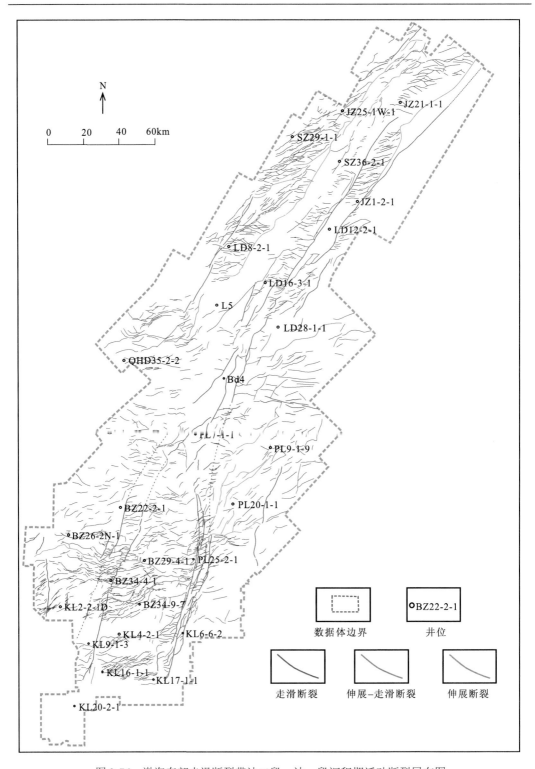

图 2-76　渤海东部走滑断裂带沙二段—沙一段沉积期活动断裂展布图

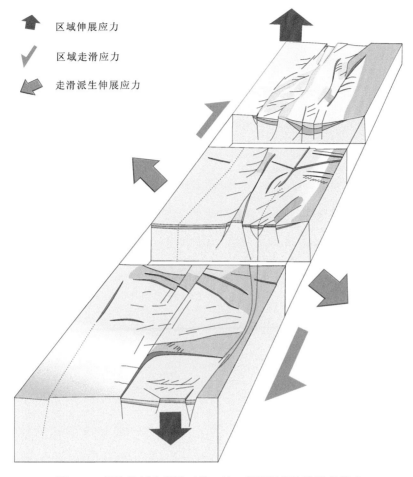

区域伸展应力

区域走滑应力

走滑派生伸展应力

图 2-77　渤海海域东部沙三段—沙一段沉积期构造发育模式

一系列 NE 向次级断裂组成的雁列式或帚状构造。辽东湾地区辽西凸起整体不再抬升，变为水下凸起，东部辽东凸起北段作为单一凸起整体从胶辽隆起分离；整体受右旋走滑作用，断裂走滑作用加强，在走滑派生作用下 NEE 向、近 EW 向次级断裂较为发育（图 2-79）。

四、新近纪—第四纪（N-Q）

新近纪—第四纪，太平洋板块加速向欧亚板块俯冲运动，致使渤海湾盆地内的走滑断裂带的走滑作用仍然活跃；印度–澳大利亚板块和菲律宾海板块碰撞，造成菲律宾海板块顺时针旋转并向北快速运动，日本海大规模扩张，印度板块向欧亚板块俯冲速率较低。由于岩石圈的均衡作用及地幔隆起降温，地壳沉降，盆地的伸展作用明显减弱，渤海盆地进入区域拗陷阶段（刘杰，1981；侯贵廷等，2001；韩宗珠等，2008）。此构造时期，

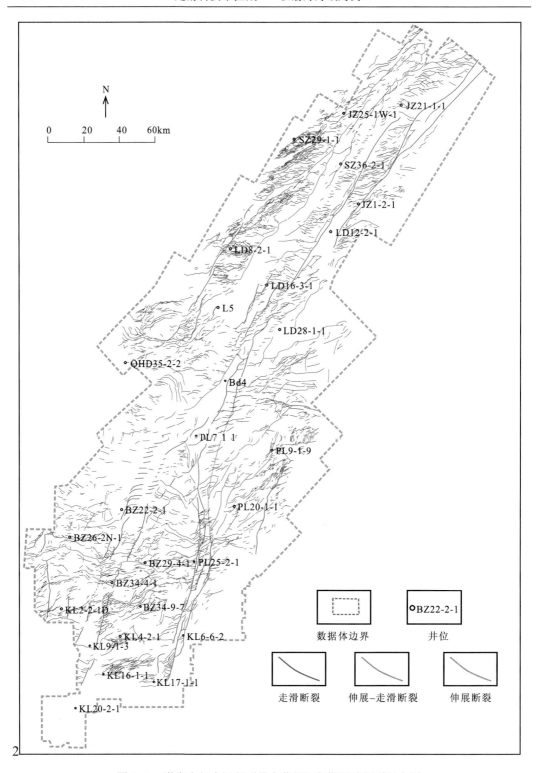

图 2-78　渤海东部走滑断裂带东营组沉积期活动断裂展布图

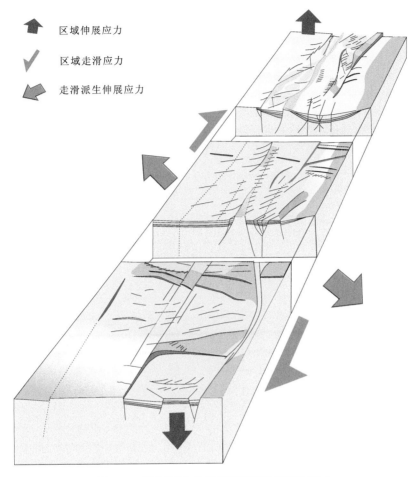

区域伸展应力

区域走滑应力

走滑派生伸展应力

图 2-79　渤海海域东部东营组沉积期演化模式

地壳处于扭动或挤压应力场状态，渤海海域中的郯庐断裂带仍然以右旋走滑变形或压扭变形为主(万桂梅等，2009b；漆家福等，2010)。

　　该构造阶段为中等走滑–弱伸展阶段，渤海海域整体处于拗陷阶段，主干断裂连续性进一步减弱，以 NE、NEE 走向次级断裂发育为主(图 2-80、图 2-81)。渤南地区近 EW 向主干断裂依然活动，断层依然连续；而郯庐走滑断裂带表现出明显差异性，西支与中支不连续，由 NE 向雁列排布的次级断裂组成；东支断面依然清晰连续，且发育大量次级断裂与之呈羽状相交，而凹陷内发育密集的近 EW 向及 NE 向次级断裂。渤中-渤东地区整体变为渤海海域的沉降中心，沉积巨厚的新近纪地层，盆地内大量的 NE 或 NEE 向次级断裂沿郯庐断裂带分支呈雁列式展布；辽东湾地区凸起停止抬升，主断裂不连续，由一系列沿先存断裂走向展布的次级断裂组成，拗陷内部 NEE 向、近 EW 向次级断裂极为发育(图 2-82)。

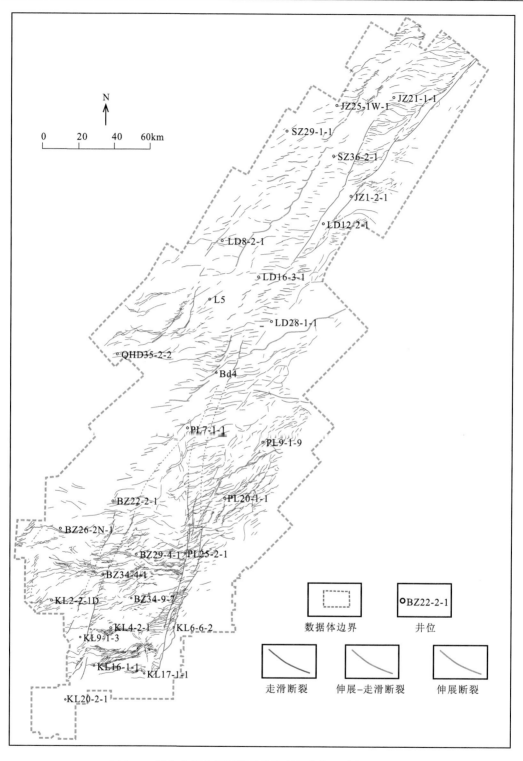

图 2-80 渤海东部走滑断裂带馆陶组沉积期活动断裂展布图

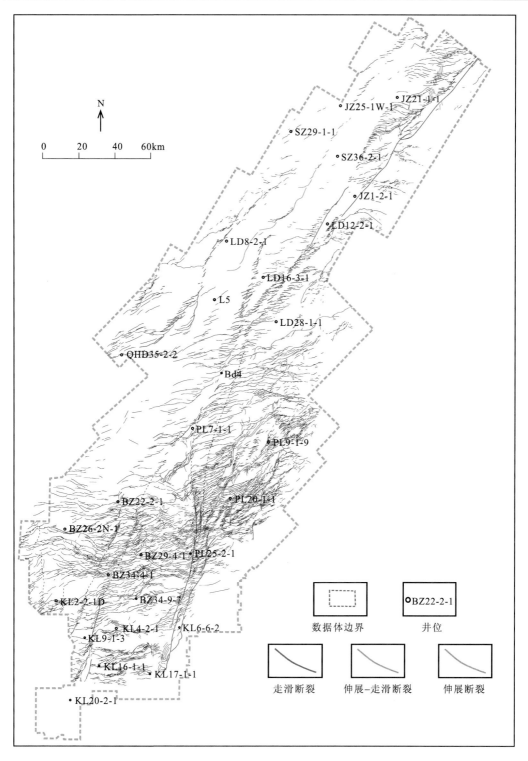

图 2-81　渤海东部走滑断裂带明化镇组—第四系沉积期活动断裂展布图

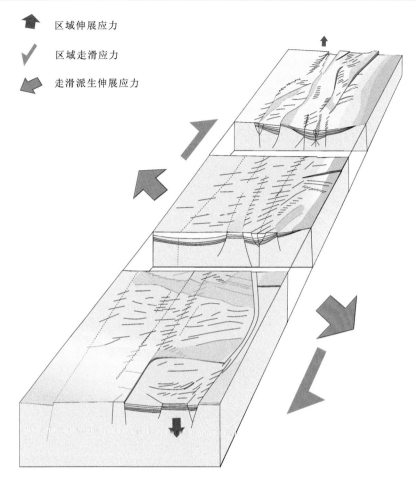

图 2-82　渤海海域东部馆陶组—第四系沉积期演化模式

第三章 渤海海域走滑转换带的发育特征与展布规律

走滑转换带是指与走滑断层相伴生的或者说由断层的走滑运动"转换"而成的各类张性、压性或张扭性、压扭性构造。叶洪(1988)、宋鸿林(1996)把沿断层的走滑运动在断层末端或转变部位转换成张、压或斜向滑动的构造称之为走滑转换构造。徐长贵(2016)对渤海海域的研究认为走滑转换带是指走滑运动在断层内部、断层之间、断层末端、共轭断层之间等转变部位形成的各类张性、压性、张扭性和压扭性构造。中国东部巨型的走滑断裂系统——郯庐断裂带贯穿整个渤海海域东部,在盆地的主形成期强烈活动(Qi and Yang, 2010;Zhang et al., 2003a;朱光等, 2006;Zhu et al., 2009, 2010;龚再升等, 2007;黄雷, 2015)。目前的研究普遍认为,郯庐断裂带在渤海海域并不是一条平直、连续的断裂带,受 NWW 向张家口–蓬莱断裂带和秦皇岛–旅顺断裂带的影响(龚再升等, 2007;漆家福等, 2008, 2010;詹润等, 2013),郯庐断裂带渤海段自北向南可分为辽东湾段、渤中–渤东段和勃南段,同一区段又可以分为不同分支断裂,就每条分支断裂而言,走向上的弯曲和不同分段之间的叠覆现象普遍存在(图 2-5)(李伟等, 2016;徐长贵, 2016;石文龙等, 2019)。加之郯庐断裂带自新生代以来具有伸展与走滑作用的双重性,为渤海海域东部走滑转换带的发育提供了动力学基础。

本书在明确了渤海东部走滑断裂体系发育特征和演化过程的基础上,利用研究区丰富的地震和地质资料,对渤海东部走滑转换带进行系统判识和类型区划,对不同类型走滑转换带的平面特征和剖面特征进行精细、系统刻画,进一步明确研究区走滑转换带的平面展布规律。

第一节 走滑转换带的类型划分与特征解析

走滑转换带类型划分是系统、有效研究走滑转换带的基础,也是明确走滑转换带平面展布规律的前提。前人依据走滑转换带的发育位置将其分为尾端走滑转换带、弯曲部位走滑转换带和侧接走滑转换带,同时依据走滑转换构造局部应力性质划分出增压型和释压型两类(Cunningham and Mann, 2007;Casas et al., 2001;Harding and Lowell, 1979;Harding, 1985;环文林等, 1997;胡望水等, 2003;Richard et al., 1995)。徐长贵(2016)对渤海海域走滑转换带进行了系统的梳理,依据走滑转换带在主走滑断裂带中的位置,划分出断边、断梢、断间、复合四大类走滑转换带,进一步根据断层的相互作用及转换构造的形态,分为 S 型、叠覆型、双重型、帚状、共轭型及复合型共 6 种类型;根据局部应力状态划分为增压型和释压型两类走滑转换带(图 3-1)。本书借鉴了这一分类方案,将渤海东部走滑转换带分为四大类十小类(表 3-1)。

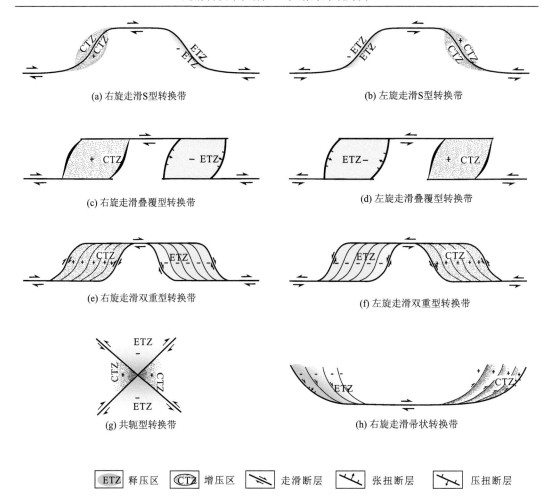

图 3-1　渤海海域增压、释压型走滑转换带发育模式

表 3-1　走滑转换带类型划分方案

转换带发育位置	转换带类型	局部应力特征
断边	S 型	增压型
		释压型
断间	叠覆型	增压型
		释压型
	双重型	增压型
		释压型
	共轭型	增压、释压共存
断梢	帚状	增压型
		释压型
复合型		增压、释压共存

一、断边走滑转换带

渤海东部郯庐断裂带各分支断裂并不平直，沿其走向发育不同尺度的弯曲，因此在主走滑断裂的走滑活动过程中必然会引起块体的汇聚或离散，形成相应的增压或者释压S型走滑转换带。研究表明，在主走滑断裂右旋的情况下，增压弯曲部位主要会发育(半)背斜构造，而释压弯曲则普遍发育向斜构造，而且增压型、释压型弯曲往往是相互伴生、共同发育的(图3-2)。

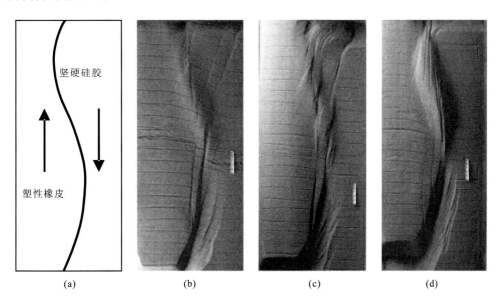

图3-2 S型走滑转换带增压、释压构造物理模拟实验图

(a)模型边界与受力方向；(b)模型1，硅胶厚度为1cm，橡皮厚度为1~3cm；(c)模型2，硅胶厚度为0.5cm，橡皮厚度为1~3cm；(d)模型3，硅胶厚度为1cm，橡皮厚度为1.5~3cm

断边S型走滑转换带在渤海海域东部普遍发育，以渤东凸起北段中央走滑断裂为例[断裂位置见图3-3(a)]，释压S型走滑转换带主要发育在断裂北段，从平面上来看，主断裂破碎带较宽，且发育大量近EW向次级断裂，次级断裂带同样较宽(图3-3)；从垂直断裂走向的剖面上看，主断裂倾角较缓，浅层次级断裂较为发育，呈轻微铲式，且收敛于主干断裂呈负花状构造，表现出典型的释压特征[图3-4(a)]。增压S型走滑转换带发育在该断裂南段，平面上主断裂较为紧闭且次级断裂发育相对较少(图3-4)；从垂直断裂走向的剖面上看，主断裂较为直立，次级断裂发育较少，地层向上轻微隆起，呈现明显压扭特征[图3-4(b)]。

从近于平行主干断裂的剖面上看，释压段与增压段主干断裂与次级断裂都呈花状或似花状构造，但释压区各级别断裂倾角较缓，且"花"较宽；增压段主干断裂近于直立，"花"较为紧闭[图3-4(c)]。由此可见S型走滑转换带增压区与释压区往往共同发育且差异明显。

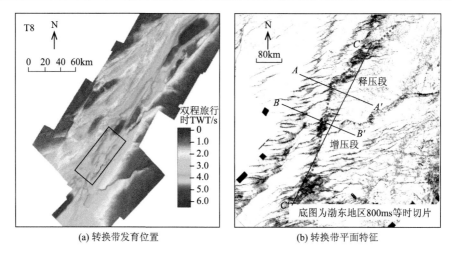

(a) 转换带发育位置　　　　　　(b) 转换带平面特征

图 3-3　中央走滑断裂 S 型转换带发育位置及平面特征

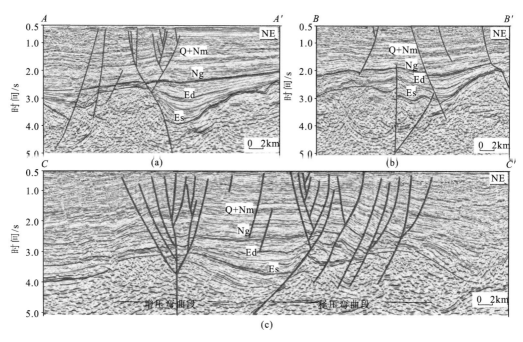

图 3-4　中央走滑断裂 S 型转换带剖面特征［剖面位置见图 3-3(b)］

二、断间走滑转换带

　　断间走滑转换带发育在两条或两条以上的走滑断层之间，是由于断层与断层的相互作用而形成的转换带。根据断层间的相互关系可以进一步划分为叠覆型转换带和双重型转换带。除此之外，NE 向郯庐走滑断裂带与 NW 向的秦皇岛–旅顺断裂带、张家口–蓬莱断裂带组成共轭断裂，因此形成了一种特殊的断间转换带，即共轭型转换带。

(一)叠覆型转换带

叠覆型转换带是指多条主走滑断裂首尾相互重叠但不互相连接地交替排列时,在这些断层之间形成的走滑转换带。

1. 增压叠覆型转换带

郯庐断裂带在新生代晚始新世以来以右旋走滑作用为主,在右旋走滑条件下,左阶叠覆型派生局部增压作用,增压叠覆型转换带在渤海海域东部发育较为普遍。典型如渤南地区的 BZ28 构造,该构造为郯庐断裂带渤南段分支莱州中支 1 号断裂和莱州中支 2 号断裂左阶排列而成(图 3-5),平面上两条主干断裂的叠覆区域仅发育少量的次级断裂,且各断裂较为紧闭;而在叠覆区域南北两侧断裂明显增多。剖面上看,该构造为两条背倾的张扭性主干断裂所夹持的凸起,构造内次级断裂发育较少,地层表现为轻微向上弯曲,叠覆区域中间部位隆起幅度最大(图 3-6)。

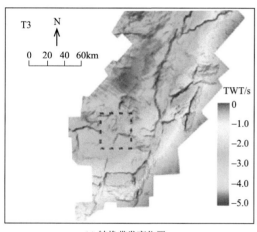

(a) 转换带发育位置

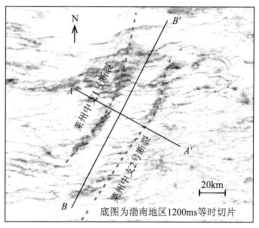

(b) 转换带平面特征

图 3-5　渤南地区增压叠覆型转换带 BZ28 构造发育位置及平面特征

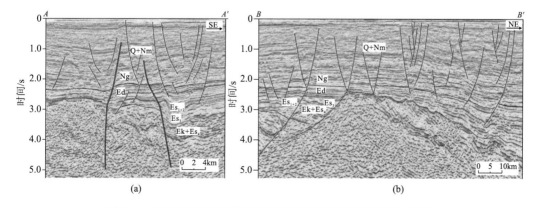

图 3-6　BZ28 增压叠覆型转换带剖面特征[剖面位置见图 3-5(b)]

2. 释压叠覆型转换带

在右旋走滑条件下，主走滑断裂右阶叠覆派生局部伸展作用。释压叠覆型转换带在全区广泛发育，以辽中凹陷中洼为例，辽中1号断裂和辽中2号断裂右旋右阶排列，在其叠覆部位形成释压区(图3-7)；平面上叠覆区域内部发育大量次级断裂，值得注意的是，这些次级断裂只与其中一条主干断裂连接或者独立发育，且两条主干断裂互不连接(图3-7)，剖面上两侧次级断裂分别呈多米诺式向洼陷中心对倾(图3-8)。

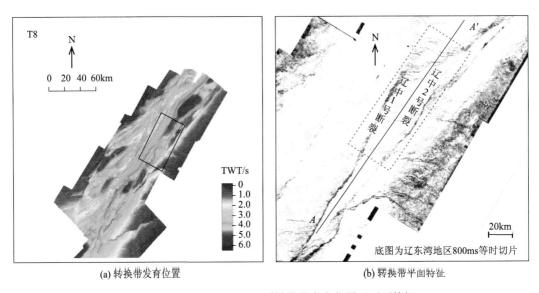

(a) 转换带发育位置   (b) 转换带平面特征

图3-7 辽中中洼释压叠覆型转换带发育位置及平面特征

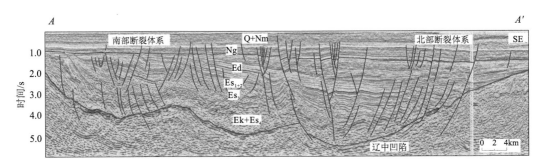

图3-8 辽中中洼释压叠覆型转换带剖面特征[剖面位置见图3-7(b)]

(二) 双重型转换带

双重型转换带是指两条或多条走滑断层相互叠覆并相连接围合形成的双重构造带，在剖面上呈花状构造，双重型转换带也是两条走滑断层相互转换、连接的一种形式。与叠覆型转换带相类似，双重型转换带也可以分为右旋左阶型转换带和右旋右阶型转换带。

其中，右旋左阶型转换带为增压型转换带，右旋右阶型转换带为释压型转换带。双重型转换带在张家口–蓬莱断裂带中不发育，主要发育在郯庐断裂带中。

1. 增压双重型转换带

渤海东部地区增压双重型转换带以辽东凸起北段最为典型。辽中 2 号断裂和辽东 1 号断裂右旋左阶排列，形成增压双重型转换带，局部派生挤压应力导致辽东凸起北段的形成(图 3-9)。平面上次级断裂发育较少，剖面上主干断裂较为陡立，派生次级断裂较少，两侧主干断裂所夹持部分地层可见轻微挤压弯曲(图 3-10)。

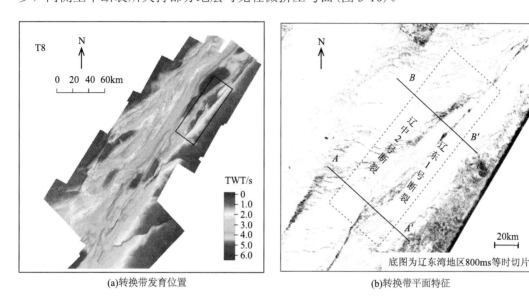

(a)转换带发育位置　　　　　(b)转换带平面特征

图 3-9　辽东凸起增压双重型转换带发育位置及平面特征

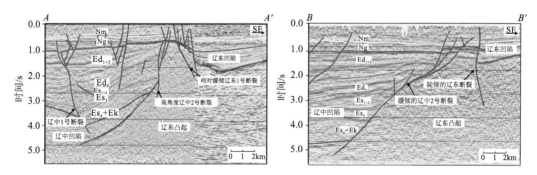

图 3-10　辽东凸起增压双重型转换带剖面特征[剖面位置见图 3-9(b)]

2. 释压双重型转换带

渤海东部地区释压双重型转换带以辽中 1 号断裂内的金县 1-1 构造最为典型。辽中 1 号断裂在金县 1-1 构造附近浅层分段，浅层主走滑断裂右旋右阶形成释压型转换带，平面上主干断裂侧接排列，叠覆区两端边界断层与两侧主干断裂相连，呈典型的菱形形态，叠覆区内次级断裂较为发育，斜交于两侧走滑断层(图3-11)；剖面上深部为单一的主干走滑断裂，浅部两分支断裂形成的释压区表现为明显的塌陷性断块(图3-12)。

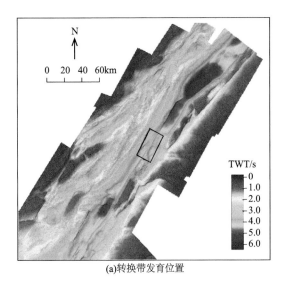

(a)转换带发育位置

(b)转换带平面特征

图3-11　JX1-1释压双重型转换带发育位置及平面特征

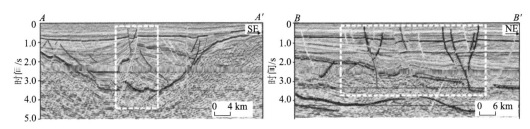

图3-12　JX1-1构造剖面发育特征[剖面位置见图3-11(b)]

(三)共轭型转换带

　　叠覆型转换带和双重型转换带都是发育在走向相同的同一走滑断裂系中的转换带，而在渤海海域还有另外一种断裂间的转换带，即两条走向近于垂直的走滑断裂之间形成的共轭型转换带。郯庐右旋走滑断裂带和张家口–蓬莱、秦皇岛–旅顺左旋走滑断裂带是两组方向不同、旋向相反、基本同时发育的共轭断裂带，这两组巨型的断裂带在渤海海域多个位置交叉叠置，形成了典型的共轭型转换带。由于共轭走滑断裂具有相反的旋向，在其交汇区域会引起块体的汇聚或离散从而形成增压区和释压区(李明刚等，2015；徐长贵，2016)(图3-13)，在共轭交汇区域的一、三象限会形成隆起构造，而在二、四象限会沉降形成断块构造甚至发育凹陷(图3-13)。

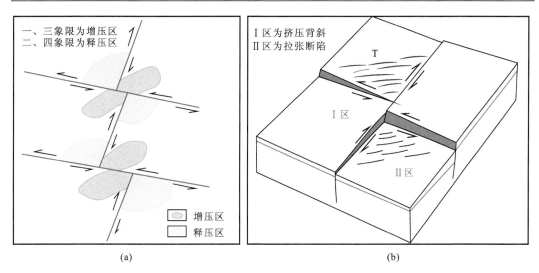

图 3-13 共轭型转换带应力特征[(a)，据李明刚等，2015]和走滑转换带发育模式[(b)]

渤海海域东部该类转换带较为典型的实例位于莱州中支 2 号断裂与黄河口 1 号断裂共轭部位。在释压区平面上显示次级断裂较为发育，多为 T 破裂(图 3-14)，整体表现为典型的拉张断陷；剖面上，次级断裂呈滑动断阶组合样式倾向主干断裂共轭中心[图 3-15(a)]。而在增压区，平面上基本未见次级断裂发育，剖面上呈宽缓的背斜构造[图 3-15(b)]。此外，在渤海东部黄河口凹陷的垦利地区也发育多处共轭型转换带，垦利 9-1 油田就是在共轭型转换带增压区形成的典型的大中型油田。在渤海西部海域，较为典型的实例如曹妃甸 5-5 地区，在 NE 方向的郯庐走滑断裂带和 NW 方向的张-蓬断裂的共同作用下形成了典型的共轭型转换带，在这个共轭型转换带中，增压带圈闭规模大，而释压带圈闭规模一般较小(图 3-16)。

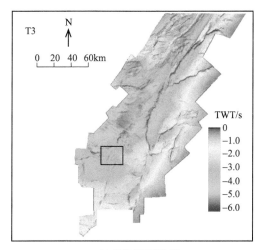

(a) 转换带发育位置

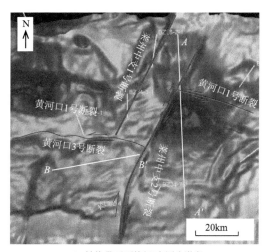

(b) 转换带平面特征(底图为渤海海域东部新生界底界立体显示图)

图 3-14 莱州中支 2 号断裂与黄河口 1 号断裂共轭型转换带发育位置及平面特征

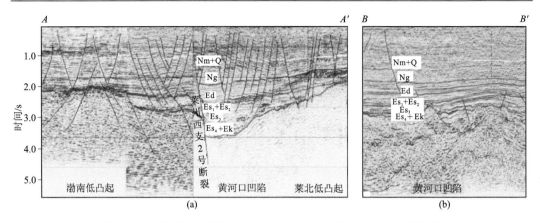

图 3-15 黄河口凹陷共轭拉张断陷(a)与挤压背斜(b)剖面特征[剖面位置见图 3-14(b)]

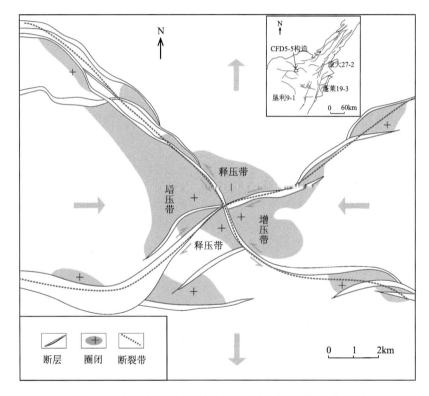

图 3-16 渤海海域西部曹妃甸 5-5 地区共轭型转换带特征

三、断梢走滑转换带

在走滑断裂尾端,由于走滑作用逐渐减弱,平面上常表现为马尾状的断裂组合,在剖面上常常表现为复杂的"花状""半花状"构造或者复式的 Y 字形构造样式。依据走滑断裂尾端派生出的局部应力场性质,可将断梢走滑转换带分成释压型和增压型两类。由于渤海东部地区新生代整体处于伸展作用的区域背景下,走滑转换作用发育的叠瓦扇型转换带多为释压型转换带，而增压型转换带发育较少。渤海东部较为典型的断梢走滑转换带发育于旅大21号走滑断裂南端。平面上次级断裂连接且收敛于主走滑断裂，从主走滑断裂到次级断裂的末端其展布方向逐渐由 NE 转到近 EW 向（图3-17）；垂直于主走滑断裂剖面上次级断裂与主走滑断裂组合成花状构造，平行于主走滑断裂剖面上表现为多米诺式或堑垒式组合（图3-18）。

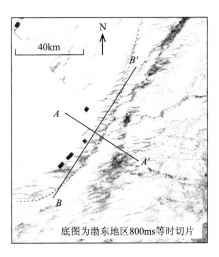

图 3-17　旅大 21 号走滑断裂南端帚状转换带平面特征

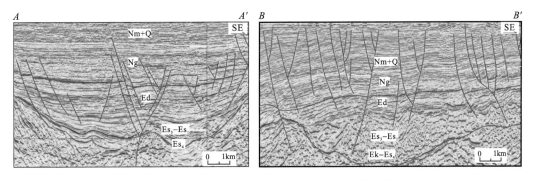

图 3-18　旅大 21 号走滑断裂南端帚状转换带剖面特征（剖面位置见图 3-17）

四、复合型走滑转换带

　　走滑断裂在初始发育阶段都是由呈雁行排列的断裂和褶皱构成，随着走滑位移量的增加及断层规模的扩大，原先雁行排列的断裂开始彼此连接在一起，并且在走滑断裂系统中连接的区域沿主走滑位移带呈现局部聚敛和离散交替出现的现象（Cunningham and Mann，2007）。因此，走滑转换带常常以复合形式存在，增压型转换带与释压型转换带交替出现。此外，由于研究区内发育的主走滑断裂并不是单一孤立发育，而是存在不同形式的组合关系，进一步会导致局部派生构造的复杂性和多样性，必然发育不属于单一成因的转换带,如辽中2号断裂南端,既受控于辽中2号断裂尾端走滑转换的控制,也受控于辽中2号断裂与辽中1号断裂构成的释压叠覆转换作用。此外,在郯庐断裂带辽东凸起北段,在整体呈现双重型转换带的背景下,左支走滑为成对出现的大型S型走滑转换带,该S型走滑转换带也不是一个简单的S型转换带,同时还叠加了帚状转换带,是一个非常复杂的走滑转换带(图3-19)。

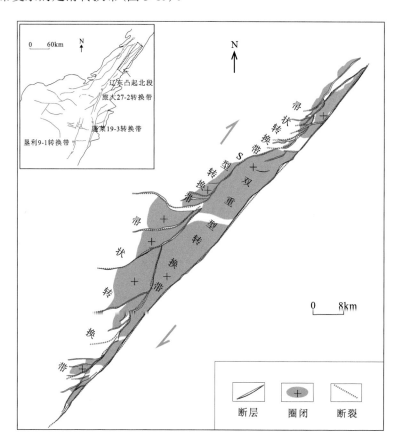

图3-19　渤海辽东凸起北段复合型转换带特征

整体而言,渤海海域走滑转换带单一类型独立存在的较少,常常是以多类型复合、多级次叠加的形式出现。诸如此类的转换带可以将其定义为复合型转换带。勘探实践证明复合型转换带尤其是增压、释压相匹配的复合型转换带对于油气的运聚具有重要的控制作用,这将在后文转换带控藏作用研究部分进一步论述。

第二节　走滑转换带级次

渤海海域在多期次、伸展和走滑双动力作用下,形成了不同规模、不同级次的转换带。根据转换带对构造差异性分区的作用、转换带的规模,可将渤海海域走滑转换带分为一级转换带、二级转换带和三级转换带(图3-20)。

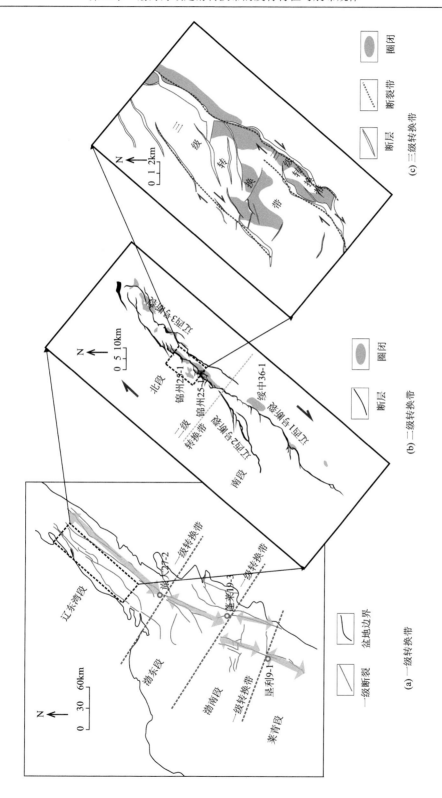

图 3-20 渤海走滑转换带级次特征

一级转换带规模大，由其分割的构造区构造活动差异明显，常常是一级构造单元的分界。根据断裂活动的差异性，将渤海海域郯庐断裂带划分为三个一级走滑转换带，从北向南依次为旅大27-旅大21转换带、蓬莱19-3转换带、莱北转换带[图3-20(a)]，这三个一级转换带将郯庐断裂带渤海海域段分为四段，即辽东湾段、渤东段、渤南段及莱青段，这四个段构造特征存在明显的差异。郯庐断裂带辽东湾段，走滑断裂整体呈NE走向，断裂主要活动期位于古近纪，新近纪以来活动性弱，属于早断早衰型断裂带；渤东段主走滑断裂也呈NE走向，但与辽东湾段相比，方向更加偏北，渤东段晚期活动性更强；渤南段主走滑断裂走向呈NNE方向，晚期断裂活动性强，是典型的早断晚衰型断裂带，走滑调节断裂呈近EW走向；莱青段的主走滑断裂走向与渤南段基本一致，但是晚期活动性明显不如渤南段。这三个一级走滑带的形成主要受控于NW走向的张家口-蓬莱断裂带和秦皇岛-旅顺断裂带的分割作用。

二级转换带是在二级构造带内起分割作用的转换带[图3-20(b)]，如辽西1号断裂绥中30-1增压型S型转换带，它把辽西1号断裂分为南、北两段，南北两段的活动性和成藏特征明显不同，北段断裂带主要在沙河街组时期活动，油气成藏层系主要在沙河街组，如锦州25-1、锦州25-1南亿吨级轻质油气田；南部断裂带主要在东营组沉积期活动，油气成藏层系主要在东营组，如绥中36-1亿吨级油田。

三级转换带规模较小，但数量多，主要是三级构造带内的转换带，但对构造的形成具有重要的作用[图3-20(c)]。由于构造应力在空间上的均衡作用，三级转换带两种应力状态的出现往往具有对偶性，有增压区，必定在某个地方存在释压区，在图3-19中可以看到，南部出现大规模的增压区，发育了大规模的构造，在北部就出现了一个较大规模的释压区，圈闭不发育。这种不同应力状态的转换带对偶出现的特征对圈闭发育具有良好的预测作用。

第三节　走滑转换带展布规律

在走滑转换带类型划分、特征解析的基础上，利用渤海海域丰富的三维地震资料，对渤海海域走滑转换带进行了系统判识，明确了不同类型走滑转换带的展布规律（图3-21）。

由于主走滑断裂的弯曲现象普遍发育，断边S型走滑转换带在全区分布最为广泛。断间叠覆型走滑转换带主要发育在郯庐断裂带渤海段各分支断裂相互叠覆且不连接的部位，如辽中1号与辽中2号断裂叠覆区、莱州中支1号与莱州中支2号断裂叠覆区等，分布也较为广泛；断间双重型走滑转换带发育则较为局限，主要集中在辽东湾地区，如辽中1号南段与北段连接部位(JX1-1构造)、辽中2号与辽东1号断裂叠接部位(辽东凸起)。整体来看断间叠覆型、双重型走滑转换带往往具有增压、释压相间排列的特点。断间共轭型走滑转换带的分布受控于NW向张家口-蓬莱断裂带和秦皇岛-旅顺断裂带的发育位置，较为典型的主要发育在渤南地区郯庐断裂带和张家口-蓬莱断裂带的共轭位置，如黄河口1号断裂与莱州中支2号断裂共轭区，而辽东湾南部及渤东地区此类转换带发育不明显。断梢帚状走滑转换带同样是研究区较为普遍的走滑转换带类型，以伸展马尾

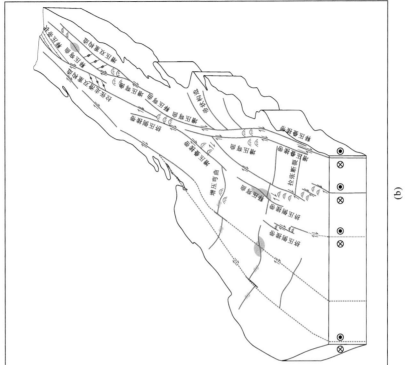

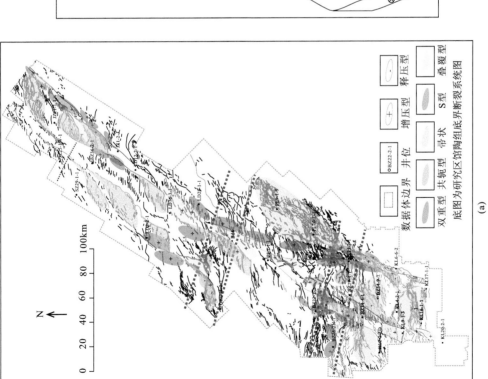

图 3-21　渤海海域走滑转换带平面展布及发育模式

扇为主，规模通常较大，多数集中在辽东湾和渤东地区，渤南地区发育较少。该类转换带多形成于盆地或局部构造边界断裂的右旋右弯部位，如旅大 21 号断裂、莱州西支 1 号断裂、莱州西支 2 号断裂、渤东 1 号断裂及莱州东支 3 号断裂都发育有此类构造，少量发育于凹陷内部，如辽中 1 号断裂中段北端。

　　整体看来，渤海海域东部走滑转换带的分布具有"南北多中间少、东侧多西侧少"的特点，即辽东湾地区与渤南地区转换带发育较多，渤中地区则发育较少，推测其原因是渤中地区受到南北两侧 NW 向断裂带转换作用，影响了该段走滑活动，造成渤中地区走滑强度较低，前人研究成果也有证实(李才等，2014)。除此之外，渤中地区深洼的巨厚新生界沉积使得地层塑性增强，走滑转换作用所引起的形变容易被"消化"而难以积累体现。

第四章 走滑转换带控藏作用分析技术与方法

作为走滑构造乃至整个构造地质学领域研究的重要进展，前人对走滑转换带的研究多集中在几何学特征方面，而对走滑转换带成因演化的运动学过程和动力学机制研究较少，从而制约了走滑转换带理论的进一步深入发展，如何从定性走向定量、从现象深入机理是目前面临的主要问题，也是走滑转换带控藏作用研究亟待解决的问题。本书在前人研究的基础上，结合近年来构造地质学领域研究进展和研究成果，定性与定量分析相结合、理论分析与模拟实验相结合，系统总结、论述了走滑转换带控藏作用分析的技术与方法。

第一节 断裂活动性的定量表征内容与方法

断裂活动性包含断裂开始活动和消亡的时间、活动强度、活动性质等内容，是含油气盆地构造分析的重要基础和关键。渤海海域新生代形成于伸展和走滑作用的双动力背景之下，主干断层不仅具有明显的垂向位移，在水平方向的走滑位移同样显著，因此需要从两个方向分别对断裂的活动特征进行分析。本书基于前人的研究成果，系统总结了断裂垂向活动性和断裂水平走滑量的定量表征方法，并结合渤海海域的实际地质特征建立了基于构造物理模拟实验和构造解析相结合的走滑位移量的计算方法。

一、断裂垂向活动性

目前人们通常用断层落差、断层活动速率、断层生长指数等参数来表征断层的垂向活动强度，不同的表征方法都有其适用条件和优缺点（吴智平等，2004；郑德顺等，2004；叶兴树等，2006）。

断层生长指数为上盘厚度与下盘厚度之比，即断层生长指数=上盘厚度/下盘厚度，当断层生长指数=1时，说明断层两盘厚度相等，断层不活动；当断层生长指数>1时，说明上盘厚度大于下盘厚度，断层活动，而且是正断层；当断层生长指数<1时，说明上盘厚度小于下盘厚度，断层活动，而且是逆断层。正断层生长指数越大或逆断层生长指数越小，表示断层活动越强烈。尽管该概念自1963年Thorsen提出以来，在国内外生长断层的研究中得到了较为广泛的应用，被认为是研究生长断层的有效手段，但在实际应用时还存在着一些不足，体现在如下几方面：首先，生长指数在研究盆地边界断层时往往难以奏效，盆地边界断层通常是控制盆地形成和演化的主要断层，其下盘往往是隆起区，为向盆地提供物源的剥蚀区，因此就某一地质时期而言，其上盘接受沉积，而下盘则遭受剥蚀，沉积厚度为零，计算出的断层生长指数为无穷大，无法体现盆地边界断层的活动性；其次，就逆断层而言，如果上盘没有接受沉积，那么生长指数均为零，也不

能准确表达上升盘缺失地层的断层的活动历史和活动强度；此外，断层两盘地层的沉积厚度是盆地沉降因素与断层活动因素叠加的结果，盆地沉降幅度严重影响着断层的生长指数。当盆地的大幅度沉降形成巨厚的沉积时，计算出的断层生长指数往往会弱化断层的活动强度，反之，当盆地沉降幅度很小时，形成的沉积物很薄，即便是断层活动很弱，也能计算出很大的断层生长指数，造成断层活动强烈的假象。

断层落差是指在垂直于断层走向的剖面上两盘相当层之间的铅直距离，也称铅直断层滑距，能反映断层两盘差异升降的幅度。就同沉积断层而言，断层的落差实际上是两盘的下降幅度差，可以用两盘地层的厚度差来表示，即生长断层落差(D)=上盘厚度–下盘厚度。就边界断层而言，上盘沉降接受沉积，下盘抬升遭受剥蚀，因此在某一地质时期的断层落差应表示为断层落差(D)=上盘沉积厚度+下盘剥蚀厚度。与断层生长指数相比，用断层落差来反映断层的活动性，具有不受上升盘是否存在地层缺失的限制、不受盆地整体沉降幅度的影响、能清晰反映断层的活动性质等方面的优点，其不足在于没有体现出地质时间的概念，其反映的仅仅是某一地质时期的断层两盘升降的总体差异，由于各地质时期的划分不是等时间单元划分，因而断层落差不能很好地体现断层在时间上的强弱变化。

断层活动速率(V_f)为某一地质时期内的断层落差与时间跨度的比值，该参数既保留了断层落差的优点，又弥补由于缺少时间概念所带来的不足，能够更好地反映断层的活动特点。针对不同类型的断层，依据断层活动对两盘地层所造成的沉积、剥蚀作用的差异性，其计算方法不同(图4-1)。

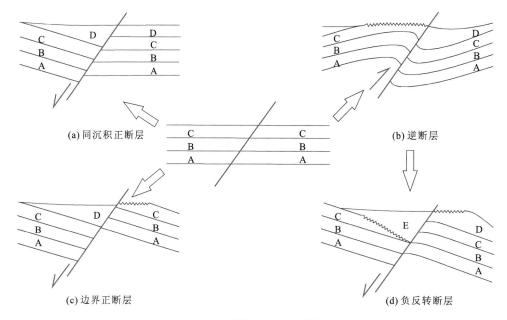

(a) 同沉积正断层　　　　　　　　　(b) 逆断层

(c) 边界正断层　　　　　　　　　(d) 负反转断层

图4-1　断层垂向活动类型

同沉积正断层活动速率=(上盘沉积厚度–下盘沉积厚度)/时间[图4-1(a)]。
逆断层活动速率=(上盘剥蚀厚度–下盘沉积厚度)/时间[图4-1(b)]。

边界正断层活动速率=(上盘沉积厚度+下盘剥蚀厚度)/时间[图 4-1(c)]。

负反转断层活动速率的计算较为复杂,不同阶段按照不同类型断层活动速率的计算方法进行计算。如图 4-1(d)所示,D 地层沉积阶段为逆断层,按照逆断层计算方法进行计算,E 地层沉积阶段发生反转,那么该时期就应该按照边界正断层进行计算。

二、断裂水平走滑量

相比于断裂的垂向活动性,水平走滑量的计算难度较大,也是构造地质学研究的热点之一。走滑断裂两盘地质体对比法(Zhang et al.,2003b;Hsiao et al.,2004;李海兵等,2007;Liu et al.,2007;马收先等,2016)是估算走滑量最为直观的方法,理论上也最为准确,该方法的关键在于寻找可靠的地质参考点,但是难度较大,尤其是在盆地区往往由于地层覆盖而难以找寻;此外,还包括古地磁法(Gilder et al.,1999)、地壳变形速度法(万天丰和朱鸿,1996)等。针对盆地区,可以依据走滑拉分盆地中盆地沉降(或抬升)速率与边界断层走滑速率之间的数值关系进行计算(Woodcock and Fischer,1986;蔡东升等,2001;余朝华等,2008;黄超等,2013)。彭文绪等(2010)采用半地堑模型计算了莱州湾凹陷新生代的走滑水平位移量。蔡冬梅等(2018)根据走滑前两盘地貌相似原理,提出了基底地貌相似性断距分析法计算走滑量。康琳等(2020)利用三维地震资料通过相关系数对走滑断裂两盘地层厚度变化趋势进行相似性分析,结合被错动沉积体范围恢复进行验证,定量求取了辽东湾拗陷辽东断裂各段不同时期的走滑位移量。近年来,构造物理模拟实验越来越多地被应用于盆地构造的半定量-定量研究中,单家增等(2004a,2004b)利用构造物理模拟实验方法,根据模型相似系数得到了辽河拗陷新近纪的右旋走滑量。童亨茂等(2008)采用构造解析和物理模拟实验相结合的方法计算了辽河西部凹陷新生代的右旋走滑位移量。李伟等(2018)认为,针对地震资料覆盖全、精度高的勘探程度较高的盆地区,构造物理模拟实验和构造解析相结合的方法具有较强的适用性和较高的准确性,并计算了渤海海域辽东湾拗陷内部主干断裂新生代的走滑量。本书采用李伟等(2018)的方法计算断裂水平走滑量。

(一)构造物理模拟实验和构造解析相结合计算走滑量的理论基础

在走滑断裂活动过程中,由于主走滑断裂并非绝对平直和连续,因此在走滑断裂的弯曲部位(Mann et al.,1983)、尾端(Aydin and Nur,1982;Aydin and Page,1984)、叠覆部位(侧接带)(徐锡伟等,1986;环文林等,1997;胡望水,2004;杨梅珍等,2014)等会发生断块的汇聚或离散,从而派生出相应的挤压(压扭)或伸展(张扭)构造。以辽东湾拗陷为例,除辽中 2 号断裂北段和辽东 1 号断裂南段由于主走滑断裂弯曲外凸而派生出局部挤压外(徐长贵等,2015),其他主走滑断裂附近大多派生出伸展作用,即走滑变形转换为伸展变形。需要注意的是,并不是所有的走滑位移量都转换成了派生断层的水平伸展量,还应包括垂向伸展和地层的塑性变形。因此,如果建立起走滑变形与伸展变形之间的定量转换关系,就可以通过伸展变形量的统计分析(走滑断裂附近派生雁列正断层系的累计水平断距)来计算走滑位移量(童亨茂等，2008)。

(二)利用构造物理模拟实验确定走滑位移量与水平伸展量之间的定量转换关系

构造物理模拟实验方法是重塑构造应力场、分析构造变形特征的有效手段(Bonini et al.，2012；Shan，2004；Dooley and Schreurs，2012；Tong et al.，2014；邓宾等，2016)，并且被广泛应用于走滑及其派生构造的物理模拟实验中(Richard et al.，1995)。童亨茂等(2008)通过物理模拟实验建立了两条走滑断层平行侧列式展布条件下走滑变形和伸展变形之间的定量关系，认为走滑拉分作用下约有 2/3 的走滑位移量转换为伸展量。

就渤海海域而言，主干走滑断裂的发育展布及组合关系十分复杂，除了两条主干走滑断裂平行侧列展布的情况，还存在两条走滑断裂不平行侧列(如辽中 1 号与辽中 2 号断裂之间)，以及走滑断层尾端发育的帚状断裂体系(辽东湾地区主干断裂尾端普遍发育)等，前人对于走滑叠置区的物理模拟实验也表明，不同侧接样式对侧接区次级断裂的发育过程和断层组合特征有显著的影响(Mitra and Paul，2011；Sims et al.，1999)，基于以上的考虑，分别设计了两条主干走滑断裂平行侧接[图 4-2(a)]、两条主干走滑断裂不平行侧接[图 4-2(b)]、单条主干走滑断裂尾端伸展马尾扇[图 4-2(c)]三组实验模型。对于主干走滑断裂平行侧接的实验模型，实验过程中改变侧接长度和宽度之间的比例关系，分析不同侧接长宽比(侧接长度/侧接宽度)条件下走滑变形与伸展变形之间的定量转换关系，研究过程中分别设置了侧接长度(l_1)和宽度(l_2)分别为18cm和7.5cm、12cm和12cm两组实验。

干燥石英砂变形符合纳维叶-库仑破坏准则，是模拟上地壳变形的理想材料，已经被大量用于构造物理模拟实验(Panien et al.，2006；单家增等，2000；Shan，2004；Dooley and Schreurs，2012；Bonini et al.，2012；Tong et al.，2014)。实验选取 160~200 目干燥石英砂作为模拟材料，底部铺设橡胶皮作为应力传递的介质，为更直观准确地反映伸展位移量，将石英砂染色作为标志层进行分层铺设，砂层厚度为 5cm。实验过程中驱动单元匀速运动，两侧驱动单元速度相同，实验每隔一分钟拍照记录一次(走滑位移量为0.2cm)。实验结束后，使用明胶过饱和溶液对砂箱进行固结，进行平面和剖面伸展量的统计(表 4-1)，每组实验均重复两次，保证其可重复性。

实验结果显示，两条侧接走滑断层之间、单条走滑断层尾端均发育有大量与主走滑断层高角度斜交的次级断层，剖面上具有明显的垂向落差，体现了由走滑位移向伸展位移的转变(图 4-3)。通过对四组实验的走滑位移量与水平伸展量进行统计并计算，其定量转换关系分别为 67.2%、67.94%、68.83%、64.58%(表 4-1)，与童亨茂等(2008)的研究成果十分接近，即约有2/3的走滑位移量可以转化为水平伸展量。

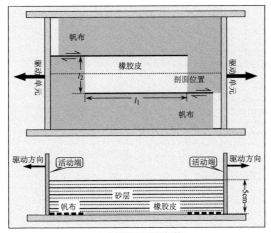

(a) 走滑断层平行侧接

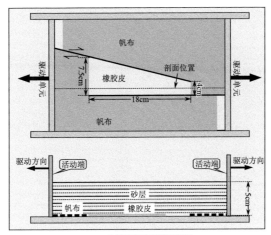

(b) 走滑断层不平行侧接

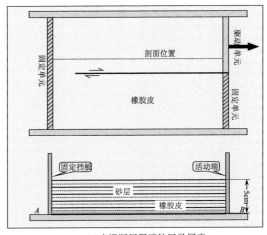

(c) 走滑断层尾端伸展马尾扇

图 4-2 走滑位移量与水平伸展量转换关系的实验模型

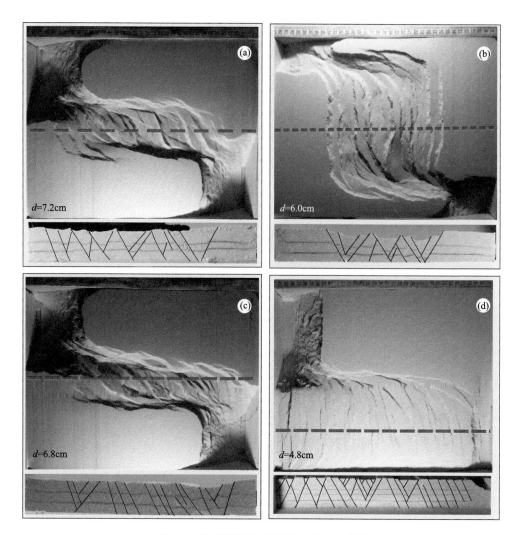

图 4-3　物理模拟实验结果平面及剖面图

(a)走滑断层平行侧接，其中 l_1=18cm，l_2=7.5cm；(b)走滑断层平行侧接，其中 l_1=12cm，l_2=12cm；
(c)走滑断层不平行侧接；(d)走滑断层尾端马尾扇

表 4-1　走滑位移量与水平伸展量的转换关系

实验模型	侧接长宽比	水平伸展量/cm	走滑位移量/cm	转换比/%
走滑断层平行侧接	18/7.5	4.48	7.2	67.22
	12/12	4.02	6.0	67.00
走滑断层不平行侧接	—	4.62	6.8	67.94
走滑断层尾端马尾扇	—	3.10	4.8	64.58

(三)走滑量的计算方法

采用构造物理模拟实验确定了主干断裂走滑位移量和派生次级断裂伸展位移量的定量转换关系为 2/3,但需要注意的是,并不是所有的次级断裂都是主干断裂走滑派生的结果,只有符合图 4-4 中发育模式的次级断裂才可以用来计算走滑位移量,在统计时尤其需要注意。

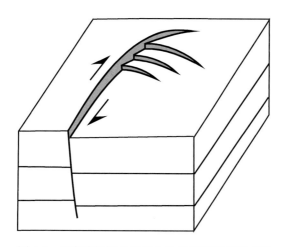

图 4-4　辽东湾拗陷走滑派生次级断裂发育模式图

此外,新生代渤海海域乃至整个中国大陆东部发生了大规模的地幔上涌、岩石圈减薄,导致浅部地壳产生伸展作用,这种伸展作用同样对主干断裂走滑派生次级断裂的水平伸展具有贡献,因此通过地震剖面统计得到的走滑派生次级断裂的水平伸展量实际上还包含了地幔上涌造成的伸展作用的贡献(图 4-5),必须予以剔除。由于辽东湾拗陷主干断裂走滑派生的次级断裂走向多为 NEE 和近 EW 向,因此走滑派生伸展作用方向应主要为 NNE 或近 SN 向,而地幔上涌产生的伸展作用在各个方向上大小近于相等,加之发生走滑作用的主干断裂走向为 NNE 向,因此可以认为 NWW 或近 EW 向的水平伸展主要来自地幔上涌产生的伸展作用,而几乎没有走滑派生作用的叠加,基于这种考虑,选取了四条垂直于主干走滑断裂的 NWW 向的基干地震测线进行了平衡剖面的恢复,进而计算出了各地质时期的伸展位移量和伸展率(β),最终得到了辽东湾拗陷 NNE 走滑断裂的走滑位移量(L)的计算公式:

$$L = L_0 \times (1 - \beta) \times \left(\frac{3}{2} \right)$$

式中,L_0 为走滑派生次级断裂的累加水平伸展位移量;β 为 NWW 向测线各地质时期的伸展率,反映地幔上涌产生的伸展作用。

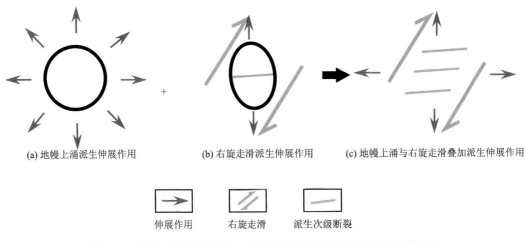

(a) 地幔上涌派生伸展作用　　　(b) 右旋走滑派生伸展作用　　(c) 地幔上涌与右旋走滑叠加派生伸展作用

伸展作用　　　右旋走滑　　　派生次级断裂

图 4-5　地幔上涌伸展作用与主干断裂走滑派生伸展作用关系模式图

值得注意的是，主干断裂的走滑活动具有阶段性，进一步导致了走滑派生次级断裂的活动具有阶段性，因此利用平衡剖面技术恢复各时期的次级活动断裂，可以分别计算不同演化阶段活动次级断裂的水平伸展位移量，进而计算该时期的主干断裂走滑位移量，这也是本方法优于其他走滑量计算方法的地方之一，能够定量计算不同演化阶段主干断裂的走滑位移量。

第一节　伸展-走滑作用叠加配比关系定量表征方法

新生代渤海海域处于伸展和走滑作用的共同控制之下，构造变形复杂多样。依据不同性质构造作用在时间上的差异性，可以分为叠加和配比两种类型，其中叠加是指不同性质的构造作用在不同时间作用于同一地质体，而配比是指不同性质构造作用在同一时间作用于同一地质体，这两种作用类型共同控制了地质体的形成演化。需要注意的是，无论是构造作用的叠加还是配比均会存在不同性质构造作用强弱大小的差异，进而产生不同的应变特征，形成复杂多样的构造变形(李伟等，2019)。而如何明确叠加、配比过程中不同性质构造作用的强弱关系是构造地质学研究的热点也是难点之一。为了解决这一问题，本书基于渤海海域丰富的三维地震连片处理资料、钻井和录测井资料，提出了从主干断裂活动特征对比、平衡剖面及伸展率分析方法、构造物理模拟实验方法、有限元数值模拟方法四个方面定量表征伸展-走滑作用叠加配比关系的思路和方法，并进行了相互验证。

一、主干断裂活动特征对比

渤海海域新生代断裂主要形成于伸展和走滑两种构造背景之下，在伸展与走滑共同作用的情况下，地质体表现为斜向伸展运动(张迎朝等，2013；Ferrière et al.，2015)，产生的斜向滑动位移可以分解为沿水平方向的走滑位移量和沿垂直方向的伸展位移量(图

4-6)，进而可以通过求取上述两个量值来定量表征伸展与走滑作用的强弱差异，为叠加配比关系研究提供定量依据。就上述两个量值的求取而言，主干断裂的伸展位移量 L_e 反映伸展作用强度，可通过断裂两盘同一地层沿断面垂直方向的落差计算获得；走滑位移量的计算采用之前所述构造物理模拟实验和构造解析相结合的方法求取。

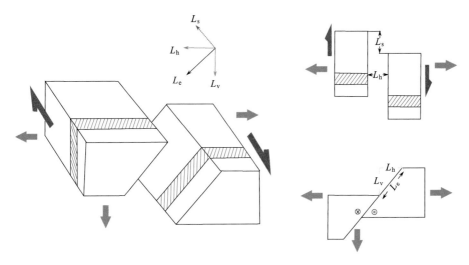

图 4-6　伸展和走滑共同作用下的地质体运动方式

L_s. 走滑位移量，反映走滑作用强度，通过次级断裂水平伸展量计算；L_e. 伸展位移量，反映伸展作用强度，通过主断裂垂向落差(L_v)换算；L_h. 断裂水平伸展量，即断裂伸展位移量在平面上的分量

　　采用上述研究方法，通过对比平行于断裂走向的水平走滑量与垂直断裂走向的伸展量两个参数的强弱差异，可以定量表征伸展与走滑作用的叠加配比关系(图 4-7~图 4-12)。结果表明：①渤南地区在沙三段沉积期以来整体表现为走滑位移量明显大于伸展位移量(图 4-7、图 4-8)，东营组沉积期走滑位移量最大；②渤中–渤东地区沙三段沉积期以来各时期均表现为走滑位移量大于伸展位移量，同样以东营组沉积期走滑位移量最大(图 4-9、图 4-10)；③辽东湾地区主干断裂伸展和走滑叠加配比关系较为复杂，辽中 1 号断裂、辽中 2 号断裂、辽东 1 号断裂沙三段沉积期以来整体走滑位移量大于伸展位移量(图 4-11、图 4-12)；辽西地区主干断裂沙三—沙一期伸展位移量明显大于走滑位移量，自东营期开始走滑位移量显著增大且强于伸展位移量(图 4-11、图 4-12)。整体而言，中部、东部断裂各时期伸展量、走滑量均大于西部。

　　综合对渤海海域东部不同地区主干断裂垂向和水平位移量的分析可以发现，新生代不同演化阶段的伸展和走滑作用强度存在差异，孔店组—沙四段沉积期渤海海域东部以伸展作用为主，沙三段沉积期以后走滑作用逐渐增大，除辽东湾西部外，走滑均强于伸展，以东营组沉积期走滑作用最强；就不同分段而言，北部辽东湾走滑强于中、南部的渤中–渤东、渤南地区；就不同分支而言，整体东侧分支断裂走滑作用强于西侧分支断裂(图 4-13)。

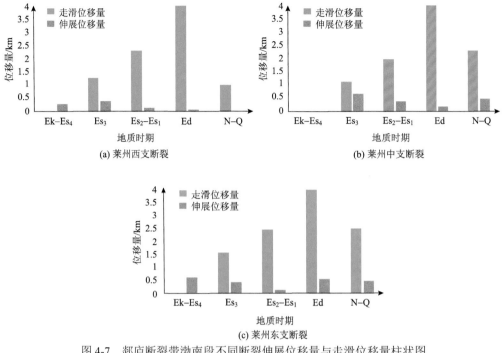

图 4-7 郯庐断裂带渤南段不同断裂伸展位移量与走滑位移量柱状图

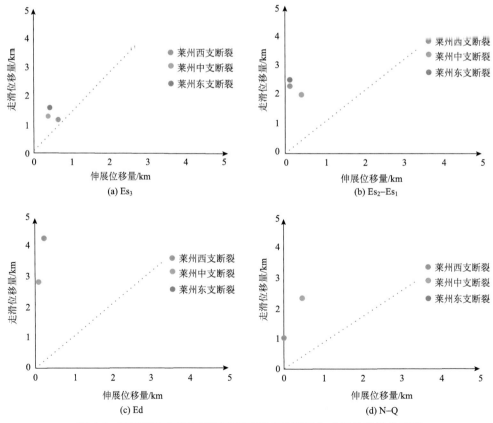

图 4-8 郯庐断裂带渤南段不同断裂伸展位移量与走滑位移量关系图

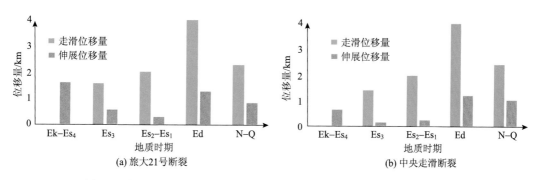

图 4-9　郯庐断裂带渤中–渤东段不同断裂伸展位移量与走滑位移量柱状图

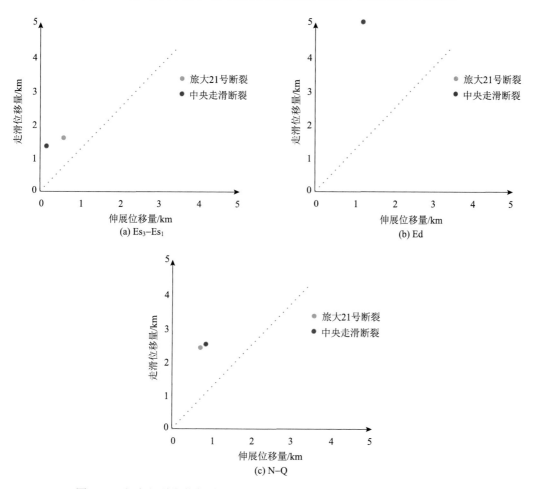

图 4-10　郯庐断裂带渤中–渤东段不同断裂伸展位移量与走滑位移量关系图

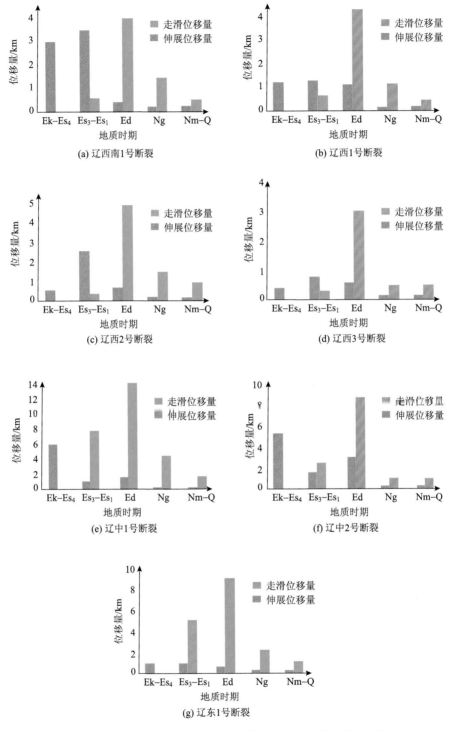

图 4-11　辽东湾拗陷不同断裂伸展位移量与走滑位移量柱状图

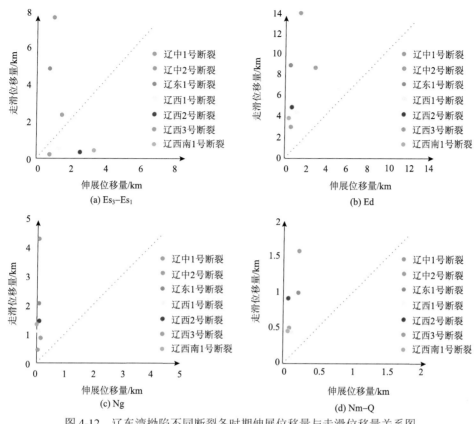

图 4-12　辽东湾拗陷不同断裂各时期伸展位移量与走滑位移量关系图

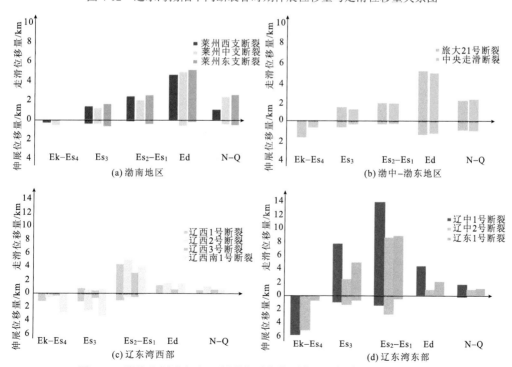

图 4-13　渤海海域东部主干断裂各时期伸展位移量与走滑位移量柱状图

二、平衡剖面及伸展率分析方法

平衡原理最早由 Chamberlin(1910)应用于估算滑脱面的深度，此后 Bally 等(1966)编制加拿大洛基山脉第一批平衡剖面，Dahlstrom(1969，1970)首次详细讨论平衡剖面的概念，并提出剖面平衡的层长一致和构造特定性准则；Cutler 和 Elliott(1983)明确提出剖面平衡的两个检验准则——可接受性和合理性原则；Gibbs(1983)首次把平衡剖面技术引入张性地区的构造恢复。20 世纪 90 年代以来，国内学者陆续将其应用于盆地构造演化研究中，在伸展断陷盆地亚分辨断层的预测(漆家福等，2002)、检验构造解释的合理性(肖维德和唐贤君，2014)、构造变形速率(张明山和陈发景，1998；陈竹新等，2015)、恢复构造演化史(张荣强等，2008；李伟等，2010；张建培等，2012)、张性盆地伸展系数求取(包汉勇等，2013)、多期次不均衡剥蚀(汤济广等，2006)、古构造应力场(佟彦明和钟巧霞，2007)等方面取得了长足的进展，也展现了该方法在地质学研究领域具有广泛的适用性。

平衡剖面的基本准则是物质守恒定律，即岩石在变形前后物质总量保持不变，根据这个基本准则，可以提出三个具体准则：层长守恒、面积守恒和体积守恒。平衡剖面的制作过程通常采用反演法，即从现今地质剖面出发，最终得出剖面变形前的状态。其制作过程可以分为地质剖面选择、地震剖面构造解释、地质剖面构建、压实校正与剥蚀恢复、平衡剖面计算和平衡恢复结果分析六个阶段(肖维德和唐贤君，2014)。在平衡剖面制作完成后，可以计算盆地在各地质时期不同方向上的形变率(伸展率或压缩率)(佟彦明和钟巧霞，2007)，进而推测各地质时期的应力状态，分析应力强度。计算方法如下：设每条剖面某一地质时期原始长度为 L_0，变形后长度为 L_1，则形变率为 $(L_1-L_0)/L_0×100\%$(张建培等，2012；韦振权等，2018)。

地质剖面的选取是平衡剖面恢复的前提与关键，目前多选取垂直于构造带走向的剖面(李伟等，2010)。就渤海海域而言，其主干断裂在新生代表现为伸展、走滑复合性质，伸展作用主要表现在与断层垂直的 NW 方向，走滑作用则主要表现平行于断层的 NE 方向。由于主干断裂的走滑作用，在其附近大多派生出伸展作用，即走滑变形转换为伸展变形(李伟等，2015，2018)，这种由走滑作用所派生出的伸展作用方向与主干断裂平行，产生的派生断层多为近 EW、NWW 走向，多发育于主干断裂一侧，体现了走滑作用的强度，前人也提出了通过走滑断裂附近派生雁列式正断层的累计水平断距(伸展变形量)的统计分析来计算走滑位移量的方法(童亨茂等，2008；李伟等，2018)。因此，不同方向的地质剖面具有不同的地质意义，其中 NW 向剖面垂直于主干断裂和主要构造带，主要反映主干断裂的伸展作用；NE 向剖面垂直于走滑派生次级断裂，主要反映走滑派生次级断裂的伸展作用，间接可以体现主走滑断裂走滑作用的强弱。通过对比两个方向平衡剖面不同演化阶段伸展率的强弱变化可以间接反映伸展与走滑作用的叠加配比关系。

以辽东湾拗陷为例，分别在辽西、辽中–辽东地区选取了 NW 和 NE 两个方向的四条地震剖面(图 4-14)，对其进行了构造、地层解释及时深转换，从而得到了现今变形后的地质剖面。在此基础上利用 Geosec 软件对辽西地区和辽中地区不同方向的地震剖面进行了平衡剖面的恢复，得到了新生代各演化阶段的原始剖面（图4-15、图4-16），并计算了各演化阶段的伸展率（图 4-17）。通过对比辽西、辽中–辽东地区新生代不同演化阶段伸展率的差异，明确了新生代各演化阶段的伸展–走滑作用的叠加配比关系。

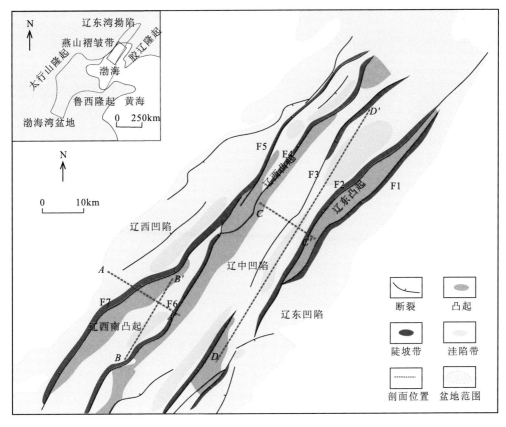

图 4-14　辽东湾拗陷构造单元及平衡剖面位置图（底图据余一欣等，2014；李伟等，2015 修改）

F1. 辽东 1 号断裂；F2. 辽中 2 号断裂；F3. 辽中 1 号断裂；F4. 辽西 3 号断裂；F5. 辽西 2 号断裂；F6. 辽西 1 号断裂；

F7. 辽西南 1 号断裂

（一）孔店组—沙四段沉积期

孔店组—沙四段沉积期，NW 向剖面反映辽西、辽中–辽东地区主干断裂均已开始活动，对盆地构造格局和地层沉积具有明显的控制作用；而 NE 向剖面反映活动断层数量较少，甚至不活动，对地层沉积控制作用不明显。剖面伸展率反映该时期 NW 向剖面伸展作用明显强于 NE 向剖面，同时辽中–辽东地区 NW 向剖面伸展率明显大于辽西地区（图4-17）。进一步结合前人研究成果，孔店组—沙四段沉积期郯庐断裂带处于从左旋到右旋的转型期，此时走滑作用相对较弱，运动方式可能仍以左旋走滑为主（漆家福等，2010；贾楠等，2015）。因此本书推测该时期辽东湾拗陷以 NW 向伸展作用为主，而 NE 向左旋走滑作用相对较弱，同时辽中–辽东地区伸展作用强于辽西地区。

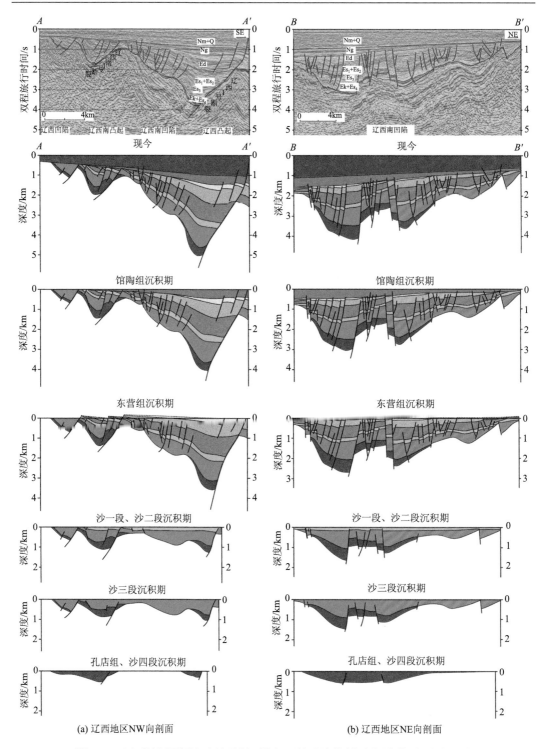

(a) 辽西地区NW向剖面   (b) 辽西地区NE向剖面

图 4-15　辽西地区不同方向地震剖面特征及构造演化剖面(测线位置见图 4-14)

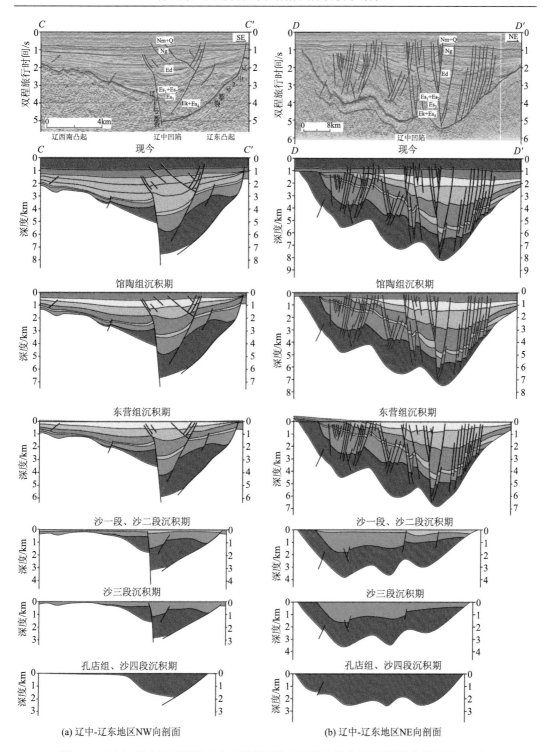

(a) 辽中-辽东地区NW向剖面　　　　　(b) 辽中-辽东地区NE向剖面

图 4-16　辽中–辽东地区不同方向地震剖面特征及构造演化剖面(测线位置见图 4-14)

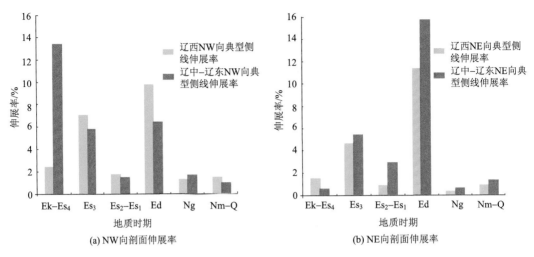

图 4-17　辽东湾拗陷新生代各演化阶段的伸展率直方图

（二）沙三段沉积期

该时期基本继承了孔店组—沙四段沉积期的构造格局，主伸展方向未发生明显变化，仍然为 NW 向，但 NW 向剖面伸展率有所减小（图 4-17），表明该时期为 NW 向的中等伸展。前人研究认为，中始新世以来，太平洋板块俯冲方向转为 NWW 向（Koppers et al.，2004），郯庐断裂带转为右旋走滑，本书计算的 NE 向剖面伸展率有所增大，但仍小于 NW 向剖面，表明该时期 NE 向右旋走滑作用相对较弱。

（三）沙二段—沙一段沉积期

该时期辽西地区 NW 向剖面揭示主干断裂的控沉作用，而 NE 向剖面未表现出明显的地层沉积厚度的横向变化；辽中-辽东地区 NW 向剖面主干断层具有控沉作用，但不显著，而 NE 向剖面地层厚度横向变化明显。就剖面伸展率而言，相比较沙三段沉积期，NW 和 NE 向剖面伸展率均有所减小（图 4-17），因此本书认为该时期辽东湾拗陷受 NW 向弱伸展、NE 向右旋弱走滑的构造作用。

（四）东营组沉积期

东营组沉积期构造特征与前期发生了明显变化，首先体现在断裂数量上，NE 向剖面上开始发育大量次级断裂，具有明显的组系型，表现为多米诺式、多级 Y 字形组合，反映其应形成于同一构造应力场控制之下。如前所述，NE 向剖面在反映走滑派生次级断裂的伸展作用的同时间接体现 N（N）E 向主干断裂走滑作用的强弱，因此本书认为辽西和辽中-辽东地区主干断裂右旋走滑强烈活动的时间主要在古近纪东营组沉积期。而且

NE 向剖面伸展率明显大于 NW 向剖面(图 4-17),因此该时期辽东湾拗陷处于 NE 右旋强走滑、NW 向弱伸展的构造作用之下。

此外,对比辽西和辽中-辽东地区可以发现,NE 向剖面反映辽中-辽东地区伸展率大于辽西地区,而 NW 向剖面结果恰好相反(图 4-17),表明在东营组沉积期 NE 右旋走滑作用辽中-辽东地区强于辽西地区,而 NW 向伸展作用辽西地区大于辽中-辽东地区。

(五)新近纪—第四纪

新近纪—第四纪辽东湾拗陷整体表现为披覆式沉积,地层厚度横向差异变化不大,活动断层数量减少,不同地区、不同方向剖面伸展率均相对较低,且差异不明显(图 4-17),表明该时期辽东湾拗陷伸展和走滑作用均相对较弱,整体拗陷。

三、构造物理模拟实验方法

构造物理模拟实验是以相似性原理为基础,模拟自然界地质构造变形特征、成因机制和动力学过程的一种物理实验方法,目前已成为分析构造变形特征和成因机制的有效手段。近年来大量学者通过构造物理模拟实验揭示了走滑弯曲、走滑叠接、走滑拉分等走滑相关构造形成演化的过程(Dooley,1994;Richard et al.,1995;McClay and Dooley,1995;Sims et al.,1999;Basile and Brun,1999;Dooley and Schreurs,2012;于福生等,2015;李伟等,2016,2018;任健等,2017;邓宾等,2018)。与走滑构造相比,伸展作用下的构造变形相对简单,McClay(1990)通过构造物理模拟,再现了犁式及多米诺式正断层的演化过程,Higgs 和 McClay(1993)对重力滑塌下的伸展变形进行了模拟,提出非刚性块体的旋转是该类变形的机制,此外,大量学者对伸展背景下断层的生长、传播、连接和相互作用进行了模拟(Mansfield and Cartwright,2001;Tentler and Temperley,2003;McClay et al.,2005;Jagger et al.,2018)。

尽管人们已普遍认识到存在走滑与伸展作用的复合效应,提出了张扭、扭张等概念(Fossen et al.,1994;Allen et al.,1998;Wu et al.,2008),但是对伸展-走滑复合作用下构造变形的构造物理模拟研究相对较少。Richard 和 Krantz(1991)、Dooley 和 Schreurs(2012)的构造模拟实验分别揭示了有、无基底断裂复活情况下先伸展后走滑的构造变形,Viola 等(2004)揭示了早期正断层在走滑作用下的反转再活化过程。整体而言,目前人们对不同伸展和走滑作用叠加配比关系所产生的构造变形还缺乏系统性研究和规律性总结。

本书依据新生代渤海海域的区域地质背景,在对前人实验模型进行改进的基础上,分别开展了先伸展后走滑、先走滑后伸展及伸展和走滑同时作用下的构造物理模拟实验,揭示了不同伸展-走滑叠加配比关系下的构造变形特征和演化过程,进一步与实际地质特征相对比,为明确不同构造变形特征的成因演化过程与机制提供理论依据。

(一)实 验 设 计

前人研究表明，新生代渤海湾盆地的形成演化主要受 NW-SE 向伸展应力场和 NE-SW 向走滑应力场共同控制(漆家福等，2008；李三忠等，2010；李理等，2015)。本次模拟实验针对走滑作用方向与伸展作用方向近于垂直的情况，依据伸展、走滑作用的叠加配比关系，设计了先伸展后走滑、先走滑后伸展、伸展和走滑同时作用的三种地质模型(图 4-18)。

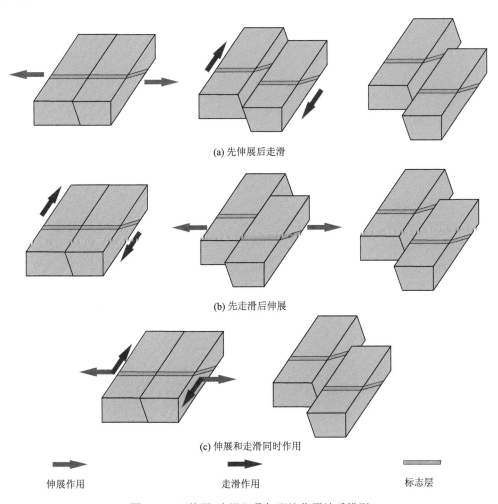

(a) 先伸展后走滑

(b) 先走滑后伸展

(c) 伸展和走滑同时作用

伸展作用　　　　　　　　　走滑作用　　　　　　　　　标志层

图 4-18　"伸展–走滑"叠加配比作用地质模型

基于上述地质模型，对现有的实验装置进行改造升级。实验砂箱大小为 40cm×60cm，砂箱两块底板上分别铺设橡胶皮，一端从两底板的结合处绕过分别固定于各自底板的下部，另一端固定于沙箱侧板(沙箱侧板与活动底板不固定)；实验过程中通过连接砂箱侧板电机一、电机二来实施伸展作用的加载，通过连接两块底板的电机三、电机四实施走滑作用的加载（图 4-19）。干燥的石英砂已被证明是模拟上地壳脆性变形的理想材料（McClay，1990；Dooley，1994；Dooley and Schreurs，2012；任健等，2017；李伟等，2018），实验选用了 160 目干燥石英砂，并用染色石英砂进行分层，以便更好地从剖面上对构造变形进行识别和刻画，砂层的铺设厚度为 2~3cm，相似系数为 10^{-5}（即实验中 1cm 代表自然界中 1km）。

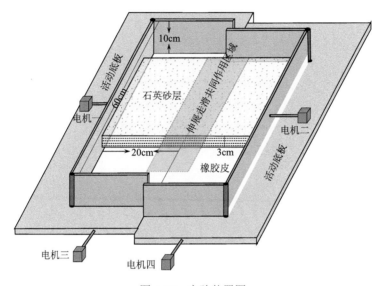

图 4-19　实验装置图

（二）实验过程及结果

实验过程中针对先伸展后走滑、先走滑后伸展、伸展和走滑同时作用三种类型，通过位移量大小来代表伸展与走滑的强弱关系，共进行了三类共 13 组实验（表 4-2）。

表 4-2　伸展–走滑复合作用物理模拟实验参数

应力加载方式	实验编号	伸展位移量 /mm	伸展速率 /(mm/s)	走滑位移量 /mm	走滑速率 /(mm/s)	伸展位移量 /走滑位移量
先伸展后走滑	N_{1-1}	20	0.1	80	0.1	1：4
	N_{1-2}	40	0.1	80	0.1	1：2
	N_{1-3}	60	0.1	80	0.1	3：4
	N_{1-4}	80	0.1	80	0.1	1：1
先走滑后伸展	N_{2-1}	80	0.1	20	0.1	4：1
	N_{2-2}	80	0.1	40	0.1	2：1
	N_{2-3}	80	0.1	60	0.1	4：3
	N_{2-4}	80	0.1	80	0.1	1：1

续表

应力加载方式	实验编号	伸展位移量/mm	伸展速率/(mm/s)	走滑位移量/mm	走滑速率/(mm/s)	伸展位移量/走滑位移量
伸展和走滑同时作用	N_{3-1}	20	0.10	80	0.40	1 : 4
	N_{3-2}	30	0.10	60	0.20	1 : 2
	N_{3-3}	30	0.10	30	0.10	1 : 1
	N_{3-4}	80	0.20	40	0.10	2 : 1
	N_{3-5}	80	0.40	20	0.10	4 : 1

1. 先伸展后走滑

实验分为两期四组，第一期实验先铺设 2.5cm 的第一砂层，而后分别施加 20mm、40mm、60mm 和 80mm 的伸展位移量，伸展阶段结束后再次铺设第二砂层并将砂层铺平，施加第二期的走滑作用（$N_{1-1} \sim N_{1-4}$）；实验过程中每隔 1mm 的位移量拍照记录一次，实验结束后用过饱和明胶溶液将砂箱固结，制作剖面，对其剖面现象进行观察分析。为保证实验的可重复性，每组实验重复两次。

实验结果表明，伸展阶段发育一系列垂直于伸展方向的正断层，当伸展位移量较小时，断层长度、断距较小（图 4-20a_1、b_1），当伸展位移量较大时，断层发生生长、连接，规模增大（图 4-20c_1、d_1）；在此基础上施加走滑作用，在走滑位移量较小时，产生一系列雁列式 R 剪切断层，断层走向与走滑方向夹角为 22°左右（图 4-20a_2、b_2、c_2、d_2），随着走滑位移量的增加，沿着两块底板的结合处出现另一组与走滑方向夹角约为 10°的 P 剪切断层（图 4-20a_3、b_3、c_3、d_3），而后 P 剪切连接贯通形成主走滑位移带，连接、切割早期的 R 剪切断层（图 4-20a_6、b_6、c_6、d_6）。值得注意的是，伸展阶段产生的正断层在走滑阶段活动性存在差异，在走滑带处（两块底板拼接处）先期伸展阶段的正断层在走滑阶段基本不复活，而主走滑带两侧部分伸展阶段所产生的正断层在走滑阶段存在一定程度的复活，但强度不大。为进一步证实早期正断层的复活性，N_{1-2} 实验中，在伸展阶段实验完成后不再铺设石英砂，直接加载走滑作用，可明显观察到在主走滑带位置先期伸展阶段正断层并未被利用，而是重新发育 R 剪切到 P 剪切再到主走滑断层的演化过程（图 4-20$b_1 \sim b_6$）。两期作用之后所切剖面更清晰地反映了断层发育特征：早期伸展阶段形成的正断层倾角约为 60°，而走滑阶段形成的断层垂向断距较小，倾角大（70°~90°）；伸展阶段正断层多为 Y 字形或堑垒式组合样式，而走滑阶段断层表现为 Y 字形或负花状构造；主走滑带处伸展阶段的正断层在走滑阶段基本不发生复活，被走滑阶段所产生的高角度走滑断层所切割（图 4-20$a_7 \sim d_7$）。

2. 先走滑后伸展

与上述实验过程类似，分两期四组，作用力施加的顺序由先伸展后走滑变为先走滑后伸展（$N_{2-1} \sim N_{2-4}$）。

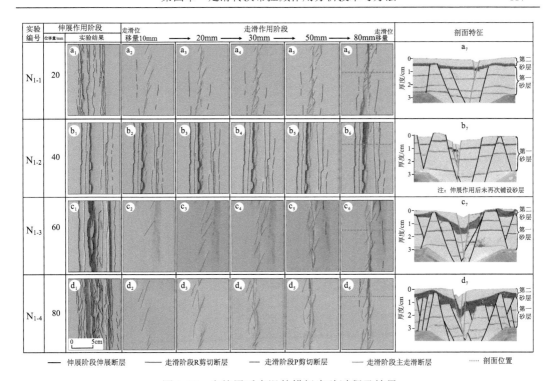

图 4-20 先伸展后走滑的模拟实验过程及结果

图中黑线为伸展阶段伸展断层，红线为走滑阶段 R 剪切断层，绿线为走滑阶段主走滑断层

就平面特征而言，先期走滑阶段断层发育演化过程与前人实验结果基本吻合，走滑位移量较小时，发育雁列式的 R 剪切和少量 P 剪切(图 4-21a₁)；随着走滑位移量的增加，P 剪切开始大量出现并切割、连接 R 剪切(图 4-21b₁)，最终贯通形成 PDZ 主走滑断裂带(图 4-21c₁、d₁)。在不同强度走滑变形的基础上，施加第二期伸展作用，最初出现少量走向基本垂直于伸展方向的小断层(图 4-21a₂、b₂、c₂、d₂)，随着伸展位移量的增加，断层数量增加，开始连接、规模变大，呈现出地堑结构(图 4-21a₃、b₃、c₃、d₃)；伸展位移量进一步增加，走滑阶段的 R 剪切断层复活，形成与伸展方向夹角约为 75°的"斜向正断层"(图 4-21a₅、b₅、c₅、d₅)，部分主走滑断层和 P 剪切发生复活(图 4-21c₅、d₅)；至伸展位移量为 80mm，复活的 R 剪切进一步生长，出现切割地堑边界断层的现象(图 4-21a₆、c₆、d₆)。

剖面特征显示，早期走滑所产生的断层倾角较大，垂向断距较小，呈花状或似花状组合；在伸展阶段，大部分早期走滑断层以正断层形式复活，同时在走滑断裂带两侧形成新的正断层，正断复活的走滑断层仍然表现为花状或似花状构造，而新生成的正断层则表现为 Y 字形断层组合或堑垒构造(图 4-21a₇、b₇、c₇、d₇)。

3. 伸展和走滑同时作用

针对走滑与伸展同时作用于同一地质体的情况，通过控制位移量的相对大小实现不同的伸展、走滑作用配比关系，共进行了五组实验(N₃₋₁~N₃₋₅)。

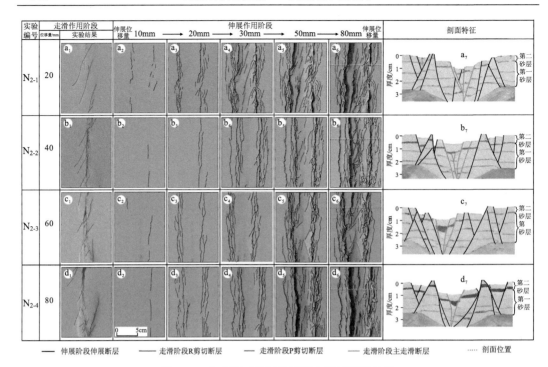

图 4-21　先走滑后伸展的模拟实验过程及结果

图中黑线为伸展阶段伸展断层，红线为走滑阶段 R 剪切断层，绿线为走滑阶段主走滑断层

1) 伸展与走滑位移量配比关系为 1∶4

通过调节电机，将伸展速率控制在 0.1mm/s，走滑速率控制在 0.4mm/s，使得实验过程中的伸展位移量与走滑位移量始终保持 1∶4 的关系。位移量较小时，出现两组断层：一组与走滑方向夹角约为 10°，类似于纯走滑条件下的 R 剪切；另一组与伸展方向垂直（图 4-22a_1、a_2）；随着位移量的增大，开始出现与走滑方向反向相交的 P 剪切断层（图 4-22a_3）；位移量持续增加，在走滑断裂带内三组断层连接形成主走滑断层，走滑断裂带两侧发育少量的垂直于伸展方向的正断层（图 4-22a_4、a_5）。在剖面上，一系列倾角较陡的正断层组成负花状构造（图 4-22a_6）。

2) 伸展与走滑位移量配比关系为 1∶2

伸展速率控制在 0.1mm/s，走滑速率控制在 0.2mm/s，伸展与走滑位移量保持 1∶2 的关系。位移量较小时，首先发育与走滑方向的夹角约为 10°的 R 剪切断层和垂直于伸展方向的正断层，且前者呈雁列式展布（图 4-22b_1、b_2）；随着位移量的增大，垂直于伸展方向的正断层数量开始增多、规模变大，同时出现与走滑方向反向相交的 P 剪切断层（图 4-22b_3）；位移量进一步增加，在走滑断裂带三组断层相互连接，形成多条主走滑断层，相比于伸展走滑配比关系为 1∶4 的剖面，垂直于伸展方向的正断层数量和规模均明显增加（图 4-22b_4、b_5）。剖面上，整体表现为负花状组合，且对应于底板走滑的位置断层倾角较大，在走滑带两侧则表现为倾角相对较小的正断层（图 4-22b_6）。

3) 伸展与走滑位移量配比关系为 1∶1

伸展与走滑的速率均控制在 0.1mm/s，伸展与走滑位移量保持 1∶1 的关系。早期位移量较小时,首先发育与走滑方向夹角约为 10° 的 R 剪切断层(图 4-22c$_1$);随着位移量的增加,早期发育的断层呈雁列式展布,同时开始出现垂直于伸展方向的正断层(图 4-22c$_2$);位移量进一步增加,垂直于伸展方向的正断层数量增加,规模增大,同时开始出现与走滑方向反向相交的 P 剪切(图 4-22c$_3$);位移量增加,P 剪切断层开始被垂直于伸展方向的正断层所替代,R 剪切与"伸展"断层连接(图 4-22c$_5$)。剖面上,由底板走滑位置向两侧断层倾角逐渐减小,相比于伸展走滑配比关系为 1∶2 的剖面,断裂带宽度增加(图 4-22c$_6$)。

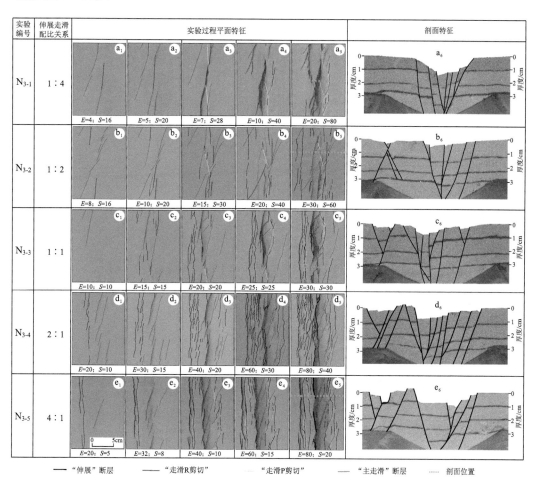

图 4-22 伸展、走滑同时作用下不同强度配比的模拟实验过程及结果

图中黑线为伸展断层,红线为走滑 R 剪切,黄线为走滑 P 剪切,绿线为主走滑断层

4)伸展、走滑配比关系为 2∶1

伸展速率控制在 0.2mm/s,走滑速率控制在 0.1mm/s,伸展与走滑位移量始终保持 2∶1 的关系。实验早期发育两组断层:一组与走滑方向夹角约为 10° 的 R 剪切断层,呈雁列式展布,且主要发育于走滑断裂带内(两块底板拼接处);另一组与伸展方向垂直,主要发育于走滑断裂带两侧(图 4-22d$_1$);随着位移量增加,垂直于伸展方向的正断层生

长、连接，规模增大(图 4-22d$_2$、d$_3$)，在走滑断裂带边缘伸展断层连接 R 剪切断层(图 4-22d$_3$、d$_4$)，具有发育近垂直于伸展方向主干断裂的趋势(图 4-22d$_5$)。剖面上，底板走滑处断层呈多级 Y 字形组合构造，两侧为板式正断层(图 4-22d$_6$)。

5)伸展、走滑配比关系为 4∶1

伸展速率控制在 0.4mm/s，走滑速率控制在 0.1mm/s，伸展与走滑位移量始终保持 4∶1 的关系。位移量较小时，发育两组断层：一组与走滑方向夹角约为 20°的 R 剪切断层，且仅出现在走滑断裂带内，呈雁列式展布；另一组与伸展方向垂直(图 4-22e$_1$、e$_2$)；随着位移量增加，在走滑断裂带边缘两组断层生长、连接，形成垂直于伸展方向的主干断层(图 4-22e$_3$、e$_4$)，部分 R 剪切断层斜交于主干断层，组成梳状构造(图 4-22e$_4$、e$_5$)。剖面上主干断层断距较大，整体呈地堑结构，一侧断层组合成多级 Y 字形组合(图 4-22e$_6$)。

(三)伸展-走滑复合作用下的断裂发育模式

基于上述实验过程及结果的分析，本书建立了不同伸展-走滑复合作用下的断裂发育模式。

先伸展后走滑作用模式下，伸展阶段平面上发育一系列近垂直于伸展方向的正断层，随着伸展位移量的增加，断层生长、连接，发育转换斜坡等，剖面上一系列倾角较缓的正断层组成堑垒构造、Y 字形断层组合[图 4-23(a)]；走滑作用阶段，平面上发育由 R 剪切到 P 剪切至 PDZ 的演化过程，剖面上主走滑断裂与一系列次级走滑断裂组合成花状构造，主走滑带附近伸展阶段的正断层在走滑阶段基本不发生复活，被走滑阶段所产生的高角度走滑断层所切割[图 4-23(b)]。

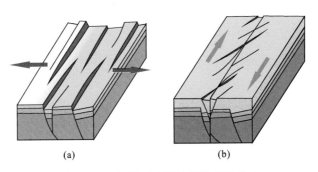

| (a) | (b) |

图 4-23　先伸展后走滑的构造变形模式

先走滑后伸展作用模式下，早期走滑作用阶段平面上发育 R 剪切至 P 剪切至 PDZ 的演化过程，剖面上发育花状构造[图 4-24(a)]；晚期叠加伸展作用，伸展作用较弱时，在走滑断裂带两侧形成新的正断层，同时走滑阶段的 P 剪切和 PDZ 复活，随着伸展作用增强，新生成的伸展正断层生长、连接，走滑阶段的 R 剪切开始复活，切割或调解伸展阶段的正断层，剖面上复活的走滑断层倾角减小，但仍然表现为负花状或似花状构造，而新生成的正断层则表现为 Y 字形断层组合或堑垒构造[图 4-24(b)]。

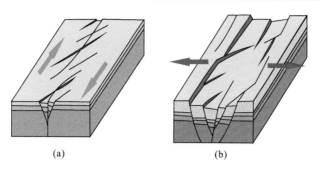

(a)   (b)

图 4-24 先走滑后伸展构造变形模式

　　伸展、走滑同时作用时，伸展和走滑作用的强弱配比关系不同，构造变形存在差异。依据实验结果，结合纯伸展和纯走滑构造变形特征，可建立伸展→伸展强于走滑→走滑、伸展强度相近→走滑强于伸展→走滑的构造变形序列(图 4-25)。纯伸展条件下，构造变形平面上表现为平行或近平行的正断层，发育转换斜坡或转换断层，剖面上表现为堑垒构造和 Y 字形的断层组合样式[图 4-25(a)]；伸展强于走滑时，垂直于伸展方向的正断层与雁列式的 R 剪切断层斜交，平面上表现为帚状或梳状构造，剖面上表现为多级 Y 字形断裂组合[图 4-25(b)]；当伸展和走滑作用强度相近时，R 剪切沿走滑方向雁列展布，垂直于伸展方向的断裂连接 R 剪切，且在走滑带两层发育，剖面上断层组合成似花状[图4-25(c)]；当走滑作用强于伸展作用时，平面上 R 剪切、P 剪切和垂直于伸展方向的断层相互连接，形成主走滑断裂带，主走滑断裂带两侧发育少量垂直于伸展方向的正断层，剖面上呈负花状构造[图 4-25(d)]；纯走滑条件下，以平面上的主走滑和雁列式 R 剪切断层发育和剖面上的花状构造为主要特征[图 4-25(e)]。

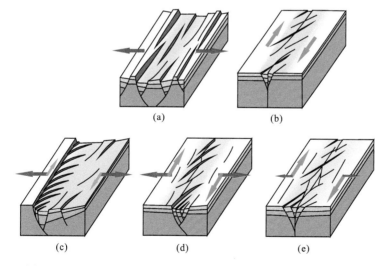

(a)   (b)

(c)   (d)   (e)

图 4-25 伸展、走滑同时作用下不同强度配比关系的构造变形模式

(四)对构造变形特征成因类型的启示

在通过构造物理模拟实验明确不同伸展–走滑作用叠加配比关系下的构造变形特征发育模式的基础上,可与实际构造解释成果相对比进而明确不同构造变形特征的成因类型。

以辽东湾拗陷为例,西部的辽西南 1 号、辽西 1 号和辽西 2 号断裂控制了辽西凹陷和辽西南凹陷的形成演化,其特征表现为铲式正断层,上部层系与次级断裂组成多级 Y 字形构造,体现了伸展强于走滑的复合特征。在东部,辽中 1 号与辽东 1 号断裂为典型的走滑断裂,平面上发育有帚状、雁列构造样式,剖面上为花状构造样式,且切割了先期发育的辽中 2 号铲式正断层,体现了先伸展后走滑的叠加改造效应。因此,辽东湾拗陷的新生代断裂体系发育特征体现了"早期强伸展晚期强走滑、西部强伸展东部强走滑"的伸展-走滑叠加配比关系,揭示了该地区新生代的区域应力场特征。

四、有限元数值模拟方法

数值模拟是分析构造应力场的有效方法,该方法根据有限个测点的地应力资料,借助于数学和力学方法,通过反演计算得到构造应力场,进而可以揭示不同时期伸展、走滑作用的配比关系。

(一)基本原理

有限单元法是目前应力场分析中常用的方法,它是利用数学近似的方法对真实物理系统(几何和载荷工况)进行模拟,运用有限数量的已知量去逼近无限未知量的真实系统,是近似求解一般连续介质问题的数值求解法。有限元模拟数学模型的建立主要包括四个方面:①按照有限元数值分析所要求的数学和力学规则进行单元划分;②确定位移边界条件,即依据地质分析,给予模型合理的边界约束;③确定应力边界条件,即依据研究区所在的区域背景上的应力边界条件及实测点应力状态确定模型合理的加力条件;④确定岩石力学参数。这一方法的优点在于对复杂介质结构和边界条件有很强的适应性,对研究问题的几何形状、材料的非均质性、外力作用方式等均有较好的处理方案。需要说明的是,就渤海海域而言,在新生代每一期构造运动发生前,研究区并非平板一块,而是被先期断裂切割成棱块状,因此在设定各构造期的边界条件时,要充分考虑先期构造格局的影响。

(二)数值模拟过程

1. 建立地质模型

采用 Ansys 有限元模拟软件,基于渤海海域新生代构造演化的研究成果,选取了渤东凹陷和辽中南洼为典型区带，以通过构造运动学研究所得到的 Ek–Es$_4$ 期、Es$_3$ 期、Es$_2$–Ed 期、Ng–Nm 期的古构造图作为相应时期应力场模拟的地质模型，在模拟过程中依据数值模拟需要进行简化，略去一些级别较低的断层。

2. 选取材料参数

依据渤东凹陷及辽中南洼不同地质时期断裂发育的密度及物性，分别赋予地层、断裂带及围岩不同的岩石力学参数，构造应力场模拟的岩石物理学参数主要是泊松比和杨氏模量。泊松比为在材料的比例极限内，由均匀分布的应力所引起的横向应变与相应的纵向应变之比的绝对值，杨氏模量表征在弹性限度内物质材料抗拉或抗压的物理量，它是沿纵向的弹性模量，杨氏模量的大小标志了材料的刚性，杨氏模量越大，越不容易发生形变。结合前人对渤海海域新生代构造应力场模拟的研究资料(陈晓利等，2005)及研究区内不同构造单元地层发育和岩性的调研确定了渤东凹陷和辽中南洼地区的岩石物理学参数。

不同区带材料参数选取时的总体原则是：断层为弱介质，杨氏模量较小，泊松比较大；凹陷内地层主要以砂岩为主，杨氏模量较小，泊松比较大；周边凸起岩性主要为变质岩及火成岩，杨氏模量较大，泊松比较小，不易变形；围岩为刚性物质，杨式模量大，泊松比小(表4-3、表4-4)。

表 4-3　渤东地区岩石力学参数表

材料编号	杨氏模量/10^{10}MPa	泊松比
断层	1.0	0.3
渤东、渤南低凸起	4.8	0.24
庙西北凸起	45	0.24
渤东凹陷	3.0	0.27
围岩	3.5	0.25

表 4-4　辽中南洼地区岩石力学参数表

材料编号	杨氏模量/10^{10}MPa	泊松比
断层	1.0	0.3
辽中南洼	3.0	0.23
辽东凹陷	2.0	0.28
围岩	3.0	0.24

3. 有限元网格划分

依据所建立的研究区地质模型，针对渤东凹陷、辽中南洼各历史时期的地质特征，将其结构离散化，把整个构造划分为有限个单元，每个单元内部是相对均质的(图4-26、图4-27)。

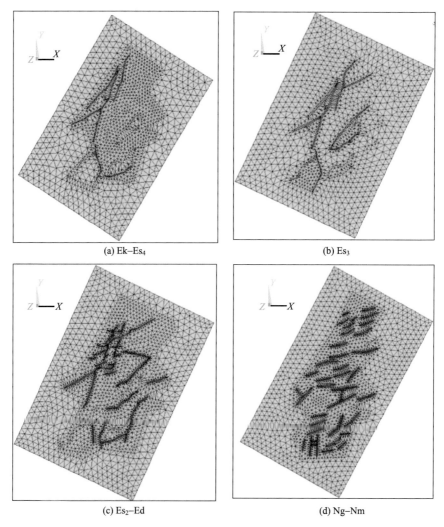

(a) Ek–Es$_4$　　　　　　　　　　　　　　　(b) Es$_3$

(c) Es$_2$–Ed　　　　　　　　　　　　　　　(d) Ng–Nm

图 4-26　渤东凹陷新生代不同演化阶段应力场数值模拟的有限单元网格划分

4. 确定边界条件

在确定边界条件时要考虑以下几点：①应力场模拟获得的不同方向的位移量要与地质分析得到的某一时期的伸展量保持一致；②盆地呈现伸展–走滑复合作用的形态特征；③下一地质时期新生成断层的走向。

渤东凹陷边界条件：根据主走滑断层的走向，将渤东凹陷 NW、SE 向边界设定为应力边界，方向设定为与水平交角 58°，古近纪早期加以右旋弱伸展构造应力场，为了防止应力场漂移，以及固定位移造成应力集中，将 NE-SW 向节点设定为固定边界[图 4-28(a)]。

辽中南洼边界条件：根据主走滑断层的走向，将辽中南洼 NW、SE 向边界设定为应力边界，方向设定为与水平交角 52°，古近纪早期加以右旋弱伸展构造应力场，为了防止应力场漂移，以及固定位移造成应力集中，将 NE-SW 向节点设定为固定边界[图 4-28(b)]。

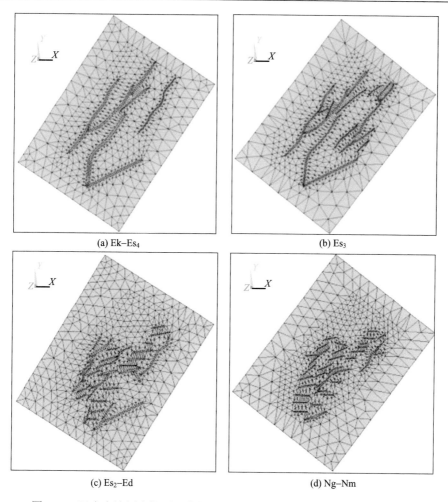

(a) Ek–Es₄

(b) Es₃

(c) Es₂–Ed

(d) Ng–Nm

图 4-27 辽中南洼新生代不同演化阶段应力场数值模拟的有限单元网格划分

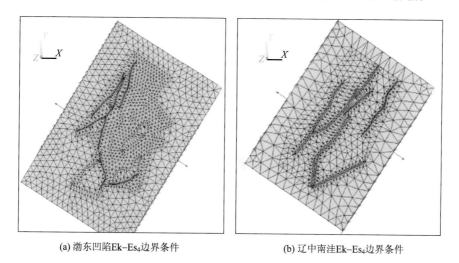

(a) 渤东凹陷Ek–Es₄边界条件

(b) 辽中南洼Ek–Es₄边界条件

图 4-28 渤东凹陷、辽中南洼应力场数值模拟的边界条件设定

5. 模拟结果

经过上述各步骤的计算机模拟，反复实验施加不同的应力载荷进行运算，以达到模拟结果与实际地质特征的最大吻合，明确了渤东凹陷、辽中南洼 Ek–Es$_4$ 时期、Es$_3$ 期、Es$_2$–Ed 期、Ng–Nm 期的构造应力场特征，进而为分析新生代各演化阶段伸展和走滑作用的叠加配比关系提供依据。

1）渤东凹陷新生代应力场特征

Ek–Es$_4$ 沉积期：渤东凹陷位于 NNW-SSE 伸展应力场之下，渤南低凸起和工区东北部为挤压应力高值区，渤东凹陷的中部为挤压应力的低值区；剪应力的高值区主要位于渤东凹陷的中部（图 4-29）。

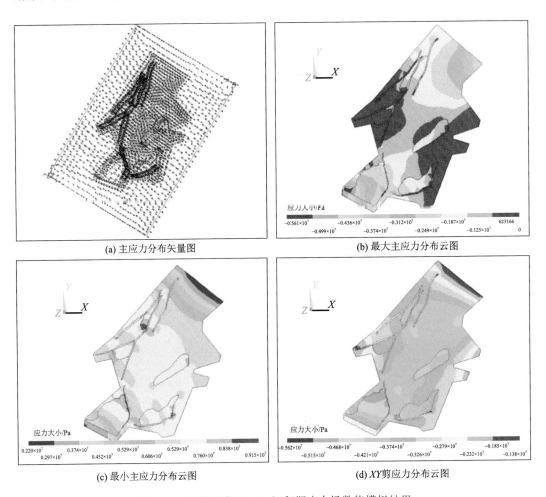

(a) 主应力分布矢量图　　　　　　　　　(b) 最大主应力分布云图

(c) 最小主应力分布云图　　　　　　　　(d) XY剪应力分布云图

图 4-29　渤东凹陷 Ek–Es$_4$ 沉积期应力场数值模拟结果

Es$_3$ 沉积期：渤东凹陷表现为 NWW-SEE 的伸展应力场，郯庐断裂带右旋剪切作用开始增强，渤东低凸起为挤压应力的高值区，渤东凹陷的北部和南部为挤压应力的低值区；剪应力的高值区主要位于渤东凹陷的中部和北部(图4-30)。

Es$_2$–Ed沉积期：渤东凹陷整体位于右旋剪切构造应力场之下，渤东凹陷东北和西南部为挤压应力高值区，渤东凹陷的中部为挤压应力的低值区；剪应力的高值区主要位于渤东凹陷的中部和南部(图4-31)。

Ed末期：渤东凹陷整体位于右旋挤压构造应力场之下，渤东凹陷东北和西南部为挤压应力高值区，渤东凹陷的中部为挤压应力的低值区；剪应力的高值区主要位于渤东凹陷的北部和南部(图4-32)。

Ng–Nm沉积期：郯庐断裂带右旋剪切作用进一步加强，渤东凹陷东北和西南部为挤压应力高值区，渤东凹陷的中部为挤压应力的低值区；剪应力的高值区主要位于渤东凹陷的北部和南部(图4-33)。

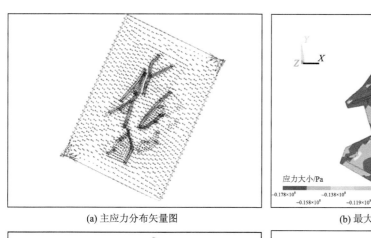

(a) 主应力分布矢量图　　　　　　　　(b) 最大主应力分布云图

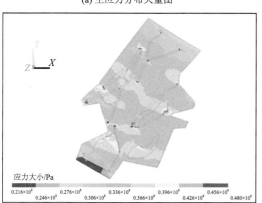
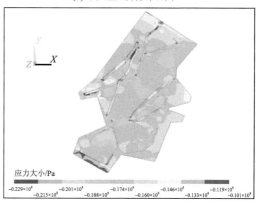

(c) 最小主应力分布云图　　　　　　　　(d) XY剪应力分布云图

图4-30　渤东凹陷Es$_3$沉积期应力场数值模拟结果

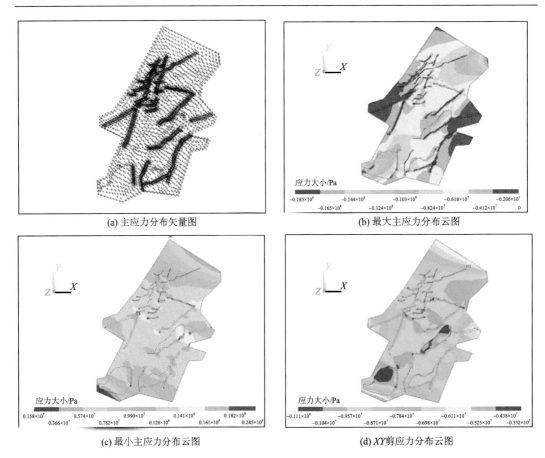

(a) 主应力分布矢量图　　　　　　　　　　　　　　(b) 最大主应力分布云图

(c) 最小主应力分布云图　　　　　　　　　　　　　(d) XY剪应力分布云图

图 4-31　渤东凹陷 Es₂–Ed 沉积期应力场数值模拟结果

2) 辽中南洼新生代应力场特征

Ek–Es₄ 沉积期：辽中南洼位于 NNW-SSE 伸展应力场之下，郯庐断裂带在工区内的活动相对较弱，辽中南洼东北部及西南部为挤压应力高值区，辽中南洼的中部为挤压应力的低值区；剪应力的高值区主要位于北部的中央走滑断裂与旅大 21 号断裂附近(图4-34)。

Es₃ 沉积期：辽中南洼表现为 NWW-SEE 的伸展应力场，郯庐断裂带右旋剪切作用开始增强，辽中南洼北中部和西南部为挤压应力高值区，辽中南洼的中部为挤压应力的低值区；剪应力的高值区主要位于辽中南洼的中部和北部(图 4-35)。

Es₂–Ed 沉积期：辽中南洼整体位于右旋剪切构造应力场之下，辽中南洼东北部和西南部为挤压应力高值区，辽中南洼的中部为挤压应力的低值区；剪应力的高值区主要位于辽中南洼的中部(图 4-36)。

Ed 末期：辽中南洼整体位于右旋挤压构造应力场之下，挤压应力高值区主要为辽中南洼东北部和西南部，辽东凹陷北部和辽中南洼南部为挤压应力低值区，剪应力的高值区主要位于辽中南洼的东北部和西南部(图 4-37)。

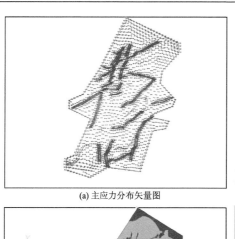

(a) 主应力分布矢量图

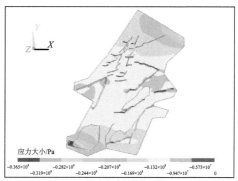

(b) 最大主应力分布云图

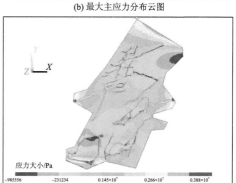

(c) 最小主应力分布云图

(d) XY剪应力分布云图

图 4-32　渤东凹陷 Ed 末期应力场数值模拟结果

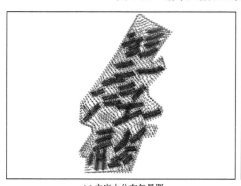

(a) 主应力分布矢量图

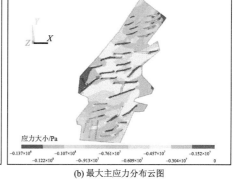

(b) 最大主应力分布云图

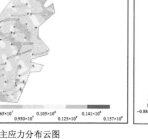

(c) 最小主应力分布云图

(d) XY剪应力分布云图

图 4-33　渤东凹陷 Ng–Nm 沉积期应力场数值模拟结果

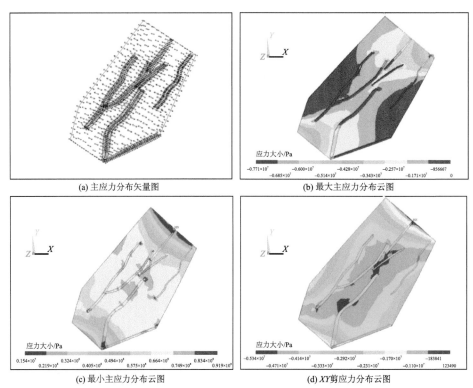

(a) 主应力分布矢量图　　　　　　　(b) 最大主应力分布云图

(c) 最小主应力分布云图　　　　　　(d) XY剪应力分布云图

图 4-34　辽中南洼 Ek–Es$_4$ 沉积期应力场数值模拟结果

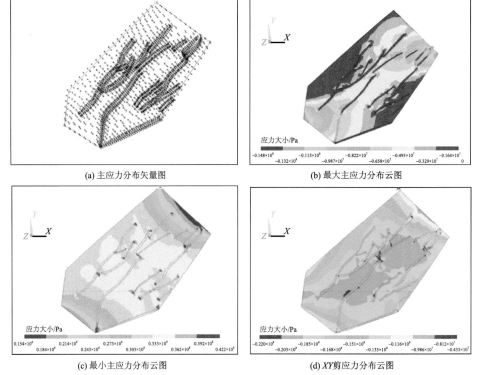

(a) 主应力分布矢量图　　　　　　　(b) 最大主应力分布云图

(c) 最小主应力分布云图　　　　　　(d) XY剪应力分布云图

图 4-35　辽中南洼 Es$_3$ 沉积期应力场数值模拟结果

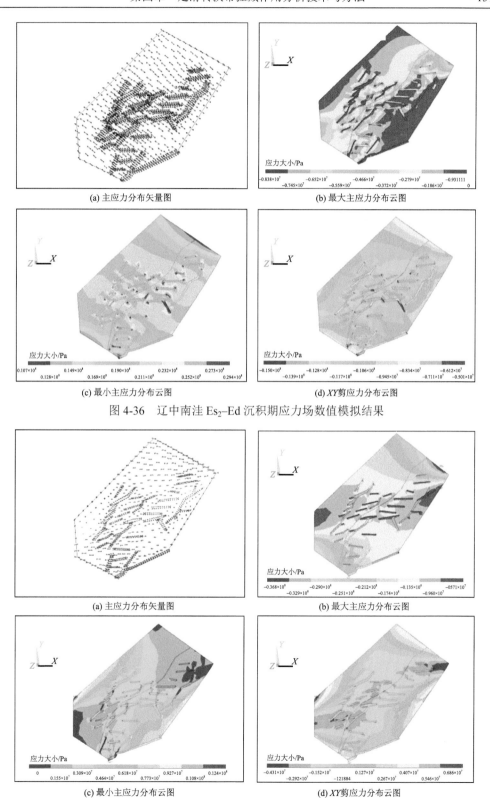

(a) 主应力分布矢量图

(b) 最大主应力分布云图

(c) 最小主应力分布云图

(d) XY剪应力分布云图

图 4-36　辽中南洼 Es_2–Ed 沉积期应力场数值模拟结果

(a) 主应力分布矢量图

(b) 最大主应力分布云图

(c) 最小主应力分布云图

(d) XY剪应力分布云图

图 4-37　辽中南洼 Ed 末期应力场数值模拟结果

Ng–Nm 沉积期：郯庐断裂带右旋剪切作用进一步加强，挤压应力高值区主要为辽中南洼东北部和西南部，辽中南洼中部为挤压应力低值区，剪应力的高值区主要位于辽中南洼中部(图 4-38)。

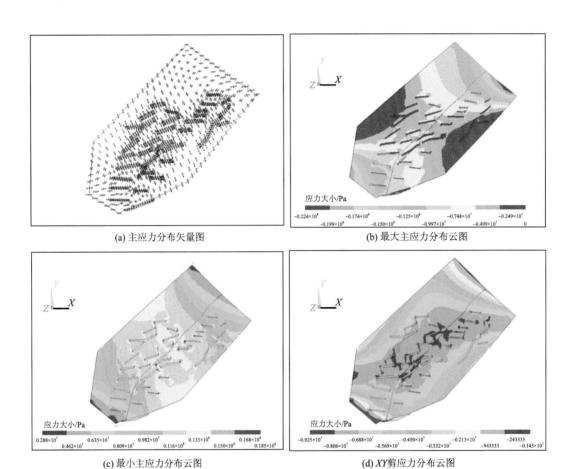

(a) 主应力分布矢量图　　　　　　　(b) 最大主应力分布云图

(c) 最小主应力分布云图　　　　　　(d) XY剪应力分布云图

图 4-38　辽中南洼 Ng–Nm 沉积期应力场数值模拟结果

综合渤东凹陷和辽中南洼数值模拟结果可以发现：自 Ek 至 Nm 组沉积期，研究区走滑应力逐渐增大；伸展应力先增大后逐渐减小，Es_3 时期为伸展应力最大时期，Ed 末期经历了一个短暂的挤压过程，而后变成弱伸展；对比渤东凹陷与辽中南洼，前者无论伸展应力还是走滑应力整体都强于后者(图 4-39~图 4-41)。

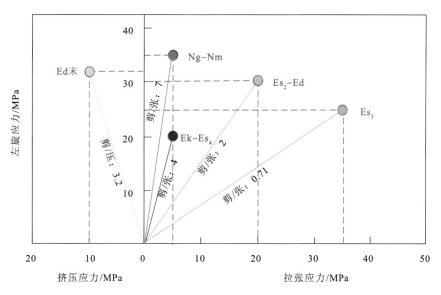

图 4-39 渤东凹陷新生代各演化阶段伸展(挤压)和走滑应力关系

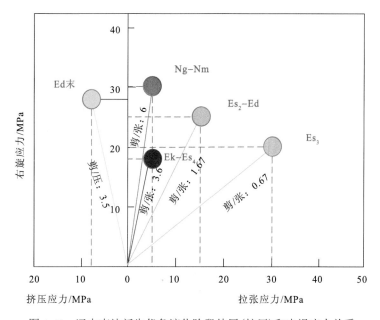

图 4-40 辽中南洼新生代各演化阶段伸展(挤压)和走滑应力关系

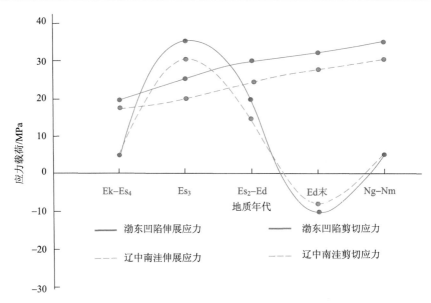

图 4-41　渤东凹陷及辽中南洼新生代各演化阶段伸展(挤压)和走滑应力强弱关系对比图

第三节　走滑转换带增(释)压强度的定量表征方法

走滑转换带的增压、释压作用形成于主走滑断裂活动过程中引起的局部块体的汇聚或离散,进而导致局部应力场变化。因此,主走滑断裂的弯曲程度、叠覆距离和叠覆区宽度、尾端变化等都会对增压、释压强度产生影响,从而构成走滑转换带增压、释压强度定量表征的理论基础。本书在对渤海海域不同类型走滑转换带系统判识、特征解析及分布规律总结的基础上,对不同类型走滑转换带的应力特征进行分析,建立不同类型走滑转换带增压、释压强度的定量表征方法,并与构造变形特征进行了对比验证。

一、断边 S 型走滑转换带

(一)定量表征方法

就 S 形弯曲走滑断裂而言,走滑作用力方向与弯曲走滑断裂走向不一致,将作用在走滑断裂某一点的走滑作用力沿断裂在这一点的法线和切线分解(图 4-42),可以得到垂直于断裂走向的法线方向分力和平行于断裂走向的切线方向分力,其中沿法线方向的分力就是该位置派生增压或释压作用的强度,其计算公式为

$$F_{增(释)压}=F_{走滑}\times\cos\alpha$$

式中,$F_{走滑}$为主走滑断裂的走滑作用力;α 在主断裂右旋走滑时为弯曲走滑断裂任意点法线逆时针旋转至区域走滑方向的角度(图 4-42),当主断裂左旋走滑时 α 为弯曲走滑断裂任意点法线顺时针旋转至区域走滑方向的角度。走滑作用力大小可以用走滑量代替,当

针对同一走滑断裂某一区段进行研究时，可以近似认为走滑量大小不变，进而将上式简化，直接用 $\cos\alpha$ 来定量表征弯曲走滑断裂派生增压与释压作用的强弱，该值代表了主走滑作用力所派生出的垂直转换带方向的挤压(或拉张)应力与主走滑应力大小的比值，将其定义为走滑转换构造的增(释)压强度系数，其计算公式为

$$增(释)压强度系数(K)=F_{派生增(释)压力}/F_{主走滑作用力}=\cos\alpha$$

当该系数为正值时代表派生增压作用，当该系数为负值时代表派生释压作用，绝对值表示派生增压或者释压作用的相对大小。

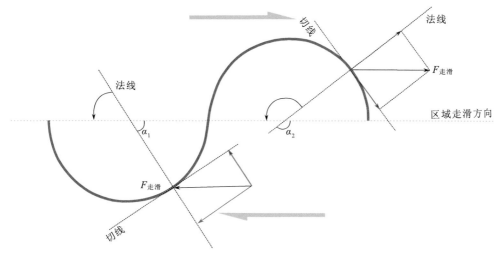

图 4-42　弯曲走滑断裂派生伸展、挤压强度的定量表征方法示意图(走滑方向)

(二)计 算 流 程

本书所建立的定量表征方法需要考虑走滑作用的方向，利用地震解释软件建立起断裂的断面立体图[图 4-43(b)]，得到各个层面的断层线(地震反射层与断面立体图的交线)[图 4-43(c)]，通过对断层线进行重采样获得断层线连续点的几何坐标，实现断层线数字化[图 4-43(d)]，最后利用断层线连续点的 XY 坐标计算断层线上各点的切线方向与走滑方向的方位角及增压、释压强度系数[图 4-43(e)]。

(三)应用实例解析

1. 辽东湾地区

辽东湾地区主走滑断裂均具有明显的走向弯曲，S 型走滑转换带发育普遍。以辽西南 1 号断裂为例，采用上述方法，根据断裂的首尾连线确定走滑作用方向。计算结果表明，增压、释压交替出现，呈现明显波状变化(图 4-44)。为了验证该方法的准确性，选取了过辽西南 1 号的一系列地震剖面分析其构造变形特征(图 4-45)，可以发现辽西南 1 号断裂整体断层倾角较缓，表现出明显的伸展特征，整体未体现出明显的增压特征，显

然与计算的增压、释压强度变化规律不符。

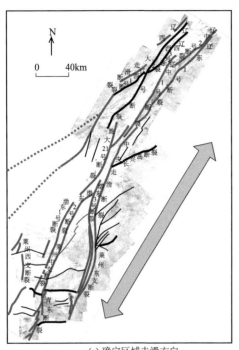

(a) 确定区域走滑方向

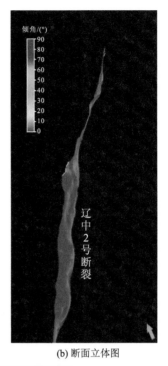

(b) 断面立体图

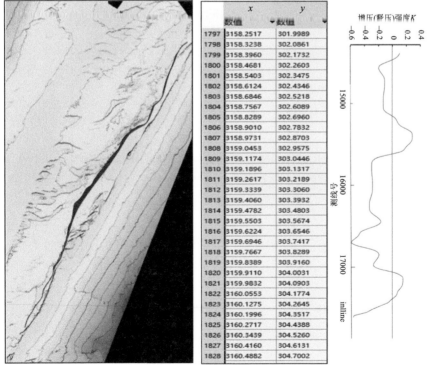

(c) 获得断层线　　　　　　　(d) 断层线数字化　　　　(e) 计算增压、释压强度系数

图4-43　任意走滑断层面中任意点增压、释压强度系数计算步骤

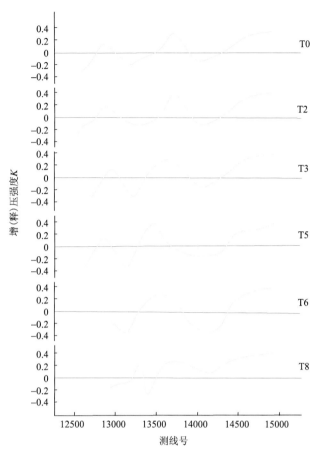

图 4-44 辽西南 1 号断裂各层系增压、释压强度系数(不考虑区域走滑方向)

究其原因，α 角的求取方式对于增压、释压强度系数的计算结果具有重要的影响(图 4-46)。利用断层首尾连线确定的走滑作用方向并不准确，关键在于断层的首尾两端难以准确界定，走滑作用强弱、走滑断裂生长连接过程的差异性，以及走滑断层被其他断层的切割改造等均会对其产生影响，具有较强的主观性。因此，采用这种方法不能够真实反映弯曲断裂增压、释压区类型的转换及强度的变化。基于上述考虑，本书认为在求取 α 角时应该充分考虑区域走滑作用力方向，将 α 角定义为法线逆时针旋转至区域走滑方向的角度才能准确反映构造的增压和释压情况。区域走滑方向首先参考前人的研究成果明确为 NE-SW 向(李伟等，2019；陈兴鹏等，2019)，进而依据渤海海域东部辽东湾–渤东–渤南连片处理地震资料的解释成果，确定了区域走滑方向为 NE(32°)。基于对区域走滑作用力的分解，得到了辽西南 1 号断裂各层系的增压、释压强度系数，结果显示辽西南 1 号断裂整体表现为释压特征，仅在北端发育弱增压，且自北向南增压强度逐渐减小，释压强度逐渐增大(图 4-47)，该评价结果与辽西南 1 号断裂构造变形特征相吻合(图 4-45)，这也进一步验证了基于区域走滑作用方向分解的正确性。

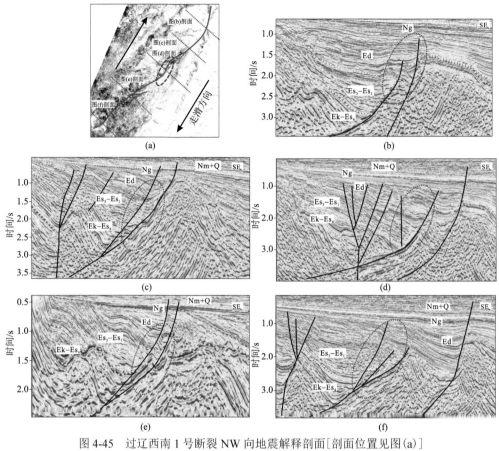

图 4-45 过辽西南 1 号断裂 NW 向地震解释剖面［剖面位置见图(a)］

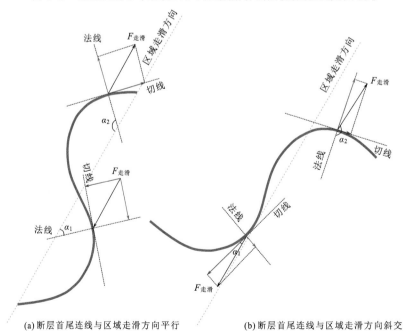

(a) 断层首尾连线与区域走滑方向平行　　　　　(b) 断层首尾连线与区域走滑方向斜交

图 4-46 α 角的求取方式影响弯曲走滑断裂增压、释压强度评价结果示意图

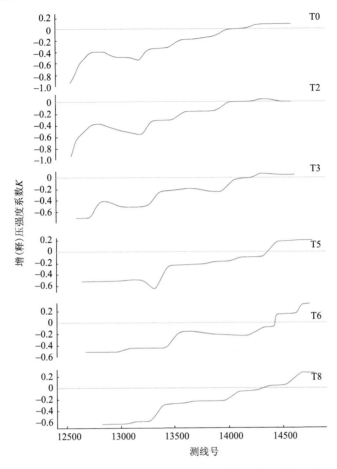

图 4-47　辽西南 1 号各层系断裂增压、释压强度系数［区域走滑方向为 NE（32°）］

基于上述分析，进一步对辽东湾拗陷其他 S 型走滑转换带的增压、释压强度系数进行了计算。就辽中 1 号断裂而言，可以看出其增压、释压强度系数较小［图 4-48（a）］，这是由于辽中 1 号断裂走向与区域走滑方向［NE（32°）］基本一致且整体较为平直，其各层系的评价结果显示由浅层到深层增压、释压强度逐渐减小。辽中 2 号断裂增压、释压强度系数均较大，且增压、释压转换明显，各层系评价结果显示其浅层至深层的增压、释压强度变化不明显［图 4-48（b）］。就辽西地区而言，辽西 1 号、辽西 2 号和辽西 3 号断裂的评价结果显示这三条断裂的增、释压强度系数变化较大，从不同层系的评价结果来看其整体都表现为浅层增压、释压强度系数变化较大，深层变化较小的特点（图 4-49）。

2. 渤东地区

渤东地区主要针对旅大 21 号断裂、渤东 3 号断裂以及中央走滑断裂进行了增压、释压强度系数的定量计算。旅大 21 号断裂南段表现为释压，北段表现为增压（图 4-50）。渤东 3 号断裂整体表现为增压（图 4-51）。中央走滑断裂则为南段增压、北段释压（图 4-52）。从每条断裂各个层系的评价结果来看，由浅层到深层增压、释压强度变化不大。

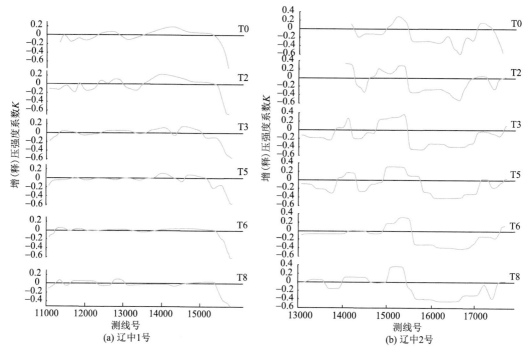

图 4-48　辽中 1 号、辽中 2 号断裂 S 型走滑转换带增压、释压强度系数评价结果

为了进一步验证评价结果，截取了过中央走滑断裂的三条地震剖面进行分析，可以看出过北段主干断裂倾角较小，断层两侧地层落差较大，表现为典型的释压型转换构造特征；而南段主干断裂较为陡直，断层断距较小，东营组及其之上地层呈现明显的弯曲上拱，表现为增压型转换构造特征，过中央走滑断裂 NE 向地震剖面也清晰反映出南段和北段的差异性(图 4-53)。过渤东 3 号和中央走滑断裂的南段的剖面均呈现出明显的"背形负花"构造，反映局部增压构造特征，且自北向南两侧地层落差逐渐减小，地层弯曲愈加明显，反映了自北向南增压强度系数逐渐增大，这与评价结果吻合较好(图 4-54)。

3. 渤南地区

渤南地区主要对莱州西支 3 号、莱州中支 1 号、莱州中支 2 号、莱州东支 1 号以及莱州东支 3 号五条断裂进行了评价。莱州西支 3 号断裂整体增压，浅层增压强度系数相对稳定，深层变化较大(图 4-55)。莱州中支 1、2 号断裂呈现增压、释压交替的特点，浅层增压、释压强度系数变化不明显，至深层逐渐变大(图 4-56)。莱州东支 1、3 号断裂南段增压、释压交替，北段以增压为主，由深层至浅层强度系数变化相对较小(图 4-57)。

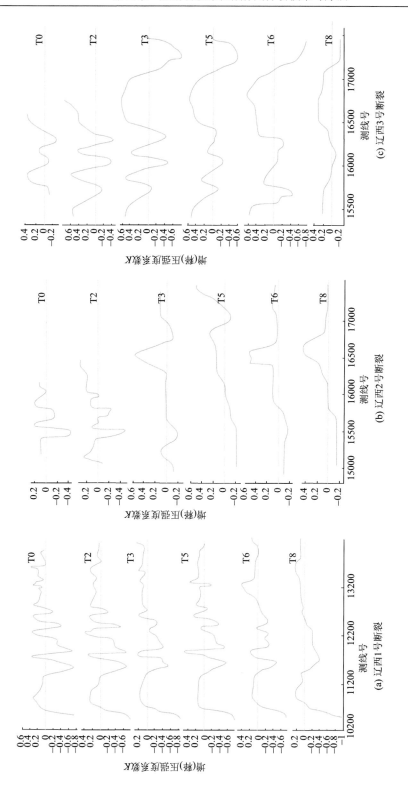

图 4-49　辽西 1、2、3 号断裂 S 型走滑转换带增压、释压强度系数评价结果

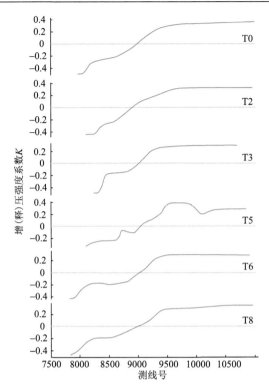

图 4-50 旅大 21 号断裂各层系增压、释压强度系数评价结果

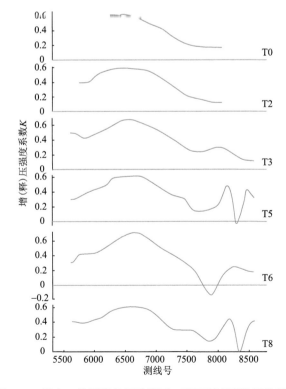

图 4-51 渤东 3 号断裂各层系增压、释压强度系数评价结果

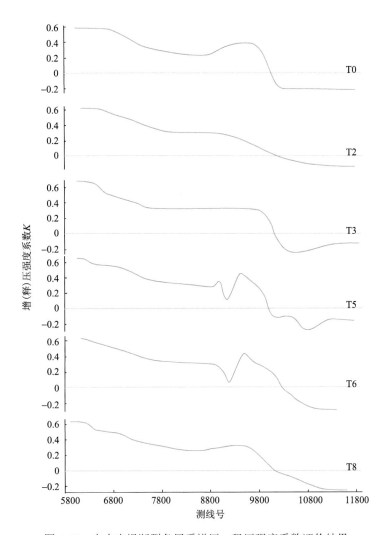

图 4-52　中央走滑断裂各层系增压、释压强度系数评价结果

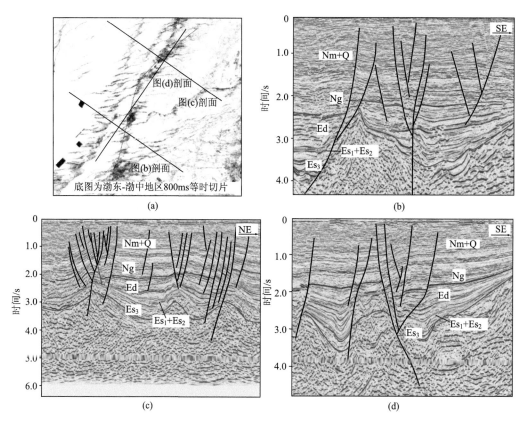

图 4-53　过中央走滑断裂 SE 及 NE 向地震解释剖面［剖面位置见图(a)］

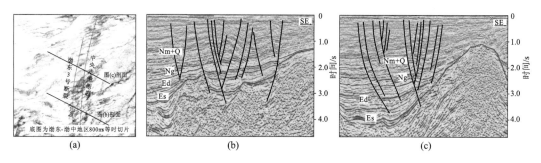

图 4-54　过渤东 3 号断裂、中央走滑断裂南段 SE 向地震解释剖面［剖面位置见图(a)］

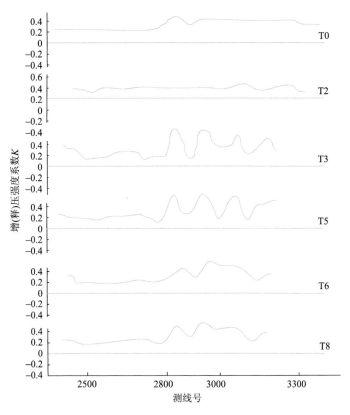

图 4-55 莱州西支 3 号断裂各层系增压、释压强度系数评价结果

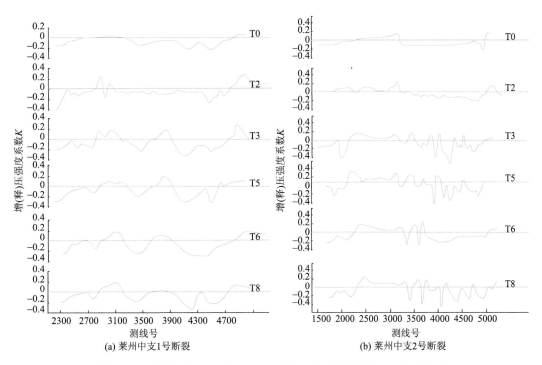

(a) 莱州中支1号断裂 (b) 莱州中支2号断裂

图 4-56 莱州中支 1、2 号断裂各层系增压、释压强度系数评价结果

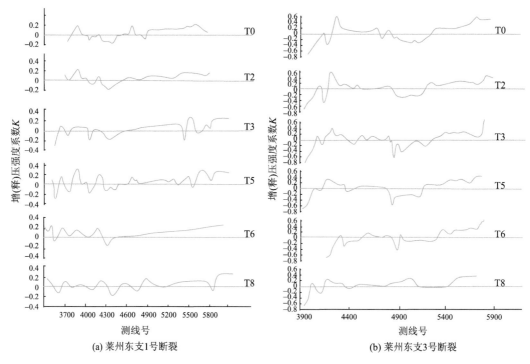

图 4-57　莱州东支 1、3 号断裂各层系增压、释压强度系数评价结果

二、断间叠覆型、双重型走滑转换带

(一)定量评价方法

叠覆型和双重型走滑转换带由于主走滑断裂运动方式(左旋或右旋)、排列方式(左阶或右阶)的不同,在叠覆区内部会产生增压或释压作用,局部应力的大小与叠覆区的长度和宽度、走滑作用力的大小密切相关。前人研究认为,叠覆区伴随着主走滑断裂走滑程度的不断增强,会通过连接断层相互贯通,从而演变为弯曲走滑断裂(Peacock,2001;Cunningham and Mann,2007),因此可以借鉴 S 型走滑转换带增、释压强度定量表征的研究思路,将派生于两条主走滑断裂叠覆部位的次级断裂或构造带视为这两条主走滑断裂之间的弯曲段求取该类走滑转换带增压、释压强度系数(图 4-58),即沿走滑派生次级断裂或构造带走向进行力的分解,因此同样可以用 $\cos\alpha$ 来定量表征叠覆型走滑转换带增压或释压作用的强弱,α 为叠覆型走滑转换带内主要派生次级断裂(或褶皱)法线逆时针旋转(右旋时,左旋时顺时针旋转)至区域走滑方向的角度,当该系数为正值时代表派生增压作用,当该系数为负值时代表派生释压作用,绝对值表示派生增压或释压作用的相对大小。

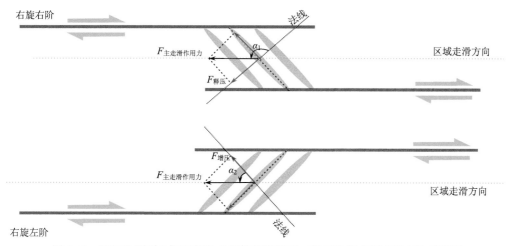

图 4-58　断间叠覆型(或双重型)走滑转换带增压、释压强度定量表征方法示意图

(二) 计 算 流 程

具体方法与流程与 S 型走滑转换带的评价类似(图 4-43),关键是需要利用相干切片、地震剖面等地震地质资料准确判识出叠覆区域内部次级派生构造的展布方向,求其法线方向与区域走滑方向间的旋转角(右旋时逆时针旋转,左旋时顺时针旋转)。

(三) 应用实例解析

典型的释压型叠覆型转换带以辽东湾拗陷辽中凹陷北洼为例,其位于辽中 1 号断裂与辽中 2 号断裂之间,两条主干走滑断层之间形成了大量的派生次级伸展断层(图 4-59),利用相干切片得到叠覆区内派生次级断层的走向,作其法线,旋转至区域走滑方向得到角 $\alpha=147.6°$(图 4-59),其释压强度系数为 $K=-0.844$。

增压叠覆型转换带以渤南地区莱州中支 1 号与莱州中支 2 号断裂右旋左阶形成中央走滑带为例,需要注意的是,增压叠覆型转换带内部也可能发育相当数量的次级断裂[图 4-60(a)],这些次级断裂走向近 EW、剖面上表现明显的伸展断裂,但其成因机制应该是形成于后期近 SN 向区域伸展作用下(任健等,2019),不能代表右旋左阶增压作用下形成的转换带特征,因此在采用本方法进行计算时不能对这些次级伸展断裂进行区域走滑作用力的分解。通过对过该走滑转换带不同方向地震测线的分析解释发现,在 NE 向剖面可以看到明显的地层弯曲变形乃至挤压背斜(图 4-60),因此可以推测在右旋左阶增压条件下形成的构造带为 NW 走向,这与前人的研究成果也较为一致(Woodcock and Fischer,1986;Mitra and Paul,2011;Dooley and Schreurs,2012)。在此基础上对 NW 向构造带作其法线,逆时针旋转至区域走滑方向得到角 $\alpha=67.5°$(图 4-60),进而求得其增压强度系数 $K=0.3827$。

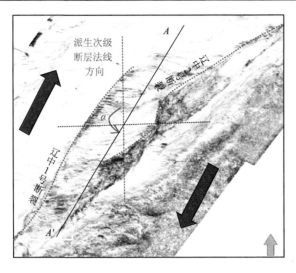

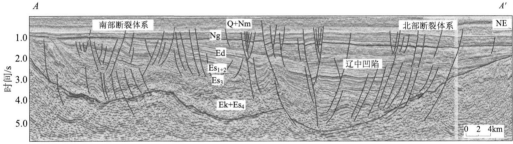

图 4-59　辽东湾拗陷辽中北注释压叠覆型走滑转换带构造特征及强度系数评价

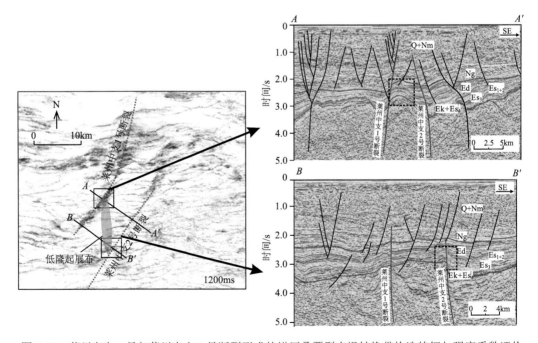

图 4-60　莱州中支 1 号与莱州中支 2 号断裂形成的增压叠覆型走滑转换带构造特征与强度系数评价

三、断间共轭型走滑转换带

(一)定量评价方法

共轭型转换带是一种较为特殊的转换带，它的增压(释压)强度体现了两条旋向相反的主走滑断层之间的叠加效应，在评价时分别将两条主走滑断层走滑力沿共轭区域角平分线分解，二者之和即为该类转换带增压(释压)强度之和(图 4-61)，即

$$F_{增(释)压}=(F_{1走滑}+F_{2走滑})\times\cos\alpha$$

因此，

$$增(释)压强度系数(K)=F_{增(释)压}/(F_{1走滑}+F_{2走滑})=\cos\alpha$$

式中，α 为共轭型转换构造角平分线逆时针旋转至区域走滑方向的角度；K 正值代表增压，负值代表释压，其绝对值代表增压(释压)的相对大小。

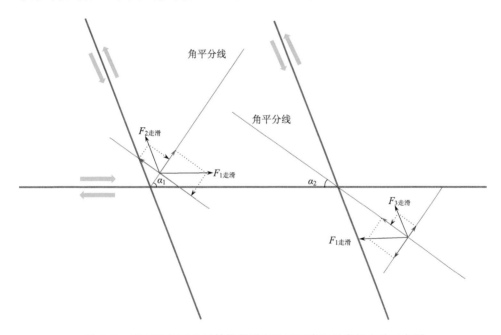

图 4-61　断间共轭型走滑转换带增(释)压强度定量表征方法示意图

(二)计 算 流 程

对于共轭型转换带而言，首先需要明确两条共轭走滑断裂的平面展布，厘定共轭区域，在此基础上作出共轭区域角平分线求取与区域走滑方向的旋转角(顺时针或是逆时针旋转需与实际结合)，计算其余弦值确定增压、释压强度系数。

(三) 应用实例解析

以渤南低凸起东侧右旋走滑的莱州东支 3 号断裂与左旋走滑的张家口–蓬莱断裂带分支断裂共轭相交形成的断间共轭型走滑转换带为例[图 4-62(a)、(b)]，首先通过相干切片识别出两条主干断裂的方向，分别针对增压区、释压区作两主干断裂的角平分线，逆时针旋转至区域走滑方向得出两个角度 $\alpha_1=116.83°$，$\alpha_2=18.65°$，据此计算出该共轭转换构造的释压区强度系数为 $K=\cos\alpha_1=-0.4513$，增压区强度系数为 $K=\cos\alpha_2=0.9475$ [图 4-62(a)、(b)]。为了验证评价结果，过增压区、释压区截取地震剖面，发现释压区次级断裂较为发育，呈 Y 字形组合，为典型伸展性质，地层明显沉降[图 4-62(b)]；增压区次级断裂相对较少，地层向上弯曲明显且沉积较薄[图 4-62(b)]。

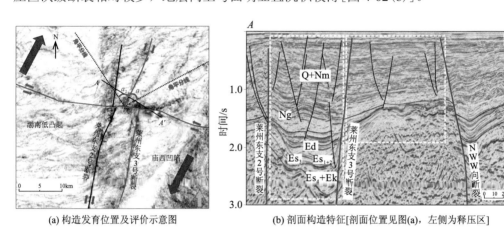

(a) 构造发育位置及评价示意图　　　　(b) 剖面构造特征[剖面位置见图(a)，左侧为释压区]

图 4-62　渤南低凸起东侧共轭型走滑转换带构造特征及强度系数评价

四、断梢帚状走滑转换带

(一) 定量评价方法

主走滑断裂两侧断块的差异运动会导致在其尾端形成局部伸展或挤压应力场(王光增，2017)，进而形成与伸展或挤压应力垂直的次级断裂，构成尾端马尾扇或帚状构造。次级断裂的产状、规模反映了尾端走滑派生局部应力场的强度，因此可以利用次级断裂来求取走滑派生局部伸展或挤压作用。将区域走滑作用力沿次级断裂走向进行力的分解，其中沿法线方向的分力就是该次级断裂派生增压或释压作用的强度，计算公式及方法与 S 型和叠覆型走滑派生构造相类似，即

$$增(释)压强度系数(K)=F_{增(释)压}/F_{走滑}=\cos\alpha$$

式中，α 为断梢帚状转换构造任一次级断裂法线逆时针旋转(右旋时，左旋时顺时针)至区域走滑方向的角度，正值代表增压，负值代表释压，其绝对值代表增压或释压作用的

相对大小(图 4-63)。

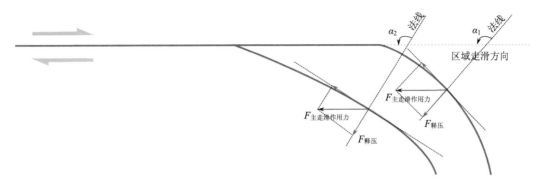

图 4-63　断梢帚状走滑转换带增(释)压强度定量表征方法示意图

(二)计算流程

对于断梢帚状走滑转换带而言，需要利用相干切片等资料对转换带各次级断裂的展布特征进行精确厘定，得到次级断裂断层线，然后对其重复图 4-43 所示的步骤进行计算得到断梢帚状走滑转换带次级断裂上每一点的增压(释压)强度系数。

(三)应用实例解析

以辽东湾拗陷辽中 1 号断裂为例，在辽中凹陷北洼该断裂连续性变差，为走滑断裂尾端，在其东侧发育有一系列次级断裂，且与主干断裂呈帚状组合，属于典型的断梢帚状转换带。评价结果显示距离走滑断裂由近及远走滑派生伸展作用强度逐渐增大(图 4-64)。为了验证该结果的准确性，选取了穿过走滑转换带派生次级断裂的典型剖面进行分析，从靠近主走滑断裂的剖面来看，次级断裂较为密集且倾角较陡，呈多米诺式排列，地层翘倾作用明显[图 4-65(a)]；而从距主走滑断裂较远的剖面看，次级断裂倾角相对较缓，且多呈多级 Y 字形组合，断层对沉积的控制作用更明显，伸展作用明显增强[图 4-65(b)]。

五、不同类型走滑转换带增(释)压强度的时空展布

基于对渤海海域东部走滑断裂带不同类型走滑转换带的判识、特征解析，利用各种地质、地震资料对走滑转换带的增压、释压强度系数进行了定量表征，明确了渤海海域东部不同层系、不同类型转换带增(释)压强度系数的时空差异性(图 4-66~图 4-71)。

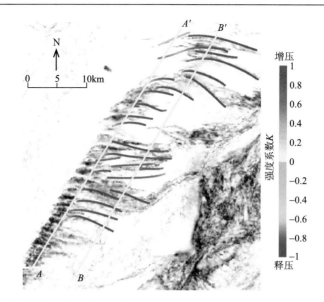

图 4-64　辽东湾拗陷辽中 1 号断裂北段帚状走滑转换带构造特征及强度系数评价结果

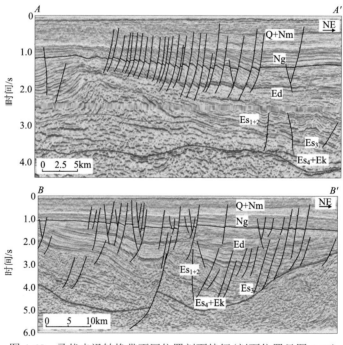

图 4-65　帚状走滑转换带不同位置剖面特征(剖面位置见图 4-64)

整体而言,各类走滑转换带增压、释压均有发育,增(释)压强度系数大小不一。东西向来看,受主走滑断裂带各分支断裂展布方向差异的控制,西部释压为主但释压强度相对较小;东部地区增压、释压均有发育,且各强度系数变化幅度较大。就南北向而言,如前所述研究区主走滑断裂带不同分段各走滑断裂展布、组合特征不同导致其增压、释压强度存在差异,南部地区增压为主且增压强度较大,增(释)压强度系数多大于 0.4;北部地区释压为主,但释压强度较小,增(释)压强度系数绝对值多小于 0.4。

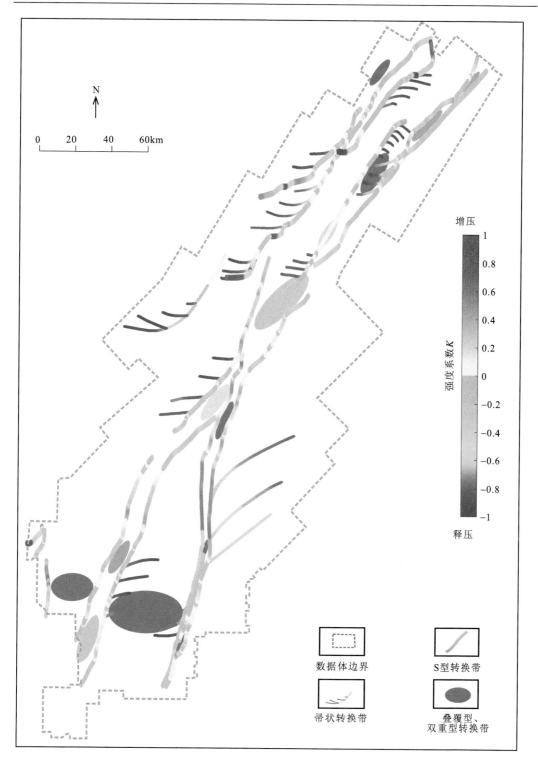

图 4-66 渤海东部 T8 层不同类型走滑转换带增(释)压强度系数平面展布

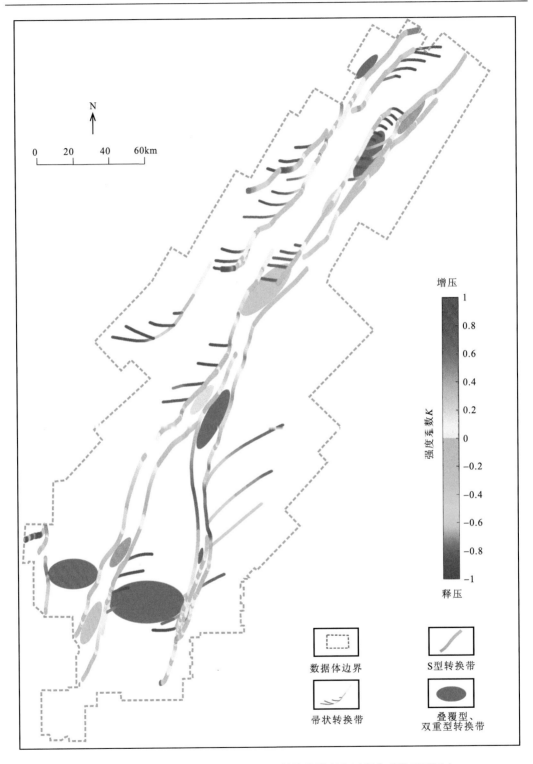

图 4-67　渤海东部 T6 层不同类型走滑转换带增(释)压强度系数平面展布

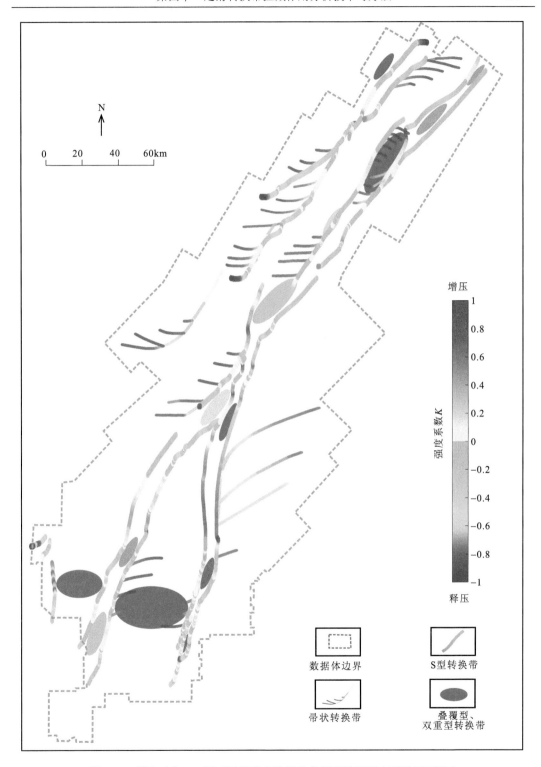

图 4-68　渤海东部 T5 层不同类型走滑转换带增(释)压强度系数平面展布

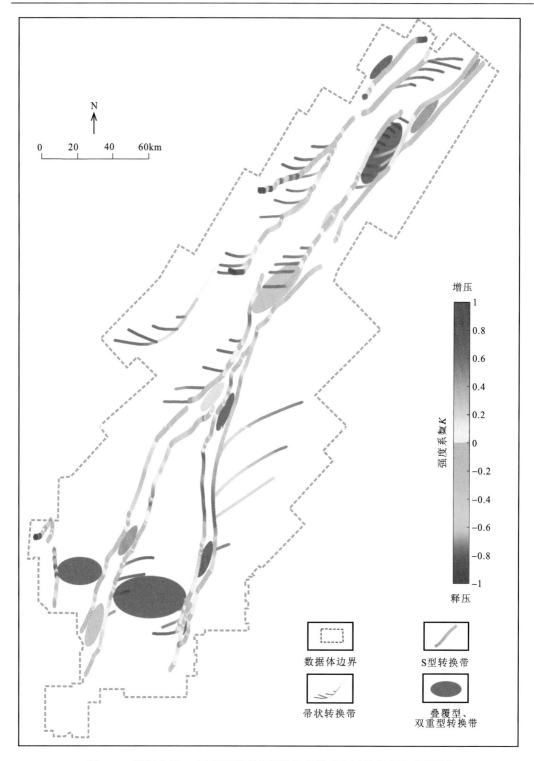

图 4-69 渤海东部 T3 层不同类型走滑转换带增(释)压强度系数平面展布

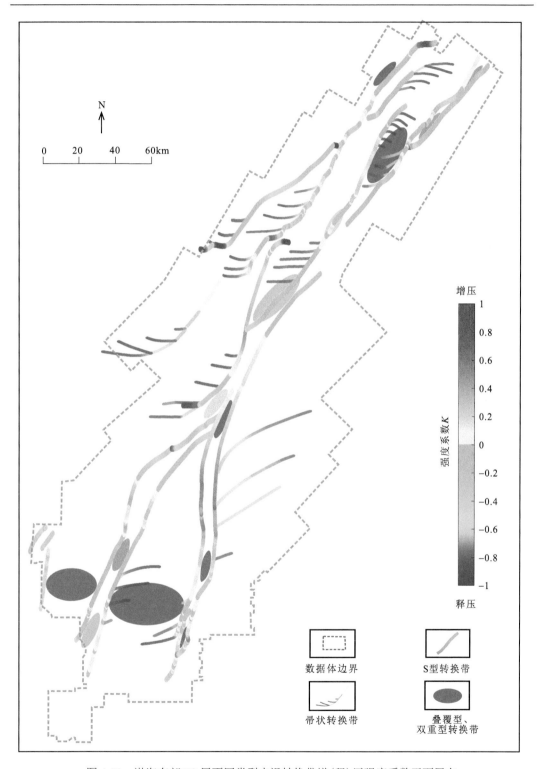

图 4-70 渤海东部 T2 层不同类型走滑转换带增(释)压强度系数平面展布

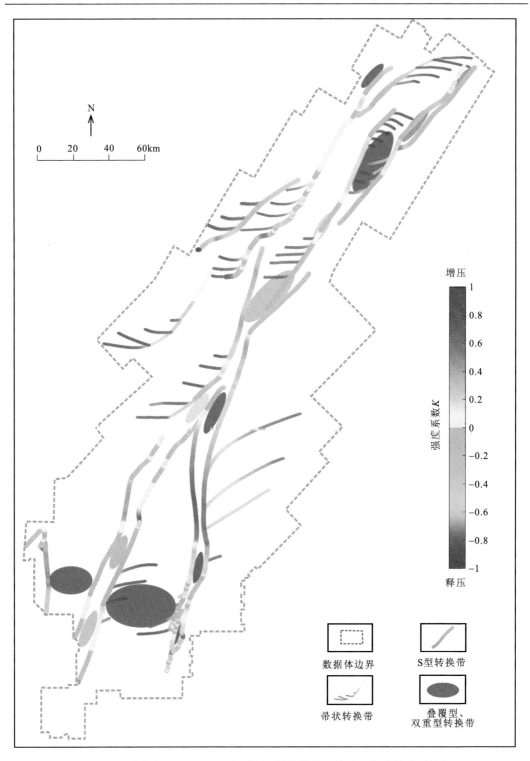

图 4-71　渤海东部 T0 层不同类型走滑转换带增(释)压强度系数平面展布

就断边 S 型走滑转换带而言，辽东湾地区西部辽西南 1 号断裂主要为释压，其余断裂增压、释压均发育；渤东、渤南地区以增压型为主。就整个渤海海域而言，增(释)压强度系数呈现南强北弱的特点。不同层系评价结果显示除个别断裂外，各分支断裂自浅至深增(释)压强度变化规律具有相似性。

断间叠覆型、双重型走滑转换带主要发育于辽东湾及渤南地区，增压型转换带强度系数相对较小，为 0.2~0.5；释压型转换带强度相对较大，除发育于辽中 1 号断裂中部的 JX1-1 释压双重型走滑转换带，其余叠覆型、双重型走滑转换带释压强度均较大，强度系数绝对值大于 0.7。整体而言，叠覆型、双重型走滑转换带具有增压型与释压型相间排列的特点。

断梢帚状走滑转换带在渤海海域主要发育释压型帚状走滑转换带，主要集中在辽东湾、渤东地区，每条次级断裂呈现从主断裂向发散端释压强度逐渐增大的特点。

第五章 走滑转换带对关键成藏要素的控制作用

目前在渤海东部地区已发现的大、中型油气田数量占整个渤海海域的 70% 以上，表明走滑构造或走滑作用对油气的生成、运移、聚集、分布均起到了一定的控制作用。前人研究认为，增压型走滑转换带控制了大型有效圈闭的发育、运移条件通畅等大中型油田基本成藏要素，进而控制了大中型油气田的分布(徐长贵，2016；夏庆龙和徐长贵，2016)。但是，伴随着近年来勘探程度的不断深入，在部分增压型走滑转换带陆续出现了勘探失利，而在释压型走滑转换带也有发现，从而对已有的走滑转换带控藏机理和控藏作用认识提出了挑战。目前的研究多集中在对已有现象的分析讨论和总结归纳，而缺少机理性的深入研究，在很大程度上制约了走滑转换带控藏理论的发展。针对以上问题，本书在走滑转换带系统判识和类型区划、不同类型走滑转换带的增(释)压强度定量表征的基础上，通过对不同类型走滑转换带典型地区的实例解剖，明确了不同类型走滑转换构造对源岩与圈闭、沉积储层、油气输导与封堵的控制作用(图 5-1)，进而明确了走滑转换带对关键成藏要素的控制作用。

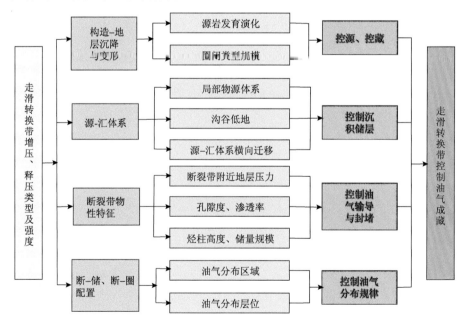

图 5-1 走滑转换带控藏作用研究技术路线图

第一节 走滑转换带对源岩发育的控制作用

渤海海域的烃源岩条件优越，主要发育在古近系，自下而上依次发育：孔店组—沙四段、沙三段、沙一段—沙二段和东营组共四套烃源岩。沙三段和东营组是主力烃源岩，其中东营组是海域特有的一套主力烃源岩；孔店组—沙四段、沙一段—沙二段发育次要烃源岩或者局部区域的次要烃源岩(钟锴等，2019)。渤海海域东部郯庐断裂带自古近纪沙三段沉积期开始走滑方式转为右旋走滑，整体表现为中等伸展–走滑的应力背景。进入东营组沉积期走滑作用显著增强，整体进入强走滑、弱伸展阶段，走滑及其转换作用对渤海海域东部烃源岩的发育演化具有一定影响。

一、走滑转换带释压作用促进了洼陷的构造沉降

古近纪渤海海域东部整体表现为伸展、走滑叠加复合的特征，在走滑转换带的释压部位，主干断裂走滑过程派生出的伸展作用会促进凹陷或洼陷区的快速沉降(Woodcock and Fischer，1986；Cunningham and Mann，2007)，使盆地处于欠补偿状态，因而有利于优质源岩的发育(Hamilton and Johnson，1999)。

就控洼断裂的活动特征而言，以控制辽中凹陷沉积的南部边界断裂——辽中 2 号断裂为例，增(释)压强度系数与垂向断距具有相关性：增压段垂向断距明显较小，释压段断距明显增大，且释压强度系数越大断距越大(图 5-2)。二者相关性表明走滑转换释压作用促进了控洼断层的垂向伸展活动，有利于半深湖–深湖的发育，从而有利于烃源岩的形成。

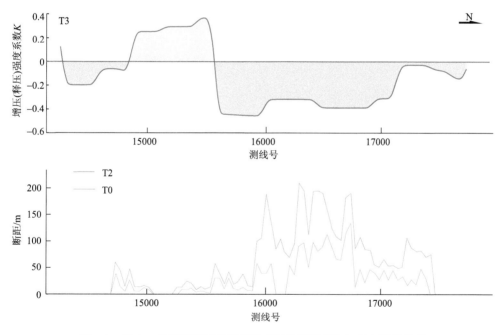

图 5-2　辽中 2 号断裂不同位置增压(释压)强度系数与垂向断距关系

渤海东部目前发现的有利生烃洼陷多位于走滑转换作用的释压区，如辽东湾地区的辽中北洼、中洼、辽中南洼及辽西凹陷，渤东、庙西凹陷，渤南地区的莱州湾凹陷、黄

河口凹陷等(图 5-3)。进一步对比不同生烃凹陷(洼陷)沉降速率与释压强度系数关系可以发现，释压强度系数越大，构造沉降速率越大(图 5-4)，进一步表明释压型走滑转换带有利于源岩的发育演化。

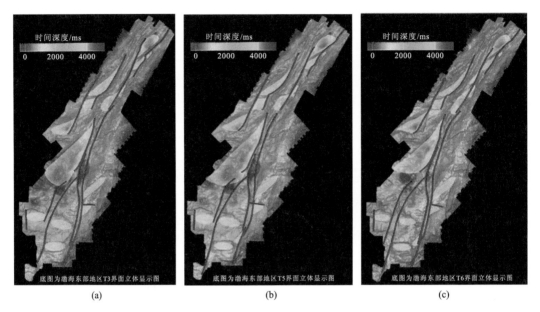

图 5-3　渤海东部不同层系有利生烃洼陷发育位置

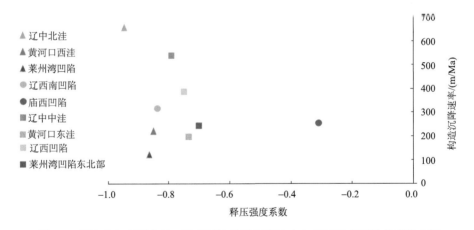

图 5-4　渤海东部不同生烃凹陷(洼陷)构造沉降速率与释压强度系数关系散点图

二、释压强度与烃源岩厚度、TOC 的关系

走滑转换带释压部位的沉降速率增大，水体深度较大有利于烃源岩的发育，烃源岩厚度增大，如图 5-5(a)所示，东营组最大烃源岩厚度与释压强度系数正相关，释压强度系数越大烃源岩厚度越大；而就沙三段烃源岩而言，释压强度系数与最大烃源岩厚度的

关系并不明显[图5-5(b)]，其原因主要在于沙三段沉积期渤海东部以伸展作用为主，走滑影响较弱。

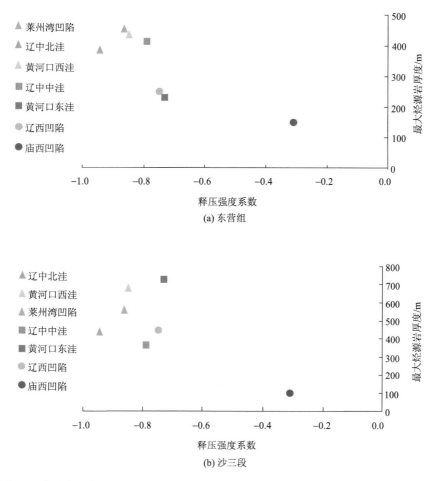

图5-5 渤海海域东部不同生烃凹陷(洼陷)最大烃源岩厚度与释压强度系数关系散点图

除了最大烃源岩厚度之外，最大总有机碳含量(TOC)也表现出了相同的特征，如图5-6(a)所示，东营组最大TOC与释压强度系数正相关，释压强度系数越大烃源岩最大TOC越大；而就沙三段烃源岩而言，释压强度系数与最大TOC的关系并不明显[图5-6(b)]。

三、不同类型释压型走滑转换带对源岩发育的影响

以上研究表明，释压型走滑转换带对烃源岩的发育具有一定的促进作用，就不同类型走滑转换带而言，断间释压叠覆型转换带的东营组最大烃源岩厚度、最大TOC和沉降速率大于S型和断梢帚状(图5-7～图5-9)，其原因主要在于断间释压叠覆造成了主走滑断裂之间的走滑拉分，对地层沉降影响较大。

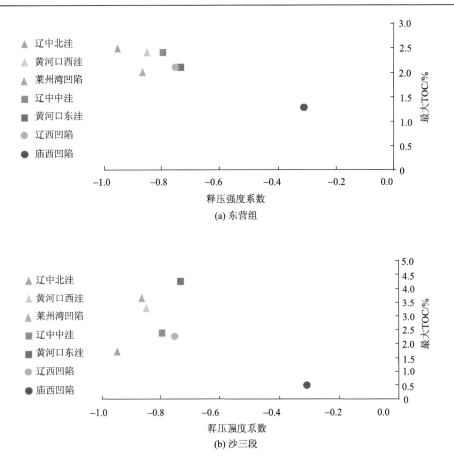

(a) 东营组

(b) 沙三段

图 5-6　渤海东部不同生烃凹陷(洼陷)最大 TOC 与释压强度系数关系散点图

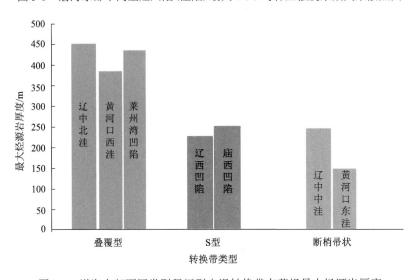

图 5-7　渤海东部不同类型释压型走滑转换带东营组最大烃源岩厚度

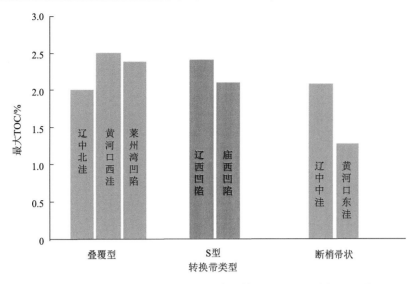

图 5-8　渤海东部不同类型释压型走滑转换带东营组最大 TOC 值

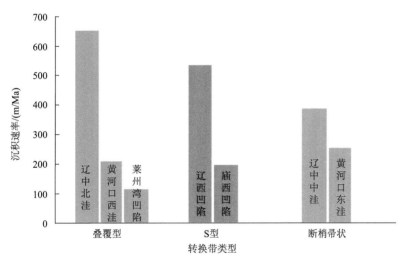

图 5-9　渤海东部不同类型释压型走滑转换带东营组沉积期构造沉降速率

第二节　走滑转换带对沉积体系的控制作用

不同类型走滑转换带的局部构造应力特征存在差异，有的呈现明显的挤压或压扭作用，有的呈现伸展或者张扭作用(徐长贵，2016)。古地貌单元受到应力类型不同，其在源–汇体系中的作用会有所差异，物源的形成主要与挤压性应力作用下古地貌的垂向隆升相关，而沟谷体系、汇水体系的形成多数与伸展性应力有关。利用渤海海域东部三维地震连片处理资料和 400 余口钻井资料，以"源–汇"思想为指导，对渤海古近纪与走滑断裂相关的沉积湖盆的源–汇体系进行深入剖析，总结走滑断裂带源–汇特征及其控砂模式。实践证明，"源–汇"体系的分析思路同样适用于走滑相关的沉积盆地，这对类似沉积盆地的源–汇研究具有较好的借鉴意义。

一、走滑转换带增压作用控制局部物源体系的形成

地表系统中存在的局部物源对沉积体系的发育具有重要的控制作用(林畅松等，2015)。局部物源虽然现今残余规模较小，但能在特定的构造位置和特殊的地史时期遭受剥蚀，并能够形成优质储层，在油气勘探中特别是成熟区油气勘探中受到越来越多的关注。

渤海海域古近纪局部物源广泛分布，且成因类型多样，其中走滑压扭隆升是一种重要的成因。郯庐断裂带古近纪以来以右旋走滑断裂为主，在右旋走滑作用下右旋左阶类走滑转换带处于局部增压应力状态，容易导致古地貌的隆升或古高地形成局部物源，控制水系的高势区，是物源剥蚀区或者水系的源头区。郯庐走滑断裂带形成的局部物源主要有三种类型，即右旋左阶的 S 型走滑转换带形成的物源、右旋左阶双重型走滑转换带形成的物源和右旋左阶叠覆型走滑转换带形成的局部物源等。

辽东湾锦州 20-3 地区就是右旋左阶的 S 型弯曲走滑转换带形成的物源。该地区在中生代白垩纪—新生代古近纪沙二段早期发生较强的走滑活动，主要发育两条右旋左阶的 S 型走滑断层，分别为锦州 20-3 走滑断层和锦州 20-3 南走滑断层。两条走滑断层在增弯的部位应力特点主要为压扭作用，造成基底或下覆地层的抬升，形成锦州 20-3 和锦州 20-3 南两个水上小隆起。尽管其物源规模较小，但能为邻近的湖盆提供一定的物源，形成小型的辫状河三角洲沉积(图 5-10)。

但是，晚期走滑形成的局部隆起因自身提供物源能力弱，不但起不到局部物源作用，反而对侧向水系起到阻挡作用，使得背向的局部隆起边界大断层下部缺乏良好的储层砂体。

二、走滑转换带释压作用控制沟谷低地的形成

走滑转换带的张扭释压作用有利于沟谷低地的形成。释压段断裂处于伸展构造应力场中，呈开启状态。随着走滑位移量的增大，调节断裂的伸展幅度逐渐变大，断裂逐渐开启，并出现裂陷的现象。走滑运动量较小时，释压区呈现出低势区特征；走滑量逐渐增大时，可以形成低势沟谷或者小型洼陷，最大时可以形成大型的拉分盆地。渤海海域发育 4 种典型的走滑断层释压伸展区：S 型走滑释压区、叠覆型走滑释压区、共轭走滑墙角状释压区、帚状走滑释压区。这些释压区常常对应沟谷低地，可容纳空间极大，成为优势的汇水通道或汇水区，是富砂沉积体优势发育的地带，往往储盖组合优越。

黄河口南斜坡渤中 34-9 油田就是典型的右旋右阶叠覆型走滑转换带释压区形成的沟谷低地，这一低地在沙河街组–东营组沉积时期是优势的输砂通道，来自垦东凸起的物源经由该通道向黄河口凹陷搬运碎屑物质，形成了规模较大的辫状河三角洲体系，储层发育(图 5-11)。

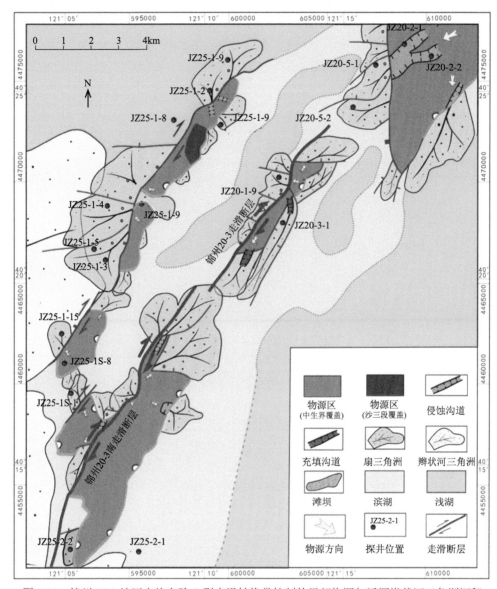

图 5-10 锦州 20-3 地区右旋左阶 S 型走滑转换带控制的局部物源与近源辫状河三角洲沉积

三、走滑断裂的水平运动控制源–汇体系的横向迁移

渐新世渤海海域主走滑断裂活动表现为"伸展–走滑"的共同作用（漆家福等，2010）。这时期砂体的富集除受物源–伸展型断裂坡折控制外，还受右旋走滑形成的断裂的水平活动影响，使进入盆地内的碎屑物质随着走滑活动产生的水平位移而横向迁移。金县 1-1 地区渐新世走滑早期形成的沉积体，随着时间推移伴随右旋走滑作用逐渐向北东向偏移，远离原始沉积时期的物源–坡折耦合区；同时，随着物源持续供给、沉积体不断形成及走滑作用的持续，来自同一物源水系的不同期次沉积体不是形成简单的垂向叠加，而是同时出现垂向叠加和水平叠覆的现象，在平面上形成多个不同期次辫状三角洲

朵体，辫状三角洲砂体沿着走滑断裂呈"鱼跃式"有规律分布(图5-12)。走滑运动使碎屑物质主要发生横向迁移叠覆，因而走滑断裂坡折带凹陷一侧的辫状三角洲的进积作用不明显。

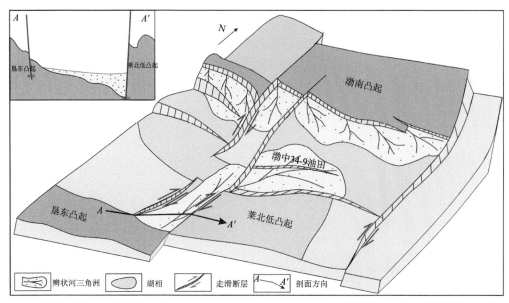

图5-11　渤中34-9油田右旋右阶叠覆型走滑转换带控制的沟谷低地与辫状河三角洲沉积

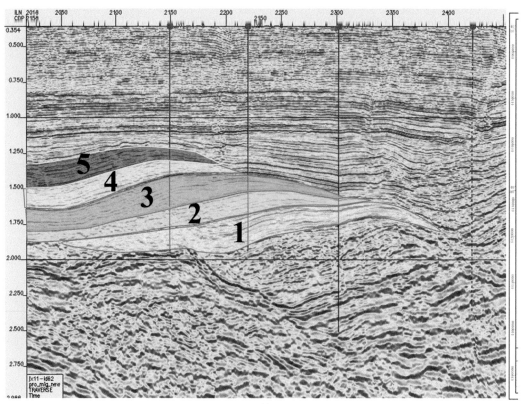

(a)

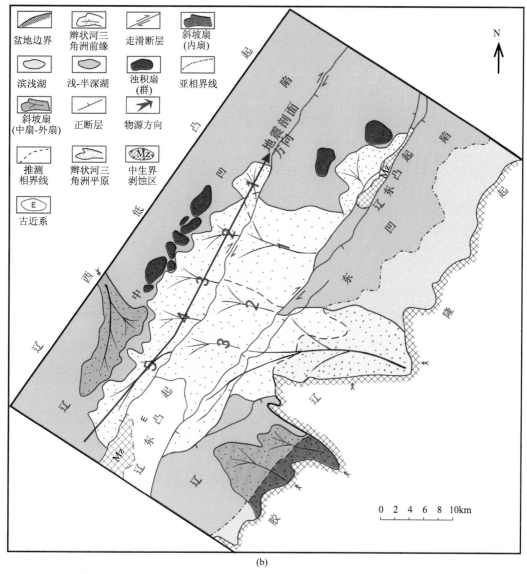

(b)

图 5-12　金县 1-1 地区走滑断裂水平位移与辫状河三角洲"鱼跃式"迁移

图中数字代表不同期次形成的三角洲朵体

　　上述分析表明，走滑断裂对源–汇体系具有非常重要的控制作用，总体表现为"走滑压扭成山控源，走滑张扭成谷控汇，走滑平移砂体叠覆"的特点。

四、走滑转换带源–汇体系发育模式

　　根据以上分析，结合前人的研究成果(徐长贵等，2017)，本书建立了渤海海域走滑转换带源–汇体系发育模式，主要包括 S 型走滑转换带源–汇体系发育模式、叠覆型走滑转换带源–汇体系发育模式、帚状走滑转换带源–汇体系发育模式和共轭型走滑转换带源–汇体系发育模式。

(一)S 型走滑转换带源–汇体系发育模式

S 型走滑转换带源–汇体系一般发育于单条主走滑断裂,整体呈长条状延伸。在 S 型走滑转换带增压弯曲部位,即右旋左阶 S 形走滑断裂弯曲部位,压应力最为集中,挤压作用最强。走滑断裂两侧地层因压扭作用而隆升,在一定条件下会遭受剥蚀,具备提供碎屑物质的能力,可以作为有效物源区。在走滑释压部位,即右旋右阶 S 形走滑断裂的弯曲部位,应力为拉张作用,容易形成张扭性断槽等负向构造,可以作为有利的输砂通道及砂体汇聚区,对沉积水系及富砂沉积体起到明显的控制作用。同时,受同沉积走滑或后期走滑作用的影响,沉积体往往沿走滑方向有不同程度的横向迁移。

辽东低凸起就是在渐新世早期由走滑与伸展共同作用下形成的。由于走滑带应力场性质的转换,整个辽东低凸起被分成了多个间互发育的张扭区和压扭区。压扭区往往对应凸起,常表现为“链状岛”的特征,对应发育多个山头,遭受风化剥蚀形成物源。而释压区常形成各类断裂坡折带,对应富砂沉积体的发育区(图 5-13)。

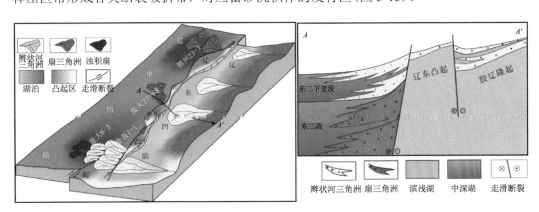

图 5-13　辽东凸起中北段 S 型走滑转换带源–汇体系发育模式

(二)叠覆型走滑转换带源–汇体系发育模式

叠覆型走滑转换带源–汇体系常发育于两支有部分叠覆的走滑断裂,由于断裂的排列方式不同导致局部应力场性质差异,产生的古地貌特征也不同。在郯庐断裂带走滑带右旋右阶排列方式下,走滑断裂之间往往形成沟谷低地,特别是在断槽两侧断裂活动差异影响下,可形成沿一侧断槽分布的狭长形沟谷,为砂体的长距离搬运提供了有利条件。而在各主走滑部位,由于走滑压扭作用,促进了物源区的抬升和剥蚀范围的扩大。因此,叠覆型走滑转换带具有良好的源–汇体系发育条件,盆内凸起或低凸起经风化剥蚀后形成的碎屑物质,沿狭长形断裂沟谷可以长距离输导,形成富砂沉积体。

辽西凸起锦州 25-1 南区发育典型的叠覆型走滑转换带源–汇体系。该地区处于辽西1 号走滑断裂和辽西 2 号走滑断裂叠覆处,这两条断裂属于右旋右阶排列的走滑断裂。

两条断裂之间因拉张作用形成沟谷低地，辽西低凸起的长期遭受剥蚀的碎屑物质沿着这一沟谷低地进行搬运并沉积下来，导致在沙河街沉积时期，该地区发育良好的辫状河三角洲沉积(图 5-14)。

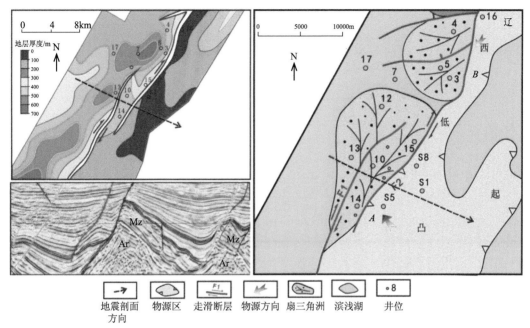

图 5-14　锦州 25-1 地区叠覆型走滑转换带源–汇体系发育模式

(三)帚状走滑转换带源–汇体系发育模式

帚状走滑转换带多见于凸起倾没端，是由一条主走滑断裂和若干条弧形断层组合而成，一端撒开，另一端收敛于主走滑断裂之上，平面组合呈帚状的形态。在右旋右阶的帚状断层中，受主干断层控制，具有张扭性质。在多条帚状断层发散的部位形成沟谷低地，形成一系列断沟，成为良好的输运通道和砂体赋存场所，最终形成多期砂体相互叠置的厚层富砂沉积体(图 5-15)。而主走滑断裂由于压扭作用，也有利于凸起的抬升和物源剥蚀作用的加强。

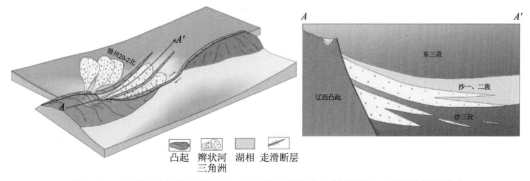

图 5-15　辽西低凸起北段锦州 20-2 北地区帚状走滑转换带源–汇体系发育模式

（四）共轭型走滑转换带源–汇体系发育模式

　　共轭型走滑断裂转换带源–汇体系一般受两组大型走滑断层控制,常沿大型凸起边界分布。渤海海域不但受 NE 向郯庐走滑断裂带的影响,而且受 NW 向张家口-蓬莱断裂带构造作用的影响。NE 向和 NW 向断裂带组成共轭剪切带,共轭走滑的二、四象限区表现为伸展作用,一、三象限区表现为压扭作用。当伸展作用区与凸起区叠加的时候,凸起区容易形成沟谷低地,成为碎屑物质搬运的通道,与此对应的湖盆区发育大型扇三角洲,砂体延伸远,平面分布范围大。当压扭作用区与凸起区叠加的时候,凸起遭受抬升,对应湖盆区发育小型扇三角洲,砂体延伸不远,相带窄。

　　渤海西部曹妃甸 6-4 油田就是典型的共轭型走滑转换带源–汇体系(图 5-16)。曹妃甸6-4 油田构造整体依附于 NW 向和 NE 向边界断裂,受共轭走滑作用形成的次级调节断裂影响,形成了多个复杂断块圈闭。该构造处于共轭走滑的交接处,表现为"反向墙角"的特征。传统上认为墙角断裂处是砂体有利的汇聚区,而"反向墙角"则不利于砂体的汇聚,表现为贫砂的特征。受该"贫砂"认识的制约,该构造长期以来一直搁置。近年来,在新的共轭走滑断裂源–汇体系发育模式的指导下,认为共轭走滑的增压段表现为相对高势区,成为物源供应的主要来源;共轭走滑的释压段表现为相对低势区,往往成为砂体汇聚的有利地带。因此,该区共轭走滑带交接处源–汇条件优越,储层应该比较发育。该模式得到了近期探井的证实,该构造探井钻遇厚层扇三角洲砂体,从而打破了"反向墙角"储层预测禁区,并推动了曹妃甸 6-4 油田的发现。

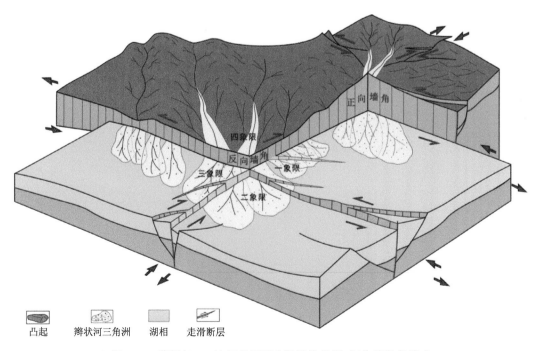

图 5-16　曹妃甸 6-4 油田共轭型走滑转换带源-汇体系发育模式

第三节 走滑转换带对圈闭的控制作用

构造圈闭是渤海东部最为主要、数量最多也是潜力最大的一类圈闭，走滑转换带的形成导致了局部构造变形的复杂化和次级断裂的发育，因此必然影响构造圈闭的形成。尤其是增压型和释压型走滑转换带所形成的地形特征存在着明显的不同，进一步导致了这两种转换带内发育的圈闭特征存在明显差异。

一、走滑转换带圈闭类型

转换带虽然类型多样，但从转换带内的应力状态看主要有两种类型：一种是增压型转换带，如右旋左阶 S 型转换带、右旋左阶叠覆型转换带、右旋左阶双重型转换带等；另一种是释压型转换带，如右旋右阶 S 型转换带、右旋右阶叠覆型转换带、右旋右阶双重型转换带。

现代自然环境中，走滑转换带的增压段和释压段在地球表面广泛分布，从大型山系到裂谷盆地的级别再到野外露头的级别均可见到。增压段为地形隆升、地壳缩短和结晶基底暴露的环境，而释压段是以地形下沉、地壳伸展形成沉积盆地、高热流值，以及可能的火山活动为特征的环境（Aydin and Nur，1982）。所以，增压段和释压段形成的地形特征是不同的。在地质历史时期内，这两种转换带内发育的圈闭特征也存在明显的差异。增压型转换带内由于处于挤压应力环境或挤压应力占优势的应力环境中，在该转换带下发育的圈闭具有两个重要特点：①圈闭规模比较大，在渤海海域，增压型转换带发育的构造圈闭通常可达 5~10km^2，大者可达 20km^2，圈闭幅度一般为 250~300m；②圈闭类型往往是以背斜类、断裂背斜类或鼻状构造为主的圈闭（图 5-17），如蓬莱 19-3 大型油田的圈闭就是增压型的走滑双重型转换带断裂背斜类圈闭。增压型走滑转换带对大型圈闭发育的控制是大中型油田形成的基础；而释压型转换带内处于张性引力环境或以张性应力环境为主的应力环境中，在该转换带下发育的圈闭往往规模比较小，圈闭类型以小型断块型圈闭为主（图 5-17、图 5-18）。

二、走滑转换带对圈闭幅度的影响

增压型转换带内派生局部挤压应力，因此会导致地层的弯曲变形，从而在一定程度上有利于增大圈闭幅度。图 5-19 为 S 形弯曲的中央走滑断裂（辽中南洼段）不同位置的地震剖面，剖面 A-A′、B-B′所在位置为释压段，可以发现地层弯曲变形幅度较小、地震反射同相轴平直，圈闭规模小[图 5-19（b）、（c）]；而在 C-C′、D-D′测线位置，走滑派生增压，可以发现地层弯曲变形幅度明显增大，进而导致圈闭幅度的增大[图 5-19（d）、（e）]。整体而言，弯曲型走滑转换带增、释压类型及强度与圈闭幅度具有很好的相关性，增压段的圈闭幅度明显大于释压段，且增压强度系数越大圈闭幅度越大（图 5-20、图 5-21）。

转换带类型		转换带局部应力特征	圈闭发育部位	圈闭类型	圈闭规模	圈闭侧封性	油田实例			
							典型油田名称	平面图	剖面图	储量丰度/(10⁴ t/km²)
断边转换带	S型转换带	增压型	右旋左阶拐弯处、左旋右阶拐弯处	半背斜、断鼻	规模较大，一般大于5km²	良好	金县1-1油田南区、旅大6-2油田南区、旅大21-2油田	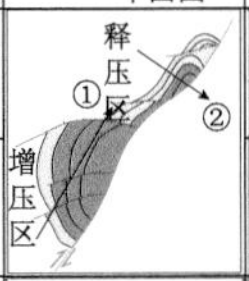 （图）	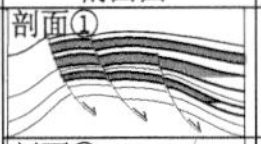 （图）	700~1100
		释压型	右旋右阶拐弯处、左旋左阶拐弯处	断块	小且破碎，一般小于3km²	较差	金县1-1油田北区、旅大6-2油田北区		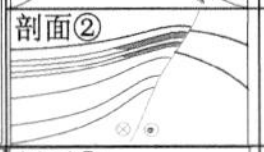	350~400
断间转换带	叠覆型转换带	增压型	右旋左阶叠置处、左旋右阶叠置处	反转背斜、半背斜、鼻状	规模较大，一般大于5km²	良好	锦州25-1油田6井区	 （图）	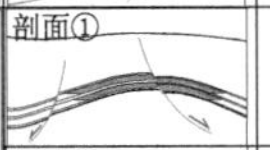 （图）	800~850
		释压型	右旋右阶叠置处、左旋左阶叠置处	小型鼻状、单斜断块	中等-较小，一般小于5km²	较差	锦州25-1油田10D井区		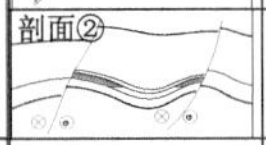	400~500
	双重型转换带	增压型	右旋左阶叠置处、左旋右阶叠置处	反转背斜、断裂背斜	规模大，一般大于10km²	良好	蓬莱19-3油田、锦州23-2油田	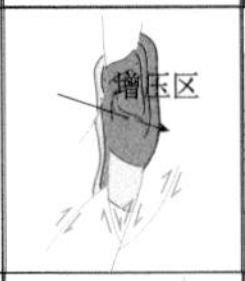 （图）	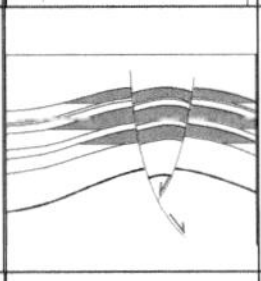 （图）	1500~2000
		释压型	右旋右阶叠置处、左旋左阶叠置处	断块	中等-较小，一般小于5km²	较差	金县1-1油田7井区	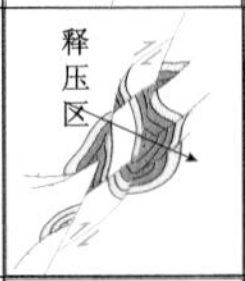	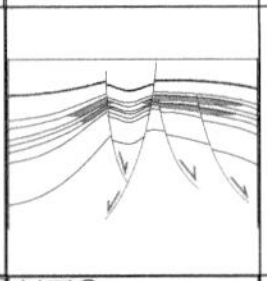	300~400
	共轭型转换带	增压型	共轭增压处	半背斜、断鼻	规模较大，一般大于5km²	良好	垦利9-1油田、垦利3-2油田、垦利9-5/9-6油田	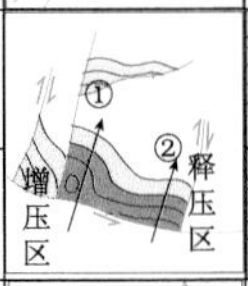 （图）	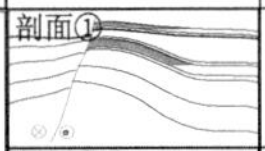 （图）	400~500
		释压型	共轭释压处	小型断块、小型断鼻	小且破碎，一般小于3km²	较差	垦利3-1构造		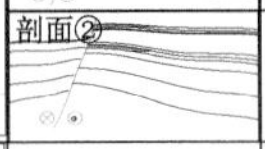	50~200
断梢转换带	带状转换带	增压型	右旋走滑前缘型叠瓦扇处	大型断块	规模较大，一般大于5km²	良好	锦州20-2北油田	 （图）	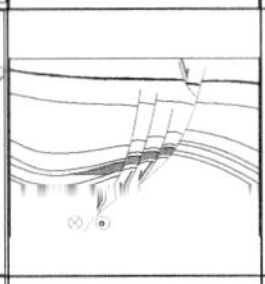 （图）	600~700
		释压型	右旋走滑后缘型叠瓦扇处	小型断块	小且破碎，一般小于3km²	较差	暂未发现油田		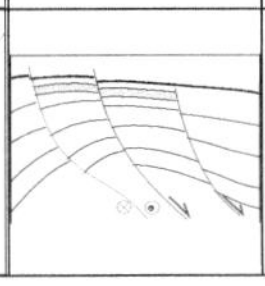	

图例：走滑断层　伸展断层　○圈闭　含油面积　①剖面位置　圈闭(剖面)　油层

图 5-17　渤海海域东部不同类型走滑转换带圈闭特征

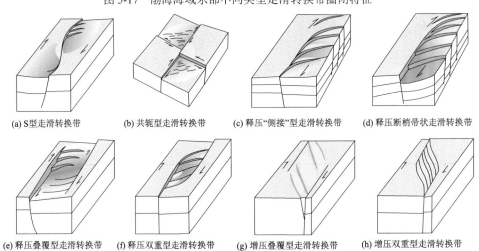

(a) S型走滑转换带　(b) 共轭型走滑转换带　(c) 释压"侧接"型走滑转换带　(d) 释压断梢带状走滑转换带

(e) 释压叠覆型走滑转换带　(f) 释压双重型走滑转换带　(g) 增压叠覆型走滑转换带　(h) 增压双重型走滑转换带

图 5-18　渤海海域东部不同类型走滑转换带圈闭发育模式

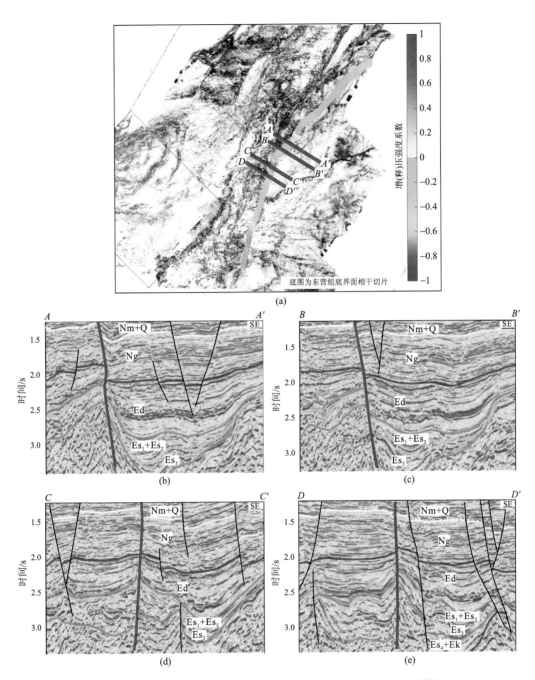

图 5-19　中央走滑断裂(辽中南洼段)增压段、释压段地震剖面特征

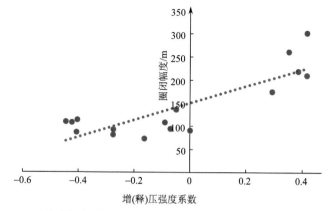

图 5-20 中央走滑断裂圈闭幅度与走滑转换带增(释)压强度系数的关系

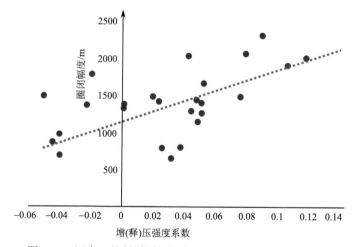

图 5-21 辽中 1 号断裂圈闭幅度与增(释)压强度系数的关系

就断间叠覆型和双重型走滑转换带而言，圈闭的发育主要受控于两条主走滑断层的垂向活动，走滑派生局部增压作用主要影响圈闭的幅度，增压强度系数越大圈闭幅度和高宽比越大(图 5-22)，也就是说，圈闭幅度随着增压强度系数的增大而增大，这一点与 S 型走滑转换带的圈闭变形特征类似。

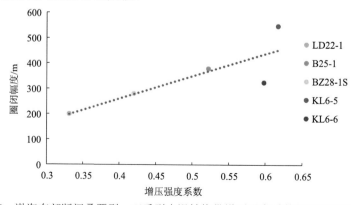

图 5-22 渤海东部断间叠覆型、双重型走滑转换带增压强度系数与圈闭幅度的关系

三、渤海东部走滑转换带圈闭的时空展布

根据以上分析，本书在走滑转换带判识解析、走滑转换带对圈闭控制作用分析的基础上，基于研究区的三维连片处理地震资料，对渤海东部走滑带的构造圈闭进行判识，绘制关键层系走滑转换构造圈闭展布图（图 5-23～图 5-26），在增压型走滑转换带识别出了新的构造圈闭（图 5-27）。

图 5-23 渤海东部 T6 走滑构造圈闭平面分布图

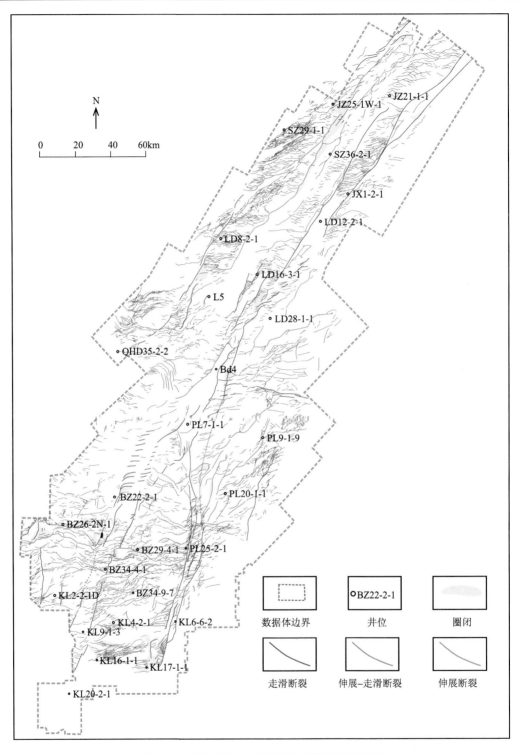

图 5-24 渤海东部 T3 走滑构造圈闭平面分布图

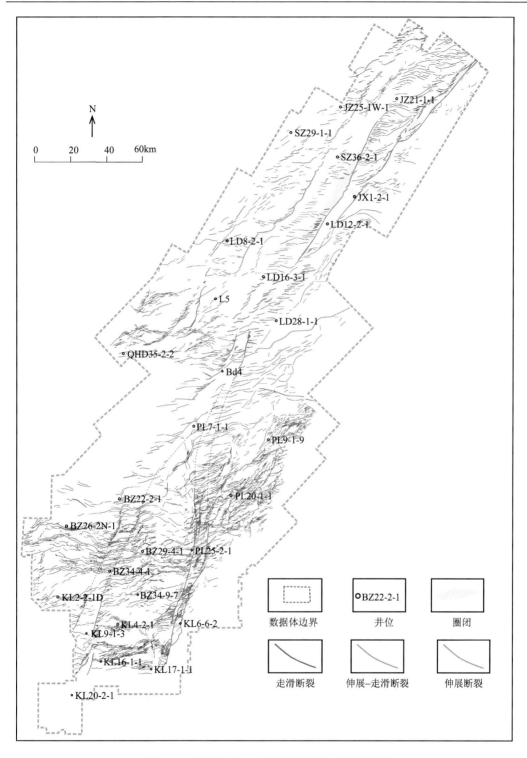

图 5-25 渤海东部 T2 走滑构造圈闭平面分布图

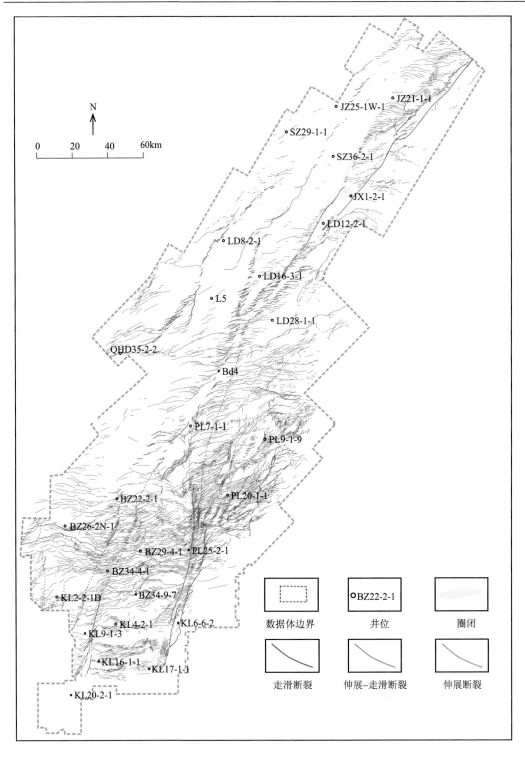

图 5-26　渤海东部 T0 走滑构造圈闭平面分布图

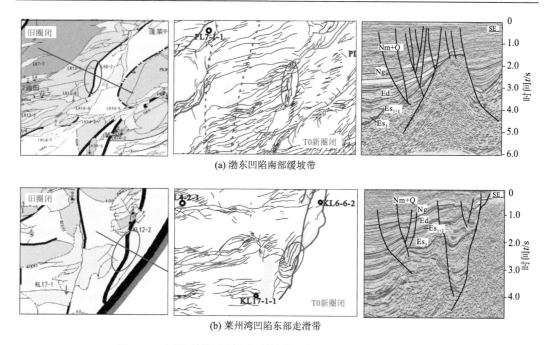

(a) 渤东凹陷南部缓坡带

(b) 莱州湾凹陷东部走滑带

图 5-27　新发现增压型走滑转换带圈闭的平面分布和剖面特征

第四节　走滑转换带对油气输导与封堵的控制作用

走滑转换带的形成演化导致局部构造应力场的变化，进而影响局部断裂性质、构造变形及断裂带物性特征等，从而控制和影响油气输导与封堵。近年来，部分学者提出不同局部应力状态的走滑断裂对油气的输导与封堵作用存在差异，走滑增压型(压扭型)断裂具有良好的封闭作用，而走滑释压型(张扭型)断裂处于开启状态，难以阻止流体的运移(徐长贵，2016；夏庆龙和徐长贵，2016)。但是，目前的研究多是基于对典型实例的总结归纳，而缺少机理性的深入探讨，本书基于对渤海海域走滑转换带增压、释压强度的定量表征，分析不同类型、不同增压和释压作用强度走滑转换带构造应力对断裂带及其附近储层物性特征(孔隙度、渗透率)的控制作用，进而探讨走滑转换带对油气输导与封堵的控制作用。

一、走滑转换带增(释)压效应影响断裂物性特征

(一)走滑转换带增(释)压效应影响走滑断裂附近地层压力

地层压力是影响油气运移路径和断裂带封堵性的重要因素。叶洪在 1973 年的模拟实验证实，在单向应力作用下弯曲段会形成局部应力集中区。前人研究表明侧向构造挤压作用会引起孔隙流体压力增大产生超压(罗晓容等，2004；石万忠等，2007；刘震等，2016)。

韦阿娟(2015)认为走滑应力在走滑增压弯曲段形成局部应力集中区，形成水平方向上的构造挤压应力，而这种水平挤压应力的存在破坏了原有正常压实下的地层压力平衡状态，从而产生构造挤压型超压，达到新的地层压力平衡。在辽东湾拗陷的锦州27井区古近系沙三段超压发育带(图5-28)，其走滑压扭增压超压贡献达到了30%～35%。储层超压的早期形成远早于大量生排烃期，由于上覆层泥岩封隔层的存在，超压得到了良好的保存，极大地阻碍了后期油气的畅通注入。

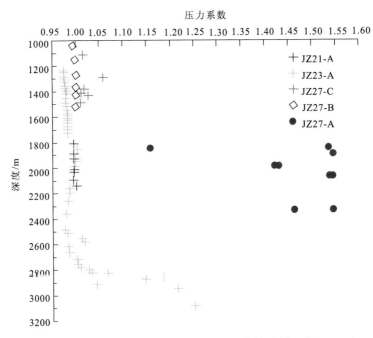

图5-28　辽东湾锦州27井区压力系数与深度关系(韦阿娟，2015)

通过统计辽中1号断裂附近各井位的实测地层压力数据(图5-29)发现，位于增压段井的地层压力系数大多在常压–高压区间，而位于释压段井的地层压力系数则在常压区间，即同一深度下，增压段地层压力明显高于释压段。由于本次对比只选择增压与释压这一单独的变量，因此这一结果可以说明走滑转换带增压效应会使得断裂带附近地层压力增大，这与前人研究所得出的侧向构造挤压应力导致地层压力增大这一认识相一致。

在此基础上，进一步按照深度对辽中1号断裂附近各井位的地层压力系数计算平均值，与各井位在该深度所对应的增(释)压强度系数进行统计(图5-30)，可以看出除了增压段地层压力系数明显大于释压段以外，增压段内地层压力系数随着增(释)压强度系数的变化并不明显，推测其原因应该是主断裂在后期曾经历较为剧烈的活动，增压段内岩石孔隙内的高压流体得以释放而未被保存下来，这也能够合理地解释辽中1号断裂附近各井位地层压力系数超压幅度普遍偏小的原因。

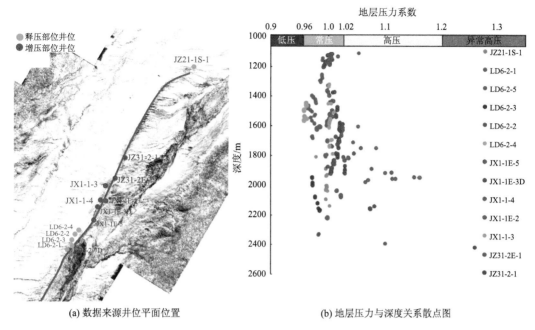

(a) 数据来源井位平面位置　　　　　　　　(b) 地层压力与深度关系散点图

图 5-29　辽中 1 号断裂附近井的压力系数与深度关系散点图

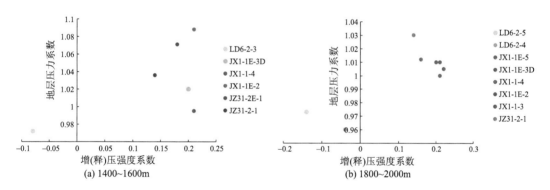

(a) 1400~1600m　　　　　　　　　　　(b) 1800~2000m

图 5-30　辽中 1 号断裂附近各井压力系数–增(释)压强度系数关系

(二)走滑转换带增(释)压效应导致走滑断裂附近孔隙度变化

孔隙度影响因素主要有岩石的原始沉积组构、成岩作用强度及局部构造应力。走滑转换带局部构造应力导致颗粒排列方式发生变化，进而影响孔隙度。大量研究表明侧向挤压构造应力可以造成岩石孔隙度降低(赵军等，2005；杨进等，2009；张荣虎等，2011；徐正建等，2015)(图 5-31)，且随着应力的不断增强，孔隙度会呈现不断减小的趋势(张荣虎等，2011)。

辽东湾拗陷辽中 1 号断裂附近各井的实测孔隙度数据统计结果(图 5-32、图 5-33)表明：孔隙度大小具有增压段＜正常压实段(纯走滑段)＜释压段的特征，增压段孔隙度随深度降低大于正常趋势，释压段孔隙度随深度降低小于正常趋势。进一步计算了走滑断裂不同位置减孔量(减孔量=某一深度正常压实孔隙度–实测孔隙度)的变化,从中可以发现,增压段减孔量为正,增压强度系数越大减孔量越大;释压段为负,释压强度系数越大其减孔量越小(图5-34)。

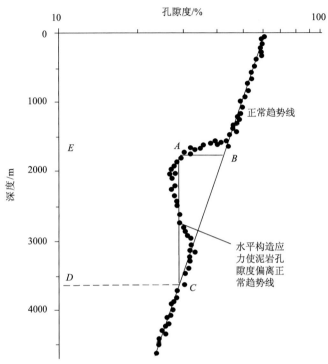

图 5-31　水平构造挤压对孔隙度的影响(赵军等,2005)

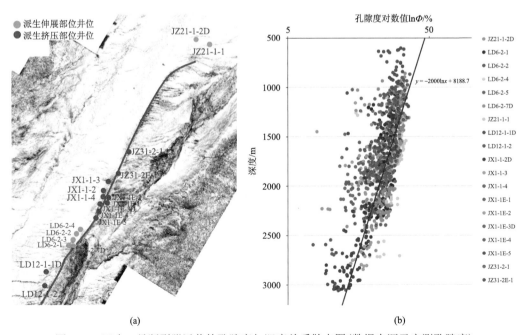

(a)　　　　　　　　　　　　　　　(b)

图 5-32　辽中 1 号断裂附近井的孔隙度与深度关系散点图(数据来源于实测孔隙度)

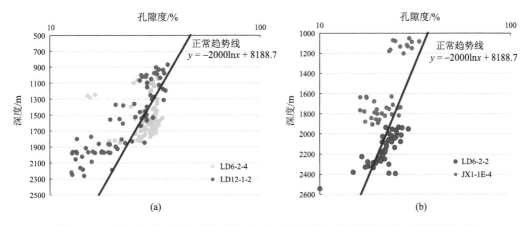

图 5-33　辽中 1 号断裂典型井的孔隙度与深度关系散点图(数据来源于实测孔隙度)

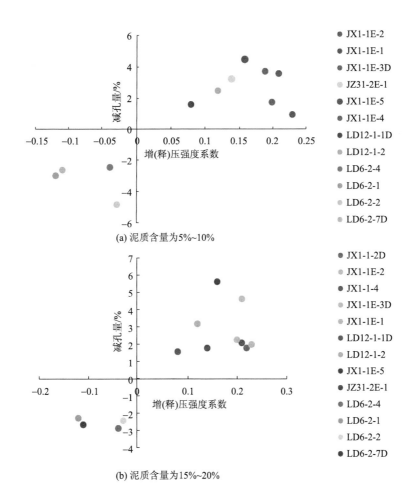

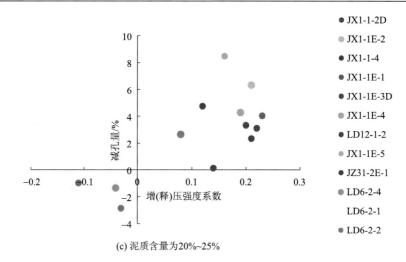

(c) 泥质含量为20%~25%

图 5-34 辽中 1 号断裂附近各井减孔量与增(释)压强度系数关系散点图

综合以上分析，建立了渤海东部不同增压、释压强度的孔隙度深度关系图版(图 5-35)，释压强度系数 $K=-0.25$ 时，$\Phi=60\mathrm{e}^{-4\times10^{-4}h}$；纯走滑段 $K=0$，$\Phi=60\mathrm{e}^{-5\times10^{-4}h}$；增压强度系数 $K=0.25$ 时，$\Phi=60\mathrm{e}^{-5\times10^{-4}h}$；增压强度系数 $K=0.5$ 时，$\Phi=60\mathrm{e}^{-0.001h}$，其中，60 为研究区地表孔隙度；e 为自然常数；h 为深度。通过该关系图版的建立，可以为不同增压、释压强度下不同深度的孔隙度范围预测提供依据。

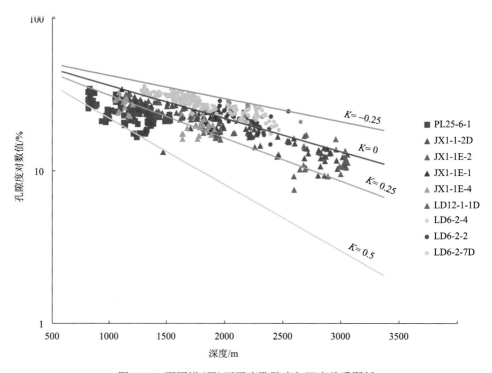

图 5-35 不同增(释)压强度孔隙度与深度关系图版

(三)走滑转换带增(释)压效应导致走滑断裂附近渗透率变化

渗透率为在一定压差下岩石允许流体通过的能力,具有各向异性,可以分解为三个分量(K_v、K_{hmax}、K_{hmin})(Faulkner and Armitage,2013)。就断裂带渗透率而言,各分量的方向和大小与其所处部位的主应力方向和相对大小存在相关性,通常情况下最大渗透率分量的方向与中间主应力方向平行,而最小和中间渗透率分量的方向则分别对应于最小和最大主应力方向(Faulkner and Armitage,2013)。纯走滑断裂中间主应力垂直,最大主应力平行于断裂走向,最小主应力垂直于断裂走向,因此最大渗透率分量沿断层垂向分布,中间渗透率分量与断裂走向平行,最小渗透率分量垂直于断裂走向。而在主走滑断裂弯曲的情况下,派生出的局部增压、释压作用影响断裂水平方向的渗透率。Wang 等(2016)认为断裂渗透率与所处部位的正应力有关,断层所受正应力越大,渗透率越小。Faulkner 和 Armitage(2013)提出作用在断面上的有效正应力具有压扭段>纯走滑段>张扭段的特点,有效正应力为断面正应力减去流体压力($\rho_水 gh$),其中流体压力在同一深度恒定,因此有效正应力大小主要决定于断面正应力(垂直断面的应力)大小,由此可以推测作用在断面上的正应力同样具有增压段>正常压实段(纯走滑段)>释压段的特点。

为了分析走滑转换带增(释)压效应对渗透率的影响,统计了辽东湾拗陷辽中 1 号断裂附近各井的实测渗透率数据。由于渗透率的影响因素较多,主要选取了泥质含量为10%～15%、孔隙度为 20%～25%条件下的渗透率数据进行了分析,结果表明渗透率大小整体具有走滑增压段<释压段的特点,与孔隙度特征相似(图 5-36)。据此,基于统计结果及前人研究成果,明确了弯曲走滑断裂渗透率分量在三维空间的相对大小:走滑增压段纵向渗透率分量大,平面渗透率分量沿断层走向大、垂直断层最小;走滑释压段纵向渗透率分量大,平面渗透率分量垂直断层大、沿断层走向最小(图 5-37)。

二、走滑转换带增(释)压影响油气运移方向

在长期的油气勘探实践过程中,人们已经认识到油气运移是油气成藏的关键因素,且断裂是油气二次运移的重要通道之一。国内外学者通过大量理论研究、野外观察和物理模拟实验分析了断裂带在油气运移过程中所起的作用(宋胜浩,2006;张少华等,2015;徐长贵等,2019)。作为具有一定体积和复杂内部结构的三维地质体,就断裂带某一点而言,油气在此点应存在纵向(沿断裂垂向运移)、侧向(穿越断裂侧向运移)和走向(沿断裂走向运移)3 个方向的运移分量,优势方向则取决于各方向的运移动力及阻力(陈伟等,2010a,2010b)。对走滑转换带断裂及附近的孔隙度和渗透率分析结果表明,走滑转换带的局部增(释)压导致断裂带及其附近物性特征的变化,最终会影响断裂对油气的输导和封堵能力,进而影响油气运移方向尤其是优势运移方向。

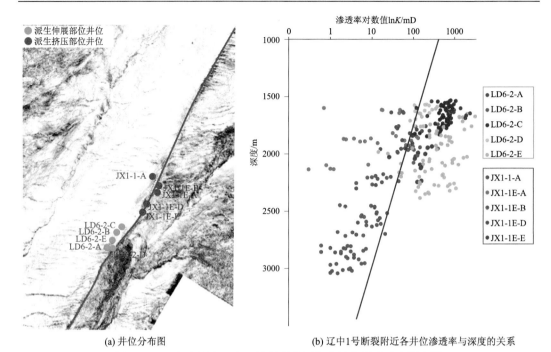

(a) 井位分布图　　　　　　　(b) 辽中1号断裂附近各井位渗透率与深度的关系

图 5-36　辽东湾拗陷辽中 1 号断裂附近各井的实测渗透率散点图

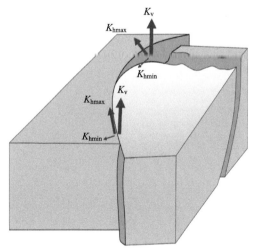

图 5-37　S 型走滑转换带增压段和释压段不同方向渗透率分量的相对大小

箭头大小表示该位置处的渗透率分量大小，据 Pérez-Flores et al.，2017 修改

(一)油气穿过走滑断裂释压段运移、增压段封堵

油气在何种情况下能够穿过断裂带侧向运移长期以来为石油地质工作者们所争论，特别是针对走滑性质的断裂，研究相对较少。通过对走滑转换带增压段和释压段的水平渗透率分析发现，在走滑释压段平面渗透率分量垂直断裂大、沿断裂走向最小；而在增压段平面渗透率分量沿断裂走向大、垂直断裂最小，因此可以推测在释压段油气更容易

穿过断裂侧向运移。为了说明这一问题，统计了不同地区的原油密度和黏度数据，由于原油密度和黏度具有沿油气运移方向逐渐增大的特点（李继岩等，2011），因此能够反映油气运移路径。在辽东湾拗陷辽西地区的 JZ25-1/S 构造带，原油密度和黏度反映油气可以自西向东由辽西凹陷穿过辽西 1 号断裂释压段运移（图 5-38）。

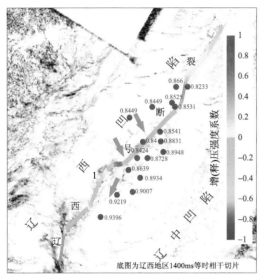
(a) 各井位原油密度p/(g/cm³)分布

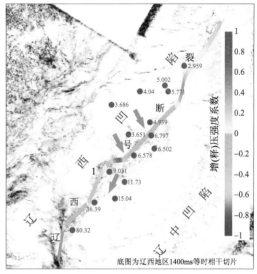
(b) 各井位原油黏度μ/(mPa/s)分布

图 5-38　JZ25-1/S 构造原油密度、黏度资料反映油气穿过 S 型走滑转换带释压段运移

辽东湾拗陷典型油藏特征也说明了这一问题，LD5-2 油田油气主要来自西侧的辽西凹陷南洼，辽西 1 号走滑断裂局部增压导致油气难以穿过断裂侧向运移，而是沿断裂向浅层运移成藏（图 5-39）；而在辽东凸起周缘地区，来自辽中凹陷的油气穿过辽中 2 号走滑断裂释压段运移至辽东凸起，辽东 1 号走滑断裂增压段可以有效封堵油气，进而在辽东凸起上形成 JZ23-2 油田（图 5-40）。

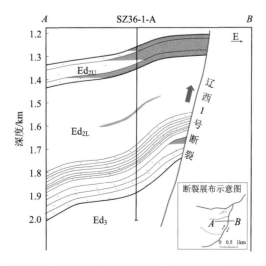

图 5-39　LD5-2 油田过 SZ36-1 井东西向油藏剖面

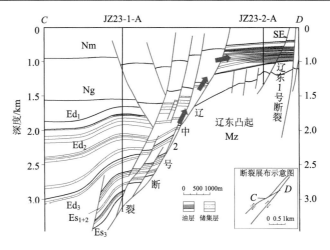

图 5-40　锦州 23-1—锦州 23-2 构造油藏剖面图

(二)油气沿走滑断裂增压段、释压段垂向运移

油气在浮力作用下可沿断裂带垂向运移，由于走滑及其转换带断裂相对倾角较陡，因此受到上覆地层的压力更小，垂向渗透率分量大(图 5-37)，更容易发生垂向运移。这种特点在走滑增压、释压段均表现得较为明显，如辽西 1 号断裂北段 LD5-2、LD4-2、SZ36-1W 油田原油密度由深至浅逐渐增大反映油气沿走滑断裂的垂向运移(图 5-41)。图 5-39、图 5-40 两条油藏剖面也充分说明了这一问题，无论是走滑断裂的增压或是释压部位，来自下部沙河街组和东三段的油气均可沿断裂垂向运移至浅层成藏，从而构成浅层油气成藏的关键。

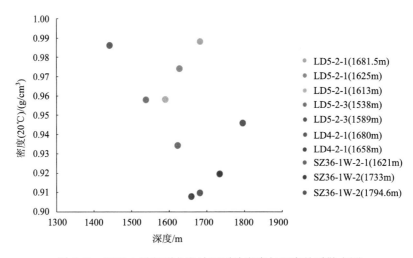

图 5-41　辽西 1 号断裂北段油田原油密度与深度关系散点图

(三)油气沿走滑断裂增压段走向运移

在走滑转换带增压段，平面渗透率分量沿断层走向大、垂直断层最小，因此油气难以穿过断裂侧向运移，在沿断裂发育走向构造脊的情况下，油气可以沿断裂走向运移。通过对渤东地区 PL19-20 构造钻井原油密度的统计发现，整体具有自北向南逐渐增大的特点，进一步结合走滑断裂的增压、释压强度系数分析发现，两条走滑断裂都为增压性质，强度系数大于 0.2，因此油气难以穿过断裂侧向运移，而是选择沿走滑断裂形成的构造脊走向运移(图 5-42)。

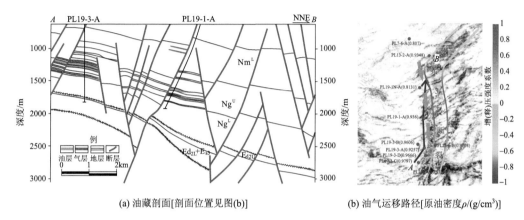

(a) 油藏剖面[剖面位置见图(b)]　　　(b) 油气运移路径[原油密度ρ/(g/cm³)]

图 5-42　渤海海域渤东地区 PL19-20 构造油藏剖面及原油密度资料反映油气沿弯曲
走滑断裂增压段运移

前人研究认为，由于走滑断裂水平应力巨大，在断块作水平错动时，断面附近岩石被碾磨，堵塞孔隙、裂缝，对油气运移不利(邓运华，2004)。本书通过对渤海东部走滑转换带增压、释压类型及强度的分析，结合油气的横向和纵向分布，以及原油的密度和黏度资料，认为走滑转换带增(释)压效应导致断裂及其附近的孔隙度、渗透率发生变化，进而影响油气的运移方向：释压段油气可以穿过断裂带侧向运移、沿断裂带垂向运移，难以沿断裂走向运移；而在走滑断裂增压段，油气难以穿过断裂带侧向运移，可沿断裂带走向(构造脊)或垂向运移(图 5-43)。

三、走滑转换带增(释)压效应影响断裂侧封能力

控圈断裂的侧向封闭作用对油气的保存具有重要的控制作用，侧封性能影响油气藏的丰度，增压型走滑转换带由于处于局部压扭应力环境，主控断裂具有良好的封闭作用。构造物理模拟实验表明(图 5-44)，在走滑断裂的增压段，断裂处于挤压构造应力场中，呈闭合状态。随着走滑位移量的增大，调节断裂的挤压幅度逐渐变大，断裂逐渐封闭，并出现旋扭的现象，使增压型走滑转换带具备了遮挡流体继续运移的重要条件。对比同一实验中的释压型走滑转换带位置，断裂明显处于开启状态，难以阻止流体的运移。所

以在走滑转换带发育的不同位置，同一条断裂的封闭性差异较大，走滑增压段断裂闭合程度更强，是油气保存的有利位置。

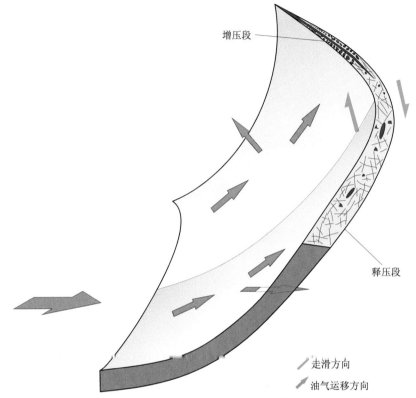

增压段

释压段

走滑方向

油气运移方向

图 5-43　油气沿弯曲走滑断裂增压段和释压段的运移方向示意图

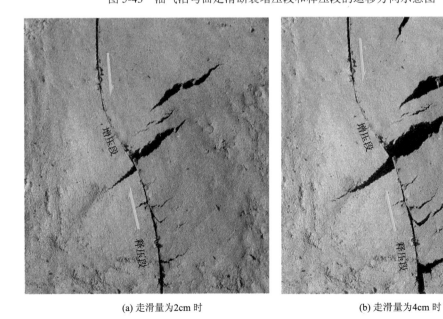

(a) 走滑量为2cm 时　　　　　　　　　　(b) 走滑量为4cm 时

图 5-44　S 型走滑转换带增压段与释压段圈闭侧封性差异物理模拟(右旋走滑)

　　为了进一步明确走滑转换带增压、释压效应与封堵能力的关系，本书统计了辽东湾拗陷最大烃柱高度与增（释）压强度系数的关系，统计结果表明，增压段烃柱高度（≥100m）整体大于释压段烃柱高度（≤150m）（图 5-45），且增压强度越大烃柱高度越大，释压强度越大烃柱高度越小。进一步统计了渤海东部走滑转换带增压段与释压段的探明油气当量，整体而言，增压段探明油气藏数量明显大于释压段，而且整体增压强度越大探明油气当量越高（图 5-46），表明增压段封堵能力强于释压段，增压强度越大封堵能力越强。

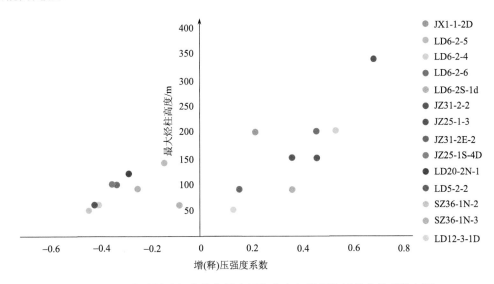

图 5-45　辽东湾拗陷部分井位最大烃柱高度与增（释）压强度关系散点图

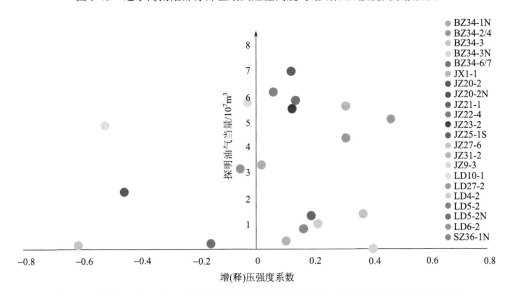

图 5-46　渤海东部 S 型走滑转换带增（释）压强度系数与探明油气当量关系散点图

第六章 走滑转换带对油气聚集分布的控制作用及成藏模式

渤海海域近年来的勘探成果显示,郯庐走滑断裂带已发现 33 个大中型油气田或含油气构造,其中有 30 个分布在不同类型的增压型转换带(图 6-1)(徐长贵,2016)。作为渤海东部非常重要的一类构造变形样式,走滑转换带控制了烃源岩的形成演化、沉积储层的发育展布、圈闭的类型与规模、油气沿走滑转换带断裂的运移以及断裂的侧封性能,因此必然会控制和影响油气的聚集分布与成藏模式。

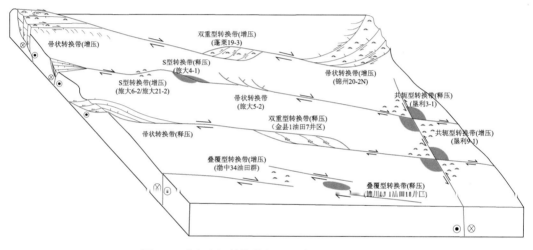

图 6-1 渤海走滑转换带与主要大中型油气田分布

第一节 走滑转换带对油气聚集分布的控制作用

通过对目前渤海东部大部分已钻构造油气分布层位的统计发现,走滑转换带以增压部位成藏为主,释压部位成藏数量少、部分构造失利,这与前人认识一致。值得注意的是,供烃条件的差异会导致油气分布存在差异。

单侧供烃条件下,释压段上盘部分成藏、部分井钻探失利,多在下盘浅层成藏;增压段则主要在上盘多层系成藏,下盘成藏少(图 6-2、图 6-3)。双侧供烃条件下,释压段主要在中、浅层成藏,增压段上盘多层系成藏,下盘中、深层成藏(图 6-4)。

整体而言,目前在渤海东部走滑转换带以增压段成藏为主,上盘成藏为主,多层系成藏,下盘中、深层成藏;相对而言,释压段成藏数量少,整体以东营组成藏为主(图 6-5)。

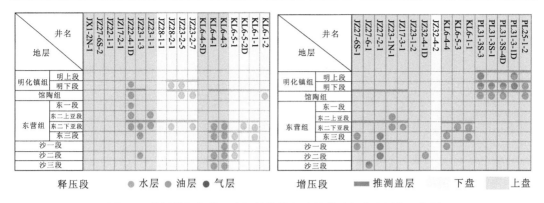

图 6-2　单侧供烃条件下走滑转换带部分钻井油气分布层位及位置

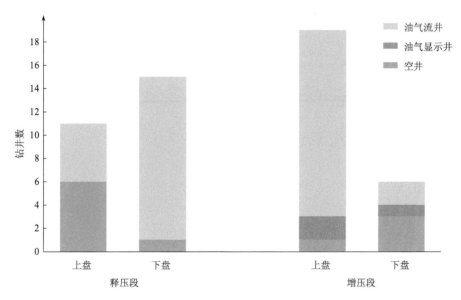

图 6-3　单侧供烃条件下走滑转换带部分钻井油气分布层位及位置直方图

第二节　不同类型走滑转换带成藏主控因素与成藏模式

综合以上分析，进一步结合前人的研究成果，本书建立了不同类型走滑转换带的成藏模式(图6-6)，明确了不同类型走滑转换带的油气聚集分布规律(图6-7)与成藏主控因素。

一、断边 S 型走滑转换带

增压段断裂侧向封堵性强，油气沿着主走滑断裂垂向、走向运移，而难以穿过断裂侧向运移，多层系成藏；而在释压段，油气主要沿着主走滑断裂垂向和穿过断裂侧向运移，在岩性遮挡封堵或与其他走滑断层增压段匹配条件下可以成藏，往往在下盘中、浅层和潜山内幕成藏，多为小型油气藏(图6-6、图6-7)。

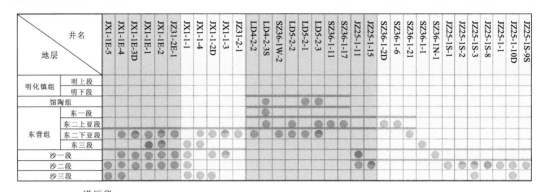

增压段

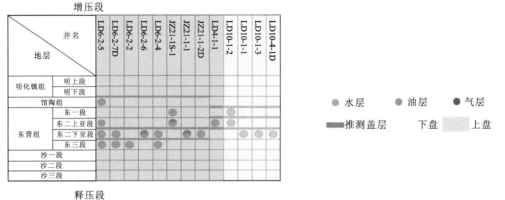

释压段

图 6-4　双侧供烃条件下走滑转换带部分钻井油气分布层位及位置

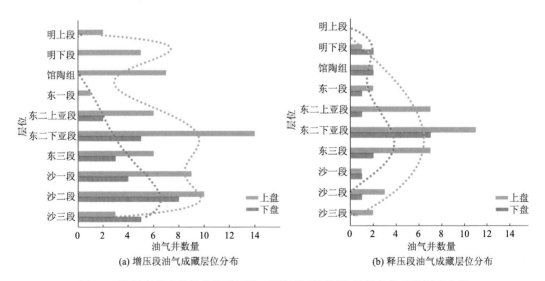

(a) 增压段油气成藏层位分布　　　　　　　　(b) 释压段油气成藏层位分布

图 6-5　渤海东部走滑转换带增压段、释压段不同层位油气井分布数量直方图

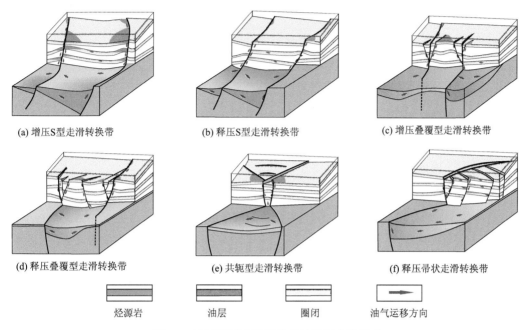

(a) 增压S型走滑转换带　　　(b) 释压S型走滑转换带　　　(c) 增压叠覆型走滑转换带

(d) 释压叠覆型走滑转换带　　(e) 共轭型走滑转换带　　　(f) 释压帚状走滑转换带

烃源岩　　　　　　油层　　　　　　圈闭　　　　　油气运移方向

图 6-6　不同类型走滑转换带的油气成藏模式

二、断间叠覆（双重）型、共轭型走滑转换带

断间型走滑转换带主要控制地层及构造变形，影响圈闭幅度。油气运移及封堵受控于主干断裂和次级断裂 S 型转换带的增压、释压类型，增压段油气主要沿垂向和走向运移，侧向封堵，而释压段主要沿垂向和侧向运移，主要依靠下盘断块遮挡封堵。增压段多层系成藏，以断背斜、背斜圈闭为主，含油面积大；释压段浅层成藏，以断块为主，含油面积小（图 6-6、图 6-7）。

三、断梢帚状走滑转换带

渤海海域发育的断梢帚状转换带以释压型为主，该类转换带次级断裂较发育且与主断裂相连，在该部位，油气主要沿着主走滑断裂和次级断裂垂向、侧向运移，在浅层通过岩性遮挡封堵可能形成小型油气藏（图 6-6、图 6-7）。

四、走滑转换带对油气成藏的控制作用

以往研究及勘探实践认为，走滑及其转换带的控藏作用主要表现为释压运移输导、增压封堵成藏。本书研究认为，这种认识存在一定的局限性，针对不同类型的走滑转换带，其主要控藏作用存在差异，断间叠覆型、双重型、共轭型转换带主要影响主走滑断层间的地层沉降从而影响烃源岩的发育，还会控制断间地层的变形从而控制圈闭的变形

幅度及规模大小，对边界走滑断裂侧向封堵性影响较小；油源断裂和控圈走滑断裂弯曲产生的局部增压、释压导致的断裂带物性的变化是影响断裂对油气输导与封堵能力的主控因素；同样地，断梢帚状转换带主要控制地层的沉降来控制烃源岩的发育，而对于油气的运移，则主要是依靠释压型弯曲的尾端次级断裂进行垂向和侧向输导。

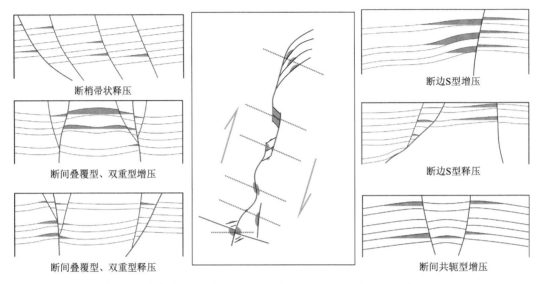

图 6-7　渤海东部不同类型走滑转换带的油气平面和剖面聚集规律

综合以上分析，结合前人的研究成果，本书提出了走滑转换带的增压、释压效应控制渤海东部油气成藏这一观点，具体表现在如下四个方面。

(1) 释压控源：深洼多位于释压区，有利于源岩发育；走滑断裂释压段垂向、侧向连通性好，是较好的油源断裂。

(2) 组合控圈：走滑断裂及其派生断裂的组合样式控制了走滑转换带构造圈闭的发育，增压区较释压区圈闭数量更多、规模更大。

(3) 增压利堵：走滑转换带的增压效应导致断裂带孔、渗降低，使得增压段断层具有更强的侧向封堵性，有利于封堵成藏；释压区断裂侧封性弱。

(4) 差异成藏：增压区上盘成藏、多层系成藏、断圈成藏占主导，释压区则以下盘成藏、浅部成藏和潜山成藏为主。

第七章　走滑转换带勘探实例

渤海海域走滑转换带广泛发育，构成了油气成藏的关键地质条件，不同类型、不同增压和释压作用强度的走滑转换带对油气成藏的控制作用存在差异。在走滑转换带"释压控源、组合控圈、增压利堵、差异成藏"控藏模式指导下，经过石油工作者的不懈努力，在渤海海域陆续发现了一批大中型油气田，有力地支撑了走滑转换带的增压、释压效应控制渤海东部油气成藏这一观点，现对不同类型走滑转换带典型油气藏介绍如下，与广大读者分享。

一、断边 S 型走滑转换带

断边 S 型走滑转换带在渤海海域东部走滑断裂带最为普遍，同一走滑断裂增压和释压作用共存，其中增压型转换带是有利的油气富集区。

（一）旅大 21-2 油田

旅大 21-2 油田位于渤海海域北部辽中南洼[图 7-1(a)]。2012 年以前，辽中南洼经过 30 余年勘探，一共在 11 个圈闭钻探了 26 口探井，虽有不同程度的油气发现，但自 2000 年发现旅大 27-2 油田以来，12 年没有重大突破。特别是 2007 年以后，辽中南洼勘探发现多个含油气构造，但均为"显示好、油层多，储量规模小"的油气藏，没有经济效益，勘探一度陷入困境。2012 年，通过对辽中南洼的油气成藏机理展开深入研究，创新提出"走滑转换带控藏模式"，认为该区沿走滑断层 F5 发育一大型 S 型走滑转换带[图 7-1(b)]，该带在新近系明下段、馆陶组成藏条件优越，是发育大中型油田的有利位置和有利勘探层系，通过优选钻探增压型走滑转换带旅大 21-2 构造，一举获得成功，发现了该亿吨级油田。

1. 转换带特征

旅大 21-2 油田所在构造带为辽中凹陷南洼最为典型的 S 型走滑转换带，它是区内规模最大、控藏作用最为明显的转换带，控制其形成的走滑断层整体上呈 NE-SW 向穿过辽中凹陷南洼(图 7-2)，从不同深度三维地震水平方差切片显示断裂带展布来看，深层古近系沙河街组构造层[图 7-2(a)]走滑断层特征较为明显，其中，走滑断层 F1～F4 表现为近平直的 NE 向断层，延伸距离较长，而走滑断层 F5(控制旅大 21-2 油田 S 型走滑转换带)在平面上则表现出弯曲延伸的特点；中层古近系东营组构造层[图 7-2(b)]走滑断层特征较沙河街组呈现出一定的继承性，连续性变差，开始表现为雁列式断层特征，尤其是走滑断层 F1～F4 特征比较明显；在浅层新近系明化镇组构造层[图 7-2(c)]的方差切片上，在中深层走滑断层发育的位置，已看不到明显的走滑断层的响应特征，被一系列 NEE 或近 EW 向展布的雁列式断层所取代，走滑断层 F5 的 S 形特征依然清晰可见。

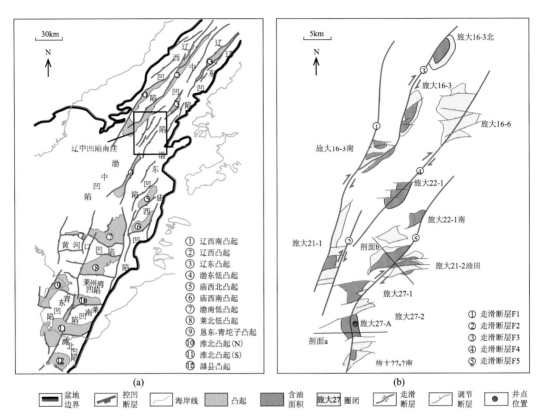

图 7-1　旅大 21-2 油田区域位置及断裂体系、勘探成果图
剖面 a、剖面 b 分别为图 7-3 图(a)、图(b)所示剖面

就控制旅大 21-2 油田 S 型走滑转换带的主走滑断层 F5 而言，平面上 S 形弯曲特征显著，走滑断层在北部形成一系列呈 NEE 向、中部和南部呈近 EW 向的次级伴生调节断层，延伸长度分布在 1~6km，断距最大可达 100m 以上，这种特征与走滑断层的走滑强度具有密切的关系。整体而言，走滑断层在中部表现出较强的走滑特征，南北两侧走滑作用相对较弱，所以沿走滑断层中部也是构造圈闭最为发育的区域。剖面上，走滑断层 F5 在南部较直立[图 7-3(a)]，在浅层形成小型花状构造，在东营组和沙河街组构造层地层上倾方向均为走滑断层发育的位置；相对而言，走滑断层中部产状较缓，与伴生调节断层构成大型的"负花状"构造[图 7-3(b)]，成为油气富集的有利位置。从旅大 21-2 油田走滑转换带发育特征来看，只要走滑断层的走向发生变化，在其弯曲部位均发育该类伴生构造，主要是由于断层的弯曲导致局部应力场的变化而发生调节变形，其中增压型在走滑断层弯曲段发育挤压应力环境，释压型在走滑断层弯曲段发育伸展应力环境。当主走滑平直时，在走滑强度较大的条件下，会形成多条走滑调节断裂，与主走滑断层组合成复杂构造样式。

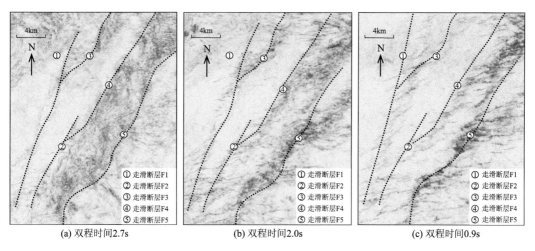

(a) 双程时间2.7s　　　　　　(b) 双程时间2.0s　　　　　　(c) 双程时间0.9s

图 7-2　研究区不同深度三维地震水平方差切片显示走滑断层平面展布

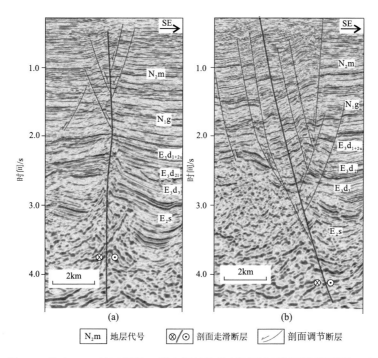

| N₂m 地层代号 | ⊗/⊙ 剖面走滑断层 | ／ 剖面调节断层 |

图 7-3　旅大 21-2 油田断边 S 型走滑转换带剖面特征(剖面位置见图 7-1)

2. 转换带控藏作用

国内外的大量研究和勘探成果表明与走滑断层相关的多种构造类型与油气成藏具有非常密切的关系，辽中凹陷南洼的勘探实践也证实了走滑转换带对油气富集成藏的控制作用，目前的油气发现都与走滑转换带相关，探明储量的 90%以上都位于走滑转换带及其附近，这与走滑转换带对圈闭、油气运移和保存条件等成藏因素的控制和影响密切相关。

1) 对圈闭类型、规模的控制作用

从图 7-4 中可以看出，围绕着走滑断层发育大量构造圈闭，说明走滑转换带和圈闭的形成具有密切的关系。在断边 S 型走滑转换带中，受主走滑断层不同的弯曲方向、地层滑动方向和主走滑断层间叠置关系的影响，走滑转换带往往出现挤压和伸展两种局部应力条件，对应形成增压型和释压型圈闭类型。在增压条件下，地层发生汇聚作用，以背斜类圈闭为主；在释压条件下，地层发生离散作用，以断块类圈闭为主，由此也形成了走滑转换带最主要的两种圈闭类型。根据三维地震资料解释结果，旅大 21-2 油田在 S 型走滑转换带内，沿走滑断层形成的增压型圈闭规模可达 21.8km²，连续分布在走滑断层弯曲部位，而释压型断块类的圈闭面积仅为 6.6km²。

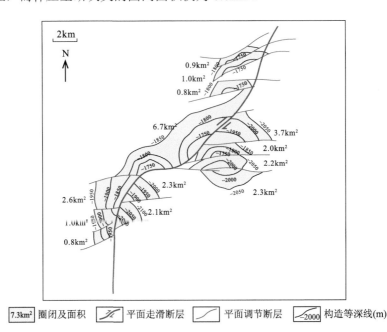

图 7-4　断边 S 型走滑转换带平面展布和圈闭分布特征

2) 转换带调节断层有利油气运移

S 型走滑转换带主干走滑断层及其伴生的调节断层的活动性使得走滑转换带尤其是增压型转换带在地史时期长期处于构造高部位，形成油气运移的低势区，在宏观上控制油气的运移聚集成藏。同时，转换带内部伴随着主走滑断层形成的调节断层更为发育，且具有张扭性作用，有利于油气的运移，在很大程度上促进了烃类垂向输导，位于转换带南部的 LD27-A 井在东营组砂岩储层测井解释为水层或含油水层，但根据包裹体 GOI（含烃包裹体丰度）的测试结果，其值为 13%～31%，砂岩薄片镜下孔隙中可以看到明显的沥青质充填（图 7-5），表明存在早期的油气充注形成古油藏。根据流体包裹体显微测温结果，东营组地层与油包裹体同期的盐水包裹体均一温度具有两期的特征，第一期为 70～90℃，第二期为 90～110℃，利用埋藏史图投影法，在恢复埋藏史和热史的基础上对盐水包裹体的均一温度进行投影，均显示为 10Ma 以来成藏，这与渤海海域的新构造运动在时间上相匹配，说明在新构造运动的影响下，断层活化使得东营组早期聚集的原油以及后来新生成的原油沿断层向浅层运移，勘探实践也证实了在该区油气主要分布在浅层明化镇组和馆陶组中。这种油气运移活跃的现象一方面是由于调节断层与砂体在空间进行有效组合，形成众多的断块圈闭；另一方面调节断层也可以作为油气运移通道，对通过油源断裂垂向运移的油气在走滑转换带内部的复杂圈闭群中进行有效分配，使得断层断至的层位均有油藏发现(图7-6)，具有多个断块含油的特点。

东营组，水层，沥青质充填

图 7-5　中央走滑伴生构造带 LD27-A 井东营组砂岩储层铸体薄片 [井点位置见图 7-1 (b)]

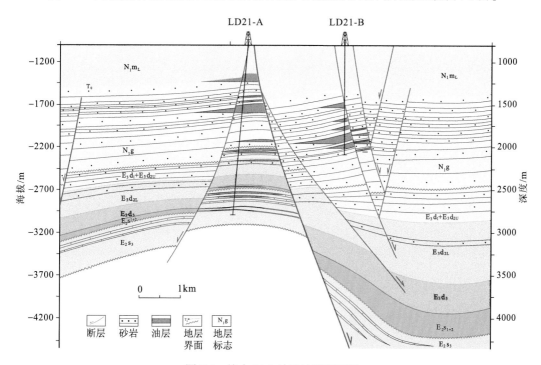

图 7-6　旅大 21-2 油田油藏剖面图

3）主走滑断层挤压部位具有明显的油气保存能力

对于主走滑断层来讲，由于与调节断层所处的应力环境具有差异性，所以油气的保存能力也存在差别，特别是在其挤压位置，断裂呈闭合状态，随着走滑位移量的增大，其挤压幅度逐渐变大，断裂封闭性逐渐增强，并出现旋扭的现象，闭合程度增加，泥岩的涂抹作用也更为强烈，所以该部位挤压作用对保存条件产生的正面影响往往可以抵消其他控制断层侧封的因素对保存条件带来的负面影响，使主走滑断层在挤压处具备了遮挡流体继续运移的重要条件，对圈闭的成藏起到决定性的作用。旅大 21-2 构造浅层馆陶组厚层砂体发育，从主走滑断层两侧岩性对接图上可以看到断层两盘在构造高部位出现明显的砂–砂对接现象（图7-7），但由于该段主走滑断层处于挤压型的应力环境中，断层对油藏具有明显的侧封作用，展示了挤压应力条件下控圈断层优越的保存条件。

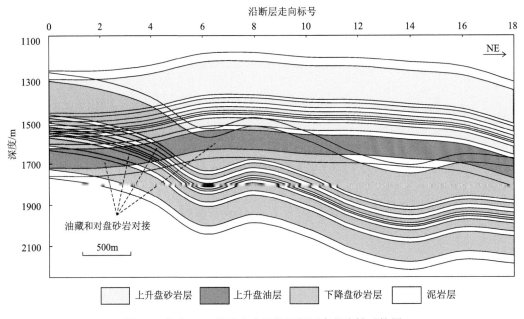

图 7-7　旅大 21-2 构造主走滑控圈断层高部岩性对接图

4）转换带成藏模式

旅大 21-2 油田为一典型的发育在 S 型走滑转换带内部的大型油田，来自于沙河街组烃源岩的原油在浮力作用下通过主干走滑断层和转换带次级调节断层进行垂向输导（图7-8），运移至浅层新近系馆陶组地层。其中，主干走滑断层起到了垂向主运移断层的作用，次级调节断层与主走滑断层沟通，起到了油气再分配的作用，最终形成了多层系和多断块成藏的特点。该模式控制下形成的旅大 21-2 油田油层厚度大（馆陶组平均厚度可以达到75m）、烃柱高度高（120m 左右），储量丰度为（500～1200）×10^4 t/km^2，是一个大型的整装油田，探明和控制地质储量达 1.08×10^8 t。

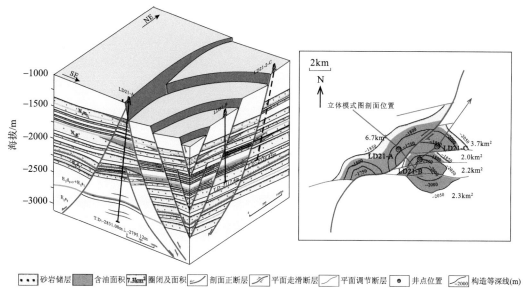

图 7-8　旅大 21-2 油田成藏模式图

（二）渤中 8-4 油田

渤中 8-4 油田位于渤中凹陷西洼洼中隆起带，整体呈 NNE 向展布（图 7-9）。平面上受控于 NNE 向郯庐右旋走滑断裂体系和 NWW 向张蓬左旋走滑断裂体系控制，发育复杂断块圈闭群。20 世纪 90 年代，以潜山、古近系为目的层钻探了 BZ8-4-1 井，未获油气发现。2011 年在走滑转换带控藏理论认识指导下，对该区断裂系统精细梳理分析，一方面，认为渤中 8-4 构造区为典型的 S 型走滑转换带，在走滑断裂增压带具备发育大型构造圈闭群的条件。另一方面，通过对 S 型走滑转换带伴生的次级断裂组合样式及活动性分析，提出了走滑转换带"主断控藏，差异聚集"的油气富集模式，明确了新近系明化镇组下段、馆陶组为该区有利的勘探层系。2012 年，调整勘探思路，以浅层为目的层部署 BZ8-4-2 井，该井在明化镇组、馆陶组解释油气层 48.1m，随后相继针对明化镇组、馆陶组部署 13 口评价井，均获得良好油气发现，并最终成功发现了渤中 8-4 油田，油田合计三级石油地质储量 5759×10^4 t，其中探明 3464×10^4 t。渤中 8-4 油田勘探的成功，证实了 S 型走滑转换带的控藏作用和勘探意义。

1. 转换带特征

渤中 8-4 构造由处于渤中凹陷西洼的复杂断裂带，断裂带平面上由一条 S 形弯曲整体呈 NE 向展布的主走滑断层（F1）以及多条 NE 向、NEE 向次级伴生断裂组成（图 7-10）。主断裂平面延伸距离长达 26km，为一条继承性活动断裂，古近纪强烈断陷活动期控制了沙河街组和东营组沉积，该时期次级断裂不发育；进入新近纪，尤其是上新世 5.3Ma以来，新构造运动在渤海地区表现强烈，受郯庐右旋和张蓬左旋"双重应力"影响，渤中8-4构造区主断裂持续活动,在浅层派生形成了多条 NE 向、NEE 向次级断裂(图 7-11)。主断裂走向由南向北呈现出 NEE、NE 交替变换的特征,主断裂呈明显的 S 形弯曲,使增压带(外凸段)和释压带(内凹段)间隔发育。

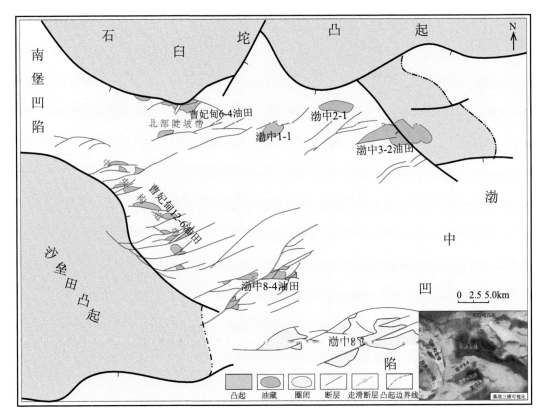

图 7-9　渤中 8-4 油田区域位置图

　　受 S 型主走滑断裂控制,浅层新近系形成了一系列 NE 东向、NE 向次级伴生断裂,次级断裂延伸长度 2～10km,断距最大可达 200m 以上。平面上,次级断裂呈雁列展布,但均收敛于 S 形主断裂外凸位置(增压带),主断裂和次级断裂构成帚状断裂体系格局,于主断裂增压带形成构造圈闭群。剖面上,S 形主断裂内凹段(释压带)和外凸段(增压带)主断裂断距、地层展布及应力状态等存在明显差异。内凹段(释压带)次级断裂和主断裂整体呈复杂反向 Y 字形构造样式[图 7-11(a)],高点向反向 Y 字形外带逐渐迁移;主断裂断距可达 400m 以上,可见明显的地层正牵引现象,地层陡(倾角 5°～10°),圈闭不发育,整体呈伸展应力环境。外凸段(增压带)次级断裂和主断裂整体呈"似花状"构造样式[图 7-11(b)],高点处于花心部位;主断裂断距小于 200m,正牵引现象不发育,背形特征清晰,地层缓(倾角 0.5°～1°),低幅断鼻、断块圈闭集中发育,成为油气富集的有利位置。

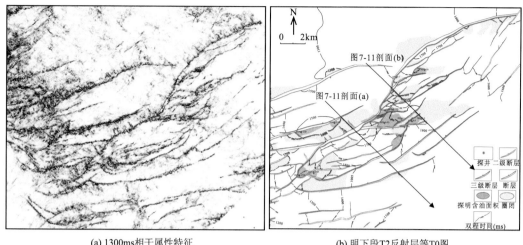

(a) 1300ms相干属性特征　　　　　　　　(b) 明下段T2反射层等T0图

图 7-10　渤中 8-4 构造断裂体系展布图

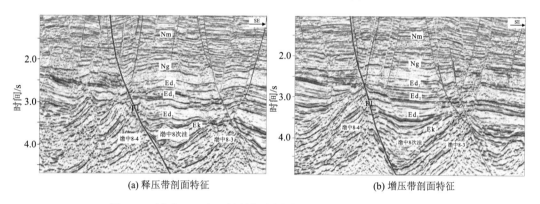

(a) 释压带剖面特征　　　　　　　　　　(b) 增压带剖面特征

图 7-11　渤中 8-4 油田断裂构造剖面图[剖面位置见图 7-10(b)]

2. 转换带控藏作用

渤中 8-4 油田主走滑断裂呈明显的 S 形弯曲,主断裂走向变化位置均发育走滑转换带,走滑转换带对该区断裂发育、圈闭形成和油气成藏具有重要的控制作用。

1) 对圈闭类型、规模的控制作用

渤中 8-4 油田 S 形断裂东侧发育两个增压带(外凸段)以及两个释压带(内凹段)[图 7-10(b)]。断裂中南部及北部的两个释压带处于走滑派生的张性伸展应力环境,断裂活动性强,主断裂断距大、正牵引现象发育、地层陡、圈闭规模小,以小型断块为主;增压带发育在主断裂南端及中部,处于走滑派生的挤压应力环境,主断裂断距小、地层平缓、背形特征明显,单个圈闭规模可达 4~7km²,且圈闭密集发育,形成断块圈闭群。

2)"主断控藏、差异聚集"浅层油气成藏模式

A. 油藏特征

渤中8-4油田油层集中分布在新近系明化镇组下段和馆陶组,单井油层为22~137m,

油藏埋深为 1000~2000m，馆陶组为构造油藏，明下段为岩性–构造油藏。储集空间以孔隙为主，明下段孔隙度为 24.8%~35.5%，平均值为 31.1%，渗透率为 750~5740mD，平均值为 2503mD；馆陶组孔隙度为 26.8%~30.3%，平均值为 28.5%，渗透率为 1952~6460mD，平均值为 3103mD，为高孔高渗储层。明下段原油密度为 0.887~0.919g/cm³(20℃)、黏度为 21.88~500.9mPa·s(50℃)、含蜡量为 8.34%~17.84%、含硫量为 0.133%~0.190%、凝固点为–10~26℃，为中质、高凝固点、高含蜡、低含硫原油，产能为 31.5~73.6m³/d；馆陶组原油密度为 0.853~0.866g/cm³(20℃)、黏度为 7.62~12.48mPa·s(50℃)、含蜡量为 17.60%~22.40%、含硫量为 0.119%~0.136%、凝固点为 24~29℃，为轻质、高凝固点、高含蜡、低含硫，产能为 167.5~343.6m³/d。

B. "主断控藏、差异聚集"浅层油气成藏模式

渤中 8-4 构造为渤中西洼内发育的 NE 向洼中隆，为凹陷区内继承性发育的古构造高点。处于断裂带上升盘的"隆起区"与东侧渤中 8 次洼沙河街组烃源岩直接接触，且西洼主洼的油气沿不整合向"隆起区"汇聚，让上升盘的"隆起区"成为油气优势汇聚方向；另外，断裂带下降盘古近系东营组、沙河街组发育(扇)三角洲前缘砂体，形成深部"油气中转站"，使得断裂活动期油气能快速、大规模向浅层运移。包裹体分析也表明，渤中 8-4 构造浅层油气成藏时间较晚，3.5Ma 至今为油气成藏期，成藏时间短，表现为晚期快速成藏的特征。

在油气运移方面，渤中 8-4 构造主断裂受新构造运移影响，浅层明化镇、馆陶组成藏期断裂活动性表现为沿走向由南向北呈强–弱交替规律性变化，强活动段与释压段相对应，油气运移强，是油气由深层向浅层的允注段；而弱活动段与增压带相对应，是圈闭的发育区，处于油气运移的高部位，为油气汇聚区(图 7-12)。渤中 8-4 构造主断裂南端、中部两处增压带(弱活动段)发现油气占全油田探明储量的 85%，勘探实践证实走滑断裂增压带是油气富集区(图 7-10、图 7-12)。另外，与主断裂搭接的次级断裂控制油气的纵向分配，如 F2 断层活动性表现出明显的西强东弱的特征，由西向东断层的断距与活动速率逐渐减弱，使得油气在西侧断块表现为明下段富集，而东侧断块油气富集层位变为更偏下的馆陶组(图 7-13)。

(三) 旅大 6-2 油田

旅大 6-2 构造处于辽东凸起西陆坡带上，处于辽中 1 号走滑大断层下降盘，与辽中凹陷中洼毗邻，整体构造形态为被断层复杂化的半背斜构造(图 7-14)。2006 年 5 月，以东三段为主要目的层，利用二维地震资料钻探 LD6-2-1 井，在东三段测试获日产油 41.2m³；2007~2008 年，同样以东三段为主要目的层钻探 LD6-2-2/3 井，整体勘探成效不佳；2012 年基于新三维地震资料，进一步开展分析、转变目的层系，以东二下亚段为主要目的层钻探 LD6-2-4/5 井，在东二下亚段获厚油层，LD6-2-4 井在东二下段测试获日产油 110.6m³；为进一步扩大储量规模，钻探 LD6-2-6/7D 井，成功评价了该油田。

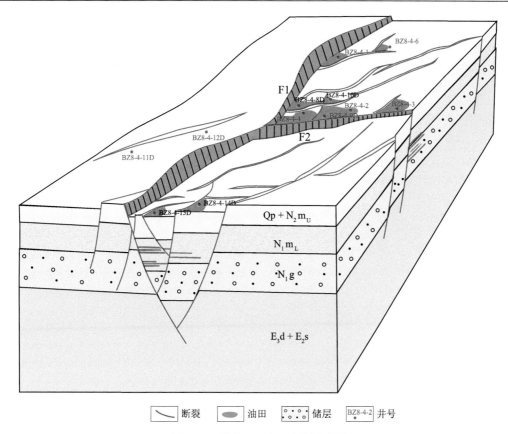

图 7-12 渤中 8-4 油田成藏模式图

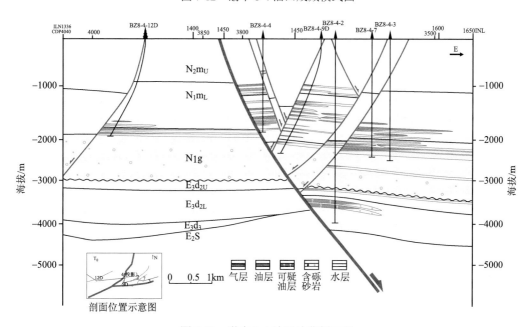

图 7-13 渤中 8-4 油田油藏剖面图

旅大 6-2 油田合计三级石油地质储量为 5277.16×10^{4}t(油当量),探明 3110.51×10^{4}t(油当量)。旅大 6-2 油田东营组油气藏埋深-1210～-2302m,属于具多套油水系统的构造层状油藏,东二下原油密度为 0.953～0.972g/cm^3(20℃),黏度为 382.3～5320mPa·s(50℃),东三段原油密度为 0.878～0.922g/cm^3(20℃),黏度为 35.16～382.8mPa·s(50℃)。

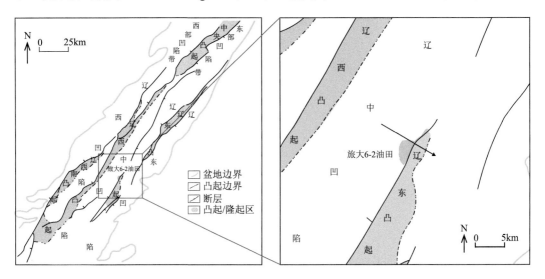

图 7-14　旅大 6-2 油田构造位置及平面构造特征

1. 转换带特征

辽东走滑带中段主要位于辽东凸起南段,南至旅大 17-1 构造,北至金县 1-1 油田,主要包括辽中 1 号、辽中 2 号和辽东 1 号等三条主走滑断裂。其中辽中 1 号、辽东 1 号断裂是研究区内走滑特征最为显著的断裂,在剖面上呈简单的 Y 字形组合(图 7-15)。断裂垂向活动较弱,主断层断至新近系,调节断层基本不断至新近系。平面上,辽中 1 号断裂和辽东 1 号断裂并不是连续的完整断裂,而是由多条分段断裂共同组成的走滑断裂带,具有平面上的帚状和走滑双重构造特征。不同分段断裂的倾向在不同地区发生变化,如在 JZ31-2-1 井南、北两侧,主断裂倾向分别表现为西倾和东倾。

辽中 1 号和辽东 1 号主走滑断裂旁侧发育次级分支断裂,但不同地区次级断裂的发育密度相差较大,整体而言南部地区次级断裂较发育,而北部地区相对不发育。造成这一现象的原因可能有:①岩性影响,北部地区的东营组以泥岩为主,而在南部地区则以砂岩为主;②主走滑断裂的分段性,相干体切片比较清楚地显示,辽中 1 号断裂在旅大 6-2 地区并不连续,而是存在较明显的分段性(图 7-16),不同段的断裂活动强度可能存在一定差异;③基底构造形态,在南北向剖面上,南部地区主要表现为隆起形态,而北部地区表现为斜坡或凹陷形态。

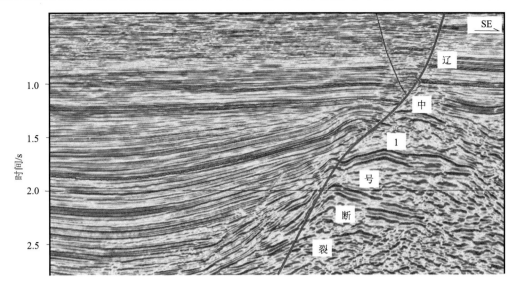

图 7-15 旅大 6-2 构造剖面特征［剖面位置见图 7-14］

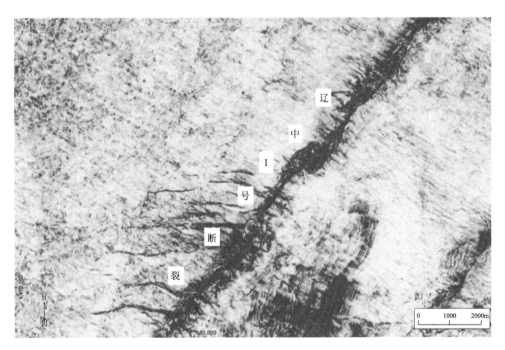

图 7-16 旅大 6-2 及邻区相干体切片（1500ms）

2. 转换带控藏作用

1）增压性走滑转换带控制构造圈闭群的发育

辽东走滑带作为郯庐断裂带渤海段的一个分支，新生代具备典型右行走滑断裂特征，沿走向呈 S 形弯曲，且断槽与断鼻构造相间分布。就南段的旅大 6-2 构造而言，大型断块圈闭多集中于走滑断裂的 S 型转换带增压段，而位于释压型走滑转换带的圈闭则较为分散，并且规模普遍较小。研究表明，增压型走滑转换带是挤压应力集中区，控制了辽东走滑带大型圈闭群的形成(图7-17)。

走滑断层增压转换带在挤压作用下，易形成较大规模的圈闭，即"逢凹必圈"，同时挤压应力作用下断层侧封性能相对较好，利于油气的聚集和保存，是高丰度油气藏形成的有利条件。在增压走滑转换带的理论指导下，在辽东走滑带发现的旅大 6-2、旅大21-2 和锦州 23-1、锦州 23-2 等一系列构造圈闭都是大中型油气成藏的有利目标。

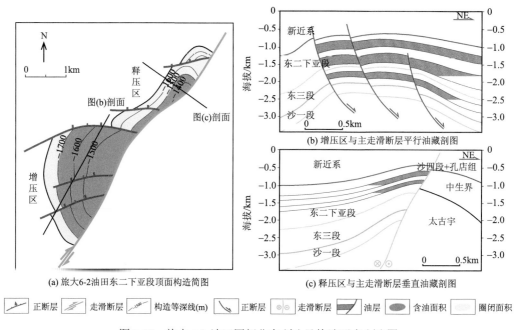

图 7-17　旅大 6-2 油田圈闭分布(左)及构造形态(右)图

2)走滑转换带调节断层是油气运移的有利通道

断裂可以作为油气运移的良好通道，在许多垂向上远离深部源岩层的浅层油气藏的形成过程中，断裂起到重要的通道作用。然而，并非所有断裂都能成为有效运移油气的通道。研究表明，只有具备了下述三个条件才能成为有效运移油气的油源断裂，即①断裂带具有高孔、高渗的结构特征；②切割源岩层系或与切割源岩层系的断裂相连；③断裂活动时期与生排烃时期相匹配。

就旅大 6-2 油田而言，南部的增压段主走滑断裂为压性或压扭性质，断裂较紧闭，难以作为有效的垂向运移通道。但是在增压段发育了一系列近 EW 向斜列的次级调节断裂，剖面上这些次级调节断层多为明显的铲式正断层，而且与局部挤压方向近于平行，因此可以推测这些次级调节断层主要表现为张性或张扭性质，可以作为油气垂向运移的通道，调节断层的断至层位控制油气成藏层系，调节断层的密度控制油气的富集程度。旅大 6-2 油田南区调节断层发育，油气丰度高，储量丰度达 $1030 \times 10^4 m^3/km^2$；北区调节断层不发育，油气丰度低，储量丰度仅为 $300 \times 10^4 m^3/km^2$(图 7-18)。

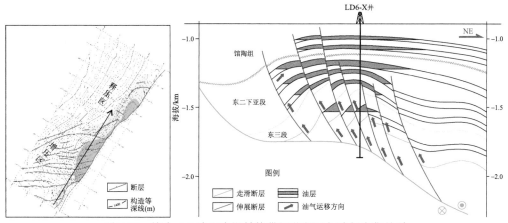

图 7-18　旅大 6-2 油田走滑转换带调节断层与油气富集关系

3）转换带成藏模式

旅大 6-2 构造整体为依附于辽中 1 号走滑断层形成的半背斜构造，油气主要分布在
S 型走滑转换带增压区，NE 向和近 EW 向调节断层发育，并将其划分为多个断块。旅大
6-2 油田各层系含油区域沿走滑主断裂呈阶梯式分布，呈现阶梯式多层系复式油气成藏
特征。该油田为典型的"S 型走滑转换带早富–晚贫型"富集模式，S 型走滑转换带主要
发育在凹陷区，处于有效烃源灶内，具有近源供烃的先天优势，但又受区域走滑作用早
强晚弱的影响，油气主要富集在古近系，新近系油气丰度明显要低（图 7-19）。

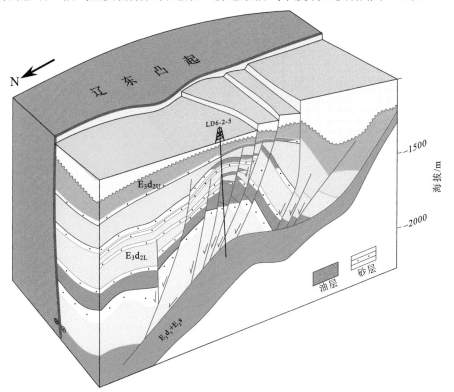

图 7-19　旅大 6-2 油田早富–晚贫型油藏模式

二、断间叠覆型、双重型走滑转换带

断间叠覆型或双重型走滑转换带的共同特点是两条或两条以上走滑断层相互叠覆，在主走滑断层之间由于局部挤压或伸展作用形成增压或释压型转换带。由于同一走滑断裂的分段性以及不同走滑断裂之间的分离错断，断间叠覆型和双重型走滑转换带在渤海海域东部郯庐断裂带普遍发育，对油气成藏具有重要的控制作用。

（一）金县 1-1 油田

金县 1-1 油田位于渤海海域北部辽东湾拗陷，辽中凹陷中段的洼中反转带上。被辽中 1 号走滑断裂分为东、中、西三块，构造具有继承性，西块为一依附走滑断裂的长条形半背斜构造，中块夹持于两条主走滑断裂之间，东块为受走滑断裂控制的复杂断块构造，是渤海海域油气富集最有利地区之一(图 7-20)。

金县 1-1 油田含油气层系为古近系东营组和沙河街组，东营组为三角洲及辫状河三角洲前缘沉积，沙河街组为扇三角洲前缘沉积。从钻探结果来看，金县 1-1 油田东二段采用 11.90mm 油嘴，日产油 27.6m^3，日产气 789m^3；东三段采用 7.94mm 油嘴，日产油 90.3m^3，日产气 13363m^3；沙一段采用 7.94mm 油嘴，日产油 128.7m^3，日产气 2302m^3；沙三段采用 7.94mm 油嘴，日产油 47.8m^3，日产气 6172m^3。金县 1-1 油田合计探明原油地质储量 5653.34×10^{4}t(5973.00×10^{4}m^3)，溶解气 21.50×10^{8}m^3，探明天然气地质储量 12.09×10^{8}m^3，是发育在双重型走滑转换带的一个亿吨级大型油气田。

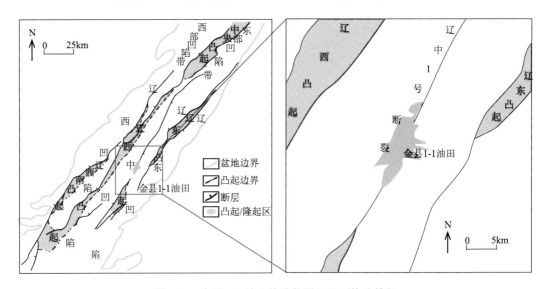

图 7-20　金县 1-1 油田构造位置及平面构造特征

1. 转换带特征

金县 1-1 构造位于辽东湾拗陷辽中 1 号断裂中段，在该位置辽中 1 号断裂并不是一条连续的单一断裂，而是由两条分段断裂共同组成的走滑断裂带。金县 1-1 构造区发育数十条规模不等的断裂，优势走向包括 NNE、NE–NEE 向和近 EW 向三组(图 7-21、图7-22)。其中两条 NNE 向断裂是该地区的主干断裂，两条断裂倾向相反，中部所夹地层下凹，构成一小型地堑(图 7-21)；平面上两条断裂首尾相接，最大叠置长度约 6km，形成典型的走滑双重构造(图 7-21、图 7-22)。NE–NEE 向断裂主要发育在转换带内部及其西侧，近 EW 向断裂主要发育在转换带东侧，这两组方向断裂均规模较小，主要发育于东营组和沙河街组，具有明显的伸展性质(图 7-22)。

整体而言，可以将金县 1-1 构造分成西、中、东三块。其中中部小型地堑内 NE 向次级断裂发育，沉积地层主要为古近系东营组和新近系，构成释压双重型走滑转换带主体；东、西两侧主要受控于辽中 1 号断裂的两条分段断裂，西侧整体表现为一个被断裂复杂化的半背斜构造，东侧则为受走滑断裂和一系列南倾近东西走向断裂控制的断块。

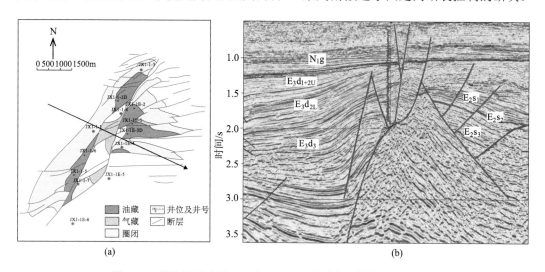

图 7-21 渤海海域金县 1-1 油田释压双重型走滑转换带构造特征

2. 转换带控藏作用

金县 1-1 构造整体表现为典型的释压型走滑双重构造，辽中 1 号断裂的两条分支断层呈 NNE 向展布，作为转换带主走滑断层，它们之间围限的次级断层呈 NEE 向展布，主边界断层两侧的其他次级断层呈近 NE–NEE、EW 向展布。金县 1-1 构造对油气的控制作用主要表现为两方面：一是控制圈闭的形成，如主干断裂两侧形成的背斜–半背斜构造圈闭、断背斜构造圈闭和断块圈闭；二是控制断层输导系统的发育，主干断裂和深层次生断裂可作为油源断裂，沟通成熟烃源岩使烃源岩中生成的油气向外(圈闭)运移。

1)转换带控圈作用

辽中凹陷中洼在沙河街期为深断陷，沙河街组厚度超过4000m，古近纪末期，辽中凹陷受郯庐走滑断裂带的压扭作用在走滑断层轴部发育"反转带"，东营组地层明显翘倾形成构造高部位。金县1-1构造以辽中1号走滑断裂为界分西、中、东三个构造区块，西陡、中凹、东缓。西块由于走滑断层的弯曲挤压，局部拱升，整体形态为一半背斜圈闭，地层西倾明显，地层倾角为13°～35°，该半背斜圈闭长轴平行于走滑断层，长轴长9.6km，短轴长2.5km；中块整体下凹，发育小型断块圈闭；东块古近系东营组地层厚度较薄，地层产状、构造幅度较西块平缓，地层倾角为5.2°～17.4°，古近纪晚期东营组沉积期逐渐形成南高北低的构造形态，走滑断裂派生或伴生的近EW向的次级断裂将东块分割为众多小断块。

增压型走滑转换带对大型圈闭发育的控制是大中型油田形成的基础，释压型转换带内处于张性应力环境或以张性应力环境为主，在该转换带内发育的圈闭往往规模比较小，圈闭类型以小型断块型圈闭为主。就金县1-1油田而言，在其西块受走滑断裂弯曲增压作用形成规模较大的半背斜圈闭，中块和东块以释压作用为主，发育多个断块圈闭。

2)释压型走滑转换带断裂控制油气运移

金县1-1油田整体位于典型的释压双重型走滑转换带，主走滑断裂和切割至古近系深部层系的次级断裂可以作为有效的垂向运移通道，沟通辽中凹陷沙三段烃源岩生成的油气向上运移。转换带内部和两侧次级断裂均以张性或张扭型为主，既可以作为油气运移的垂向通道，也可以起到横向分流的作用，油气进入由主断裂–次级断裂形成的圈闭高点聚集，因此深、中、浅层均可成藏(图7-22)。此外，次级调节断层的密度控制了油气的丰度，北区调节断层密度大，油气丰度高；而南区调节断层密度小，油气丰度相对较低。

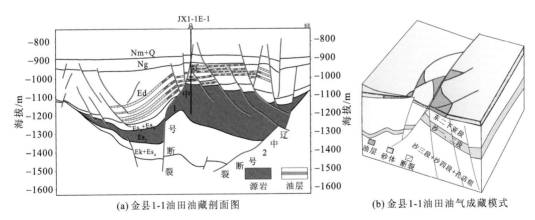

(a)金县1-1油田油藏剖面图　　　　　(b)金县1-1油田油气成藏模式

图7-22　金县1-1油田油气分布与成藏模式

(二)蓬莱19-3油田

蓬莱19-3油田位于渤海海域中南部渤南低凸起的东北角(图7-23)，整体为一个大型断背斜，是渤海海域乃至渤海湾盆地最大的新近系油田。20 世纪 90 年代中期以前，受地震技术限制，对邻近渤中凹陷的地层、生油层认识不清；加之认为蓬莱 19-3 构造属于一个小型的断块构造，受郯庐断裂带走滑改造破坏强烈，直接影响了该区勘探潜力的预测。90 年代中期以来，通过对渤南低凸起开展系统的综合石油地质评价研究，利用二维长偏移距及三维地震采集、处理、解释，首次揭示了渤中凹陷是一个继承性凹陷，且古近系烃源岩生烃条件好、生烃潜力巨大。利用三维地震资料重新解释，认为蓬莱 19-3 构造为一大型断背斜，且紧邻富烃凹陷，油气成藏条件优越，明确了蓬莱 19-3 构造具有较大的含油气远景。1999 年钻探发现至今，经过 20 余年的勘探、开发，其探明储量和三级地质储量不断增加，探明储量从 $3.4×10^8m^3$ 增加到近 $7×10^8m^3$，三级地质储量从约 $5×10^8m^3$ 增加到约 $10×10^8m^3$。高峰年油产量约 $800×10^4m^3$，是渤海海域主力油田。随着滚动勘探的不断推进，其储量规模将超过 $10×10^8m^3$。

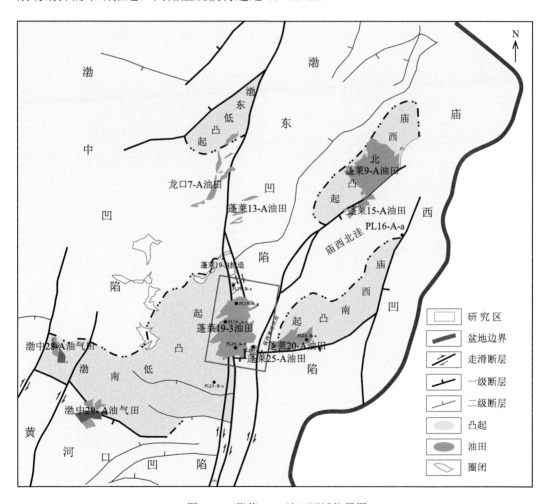

图 7-23　蓬莱 19-3 油田区域位置图

1. 转换带特征

蓬莱 19-3 构造处于郯庐断裂带东部分支上，构造区范围内主要发育走滑断层与正断层。正断层多为走滑断层的派生断层，NE 或近 EW 走向。走滑断裂走向 NNE 到近 SN，单条断裂延伸长度大，断裂倾角一般为 80°～85°，为单条或平行的先存基底断裂继承性长期活动的走滑断裂，经早期形成的 R 剪切和 P 剪切随着位移的增大相互连接而形成贯穿型的走滑断裂，演化程度较高。通过对断层特征的精细刻画发现研究区走滑断裂具有局部弯曲特征，从而导致张扭和压扭变形带的发育(图 7-24)。走滑作用与伸展作用的多期次叠加和相互作用，使得研究区形成复杂多样的走滑转换带。

蓬莱 19-3 构造主要受控于两条规模较大的郯庐走滑断裂带的分支断裂，新生代尤其是渐新世以来右旋走滑活动强烈，从而形成典型的叠覆型走滑转换带。在右旋左阶变形中因受到挤压作用影响，叠覆位置产生隆起，如蓬莱 19-3 构造的北部和中部；在右旋右阶变形中因受拉张作用影响，叠覆位置产生凹陷，次级断裂性质为正断层，主要发育在蓬莱 19-3 构造南部(图 7-24)。

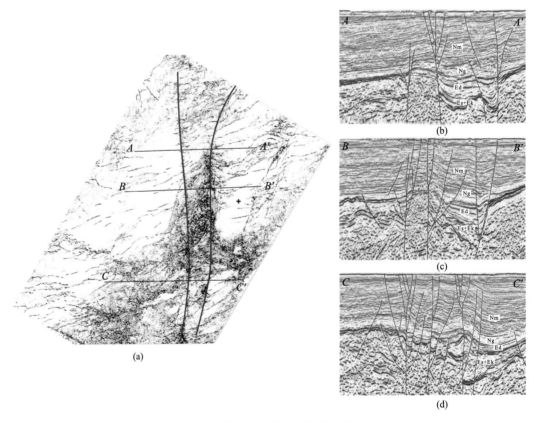

图 7-24　蓬莱 19-3 构造断裂发育特征

(a)蓬莱 19-3 构造相干切片(1500ms)；(b)～(d)典型地震测线

2. 转换带控藏作用

1）控制圈闭形成

蓬莱 19-3 构造是一个在基底隆起背景上、晚期受两组近 SN–NNE 向走滑断层控制形成的完整的大型压扭性背斜，构造长轴向近 SN 向。早期形成潜山披覆背斜圈闭，后期受郯庐走滑断裂带改造强烈，一系列 NE 向及近 EW 向正断层又将研究区构造形态进一步复杂化，走滑转换带增压作用导致后期抬升反转形成断背斜，其幅度高约 580m（图 7-25）；构造西翼较为平缓，东翼较陡，圈闭面积约为 125km^2，为大规模、高油柱（500m）的油气赋存提供了空间（薛永安等，2019）。

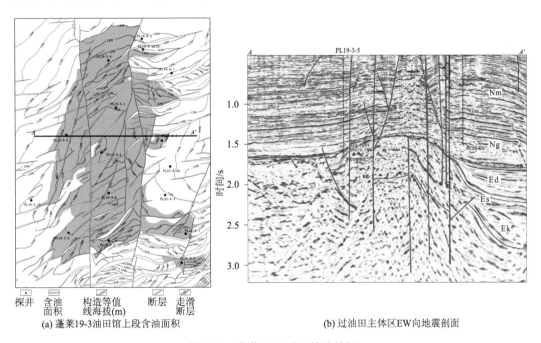

(a) 蓬莱19-3油田馆上段含油面积　　(b) 过油田主体区EW向地震剖面

图 7-25　蓬莱 19-3 油田构造特征

2）控制油气运聚成藏

蓬莱 19-3 油田含油层段主要分布在新近系明化镇组下段中-下部和馆陶组，其中主力油层主要分布在馆陶组，含油层段厚度大（100～650m），单井钻遇油层厚度达 33～172m，最大含油砂体单层厚度可达 30m 以上（图 7-26）。油层整体埋藏深度较浅（油藏埋深 745～1540m）。钻井证实蓬莱 19-3 油田整体为被断层复杂化的背斜油田，由多个断块组成。构造主体区块的含油井段长、含油高度大（500～600m），满断块含油，且构造高部位具有大段连续含油、中间不见水的特点；边部断块含油高度相对小。从单井钻遇油层厚度来看，主体区油层厚度一般大于 100m，翼部一般为 40～80m。从单油层的分布特点来看，油气沿砂体呈层状分布，局部受岩性尖灭控制，油藏类型为典型的构造油藏和岩性-构造油藏。

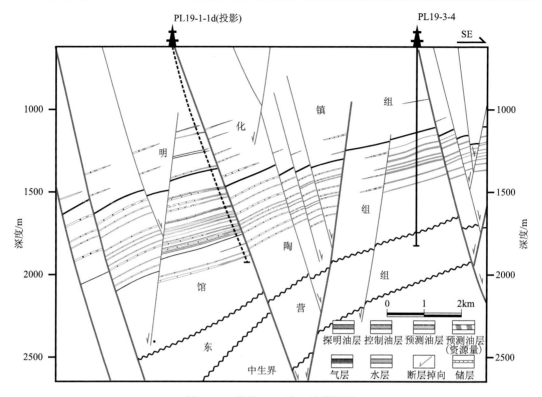

图 7-26　蓬莱 19-3 油田油藏剖面

　　蓬莱 19-3 油田主体位于渤南低凸起中段的东北端,凸起的高部位四周被渤中凹陷、渤东凹陷、黄河口凹陷、庙西凹陷所环绕。蓬莱 19-3 油田的油气主要来源于渤中凹陷沙河街组三段与东营组烃源岩,油田南部有庙西南洼烃源岩的部分贡献。渤南低凸起西北斜坡部位发育多个呈指状深入凹陷的大型构造脊,其中蓬莱 19-3 油田主体区为与走滑相关汇聚脊,在油田南侧同样发育深入庙西南洼的凸起型汇聚脊,这种接触关系使凹陷生油岩与凸起连接的不整合面积较大,并且形成了较强的油气运移汇聚背景,加之基岩遭受长期风化具有较好的渗透性,不整合运移能力强,为油气大规模向凸起运移提供了条件(图 7-27)。

　　研究区油气运移发生在 5.1Ma 以后,现今仍然大量生油和排出油气(朱伟林等,2009)。一方面,新构造运动期蓬莱 19-3 构造走滑反转强烈,凸起与走滑耦合,大量断裂活动导致持续释压,油气在斜坡及凸起部位受新构造运动形成的晚期活动断裂古近系和馆陶组砂体再分配调整后,进入新近系成藏(图 7-27)。另一方面,走滑增压段处于压扭应力环境,随着走滑位移量逐渐增大,压扭作用强度逐渐增大,断裂逐渐封闭,具备了遮挡油气的重要条件(徐长贵,2016),油藏幅度最高可达 200 多米,体现了走滑增压背景下压扭性断层对油气大规模成藏的重要作用(刘丹丹等,2019)。

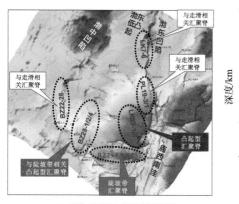

(a) 新生界底面三维可视化图

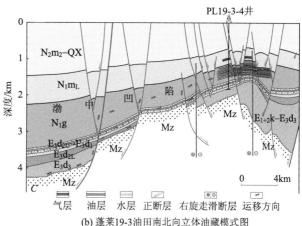

(b) 蓬莱19-3油田南北向立体油藏模式图

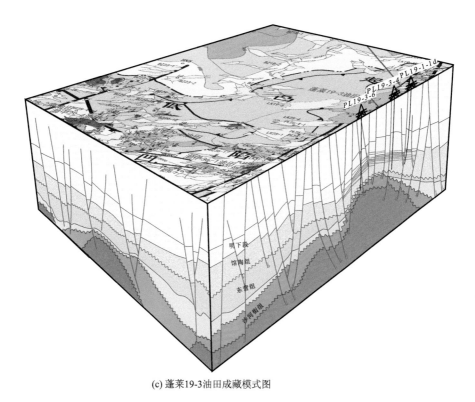

(c) 蓬莱19-3油田成藏模式图

图 7-27　蓬莱 19-3 油田成藏特征与成藏模式

三、断间共轭型走滑转换带

共轭走滑断裂通常具有相反走滑方向，在其交汇区域会引起块体的汇聚或离散形成增压区和释压区，发育走滑转换带。就渤海海域而言，新生代 NNE 向郯庐断裂带各分支断裂右旋走滑，NWW 向张家口–蓬莱断裂带和秦皇岛–旅顺断裂带分支断裂左旋走滑，分别在渤南地区和渤东地区交叉叠置，形成典型的断间共轭型走滑转换带。

（一）曹妃甸 6-4 油田

曹妃甸 6-4 油田位于渤海西部海域渤中西洼北部陡坡带，渤西共轭弱走滑区（图7-28）。2014 年 10 月钻探 CFD6-4-1 井，在新近系明化镇组和馆陶组、古近系东营组累计钻遇油层 183.5m。2015 年 4～8 月相继钻探 9 口井完成油藏评价。从钻探结果看，曹妃甸 6-4 油田油层平均厚度 42.3m，最大 183.5m。CFD6-4-1 井在东三段 2961～2989.5m 采用 9.53mm 油嘴获日产油 240.5m³、气 19737m³，原油密度 0.852～0.862g/cm³（20℃），黏度 5.93～8.14mPa·s（50℃）。CFD6-4-2 井在馆陶组 1893～1903m 采用 8.73mm 油嘴测试，获日产油 95.2m³、气 1477m³，原油密度 0.888～0.909g/cm³（20℃），黏度 17.15～41.37mPa·s（50℃）。曹妃甸 6-4 油田合计三级石油地质储量 7028.67×10⁴t（油当量），其中探明石油地质储量 4218.67×10⁴t（油当量）。

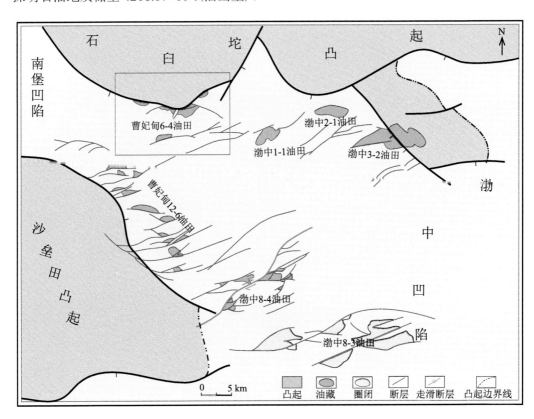

图 7-28　曹妃甸 6-4 油田区域位置图

1. 转换带特征

曹妃甸 6-4 构造形成于 NNE 走向的郯庐走滑断裂带西支和 NWW 走向的张家口–蓬莱断裂带分支断裂交叉叠置形成的共轭型走滑转换带背景下，两条主走滑断层规模较大，表现出了明显的伸展–走滑复合特征。共轭型走滑转换作用导致增压区和释压区相间分布、成对出现。增压区在挤压或压扭背景下，地层发生弯曲变形，以低幅度断背斜发育为主；释压区在伸展或张扭背景下，以伸展断块圈闭发育为主(图7-29)。

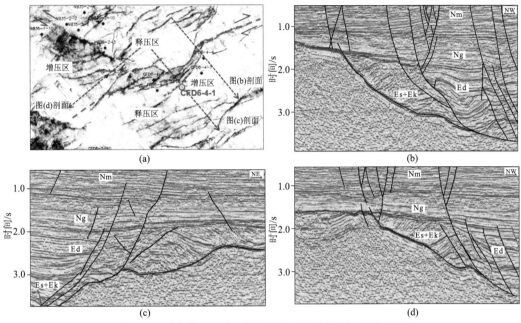

图 7-29 曹妃甸 6-4 油田断间共轭型转换带平面及剖面图

2. 转换带控藏作用

1)控制构造圈闭形成

古近纪早、中期，曹妃甸 6-4 构造在南北向拉张应力作用下，形成整体为依附于边界断层具有断鼻背景的复杂断块构造。古近纪晚期—新近纪，郯庐断裂带和张蓬断裂带走滑作用增强，在走滑应力叠加改造下，构造进一步复杂化，发育一系列断块构造。随着走滑强度的逐渐增大，共轭型走滑转换带的局部增压和释压效应逐渐显著，发育在郯庐断裂带西支东侧和张蓬断裂带分支断裂南侧的多个伸展断块位于增压区，逐渐转变为规模较大的断背斜、断鼻圈闭，具备了形成大规模油气藏的条件(图7-30)。

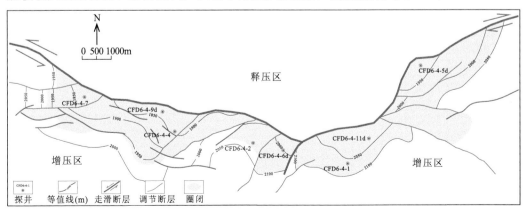

图 7-30 曹妃甸 6-4 构造圈闭平面展布特征

2) 控制油气运移聚集

曹妃甸 6-4 构造整体处于共轭型走滑转换带的增压区，紧邻渤中凹陷西洼，具有充足的油气来源，为规模油气藏的形成奠定了基础。

成藏期断裂活动速率与油气输导和保存的关系表明，成藏期断裂活动性少于 10m/Ma 有利于油气的保存，大于 25m/Ma 有利于油气向浅层聚集，在 10～25m/Ma，断裂起到输导、保存双重作用。从曹妃甸 6-4 油田断裂成藏期断层活动性来看，边界断裂分段差异活动，整体具有西强东弱的特征，同时也具有强弱交替变换的特征。张蓬断裂带分支断裂所构成的西段成藏期活动速率基本大于 30m/Ma，这对浅层的油气成藏是有利的。成藏期断裂活动性的差异，影响油气富集的层位，西段成藏期断层活动性强，油气主要在浅层富集(图 7-31、图 7-32)。而就东段而言，主要受控于郯庐走滑断裂带西支的影响，断裂的走向弯曲发育多个走滑增压段，走滑增压段不利于油气向浅部运移，而有利于古近系油气的保存；此外，东段边界断裂产状相对较缓，断面正压力大，有利于古近系油气的保存。

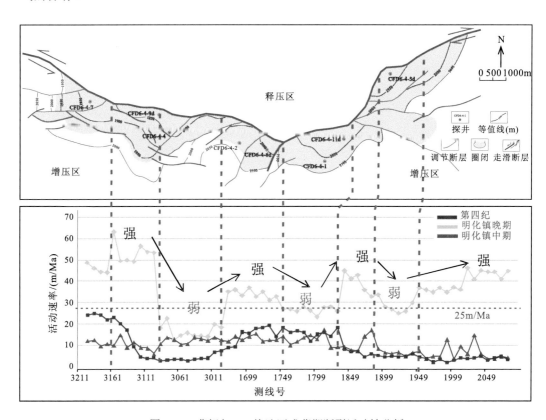

图 7-31　曹妃甸 6-4 构造区成藏期断裂活动性分析

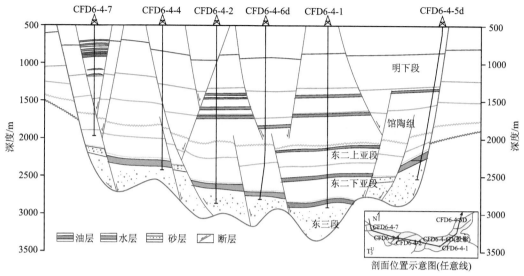

图 7-32 曹妃甸 6-4 油田油藏剖面图

3. 曹妃甸 6-4 油田油藏模式

曹妃甸 6-4 油田为一典型的发育在断间共轭型走滑转换带内部的大型油田，来自沙河街组烃源岩的油气在浮力作用下沿不整合面及断裂向古近系三角洲砂体及新近系河流相砂体中运移聚集成藏。西段成藏期断裂活动性强，断层与深层砂体具有较好的耦合关系，有利于油气向浅层中转聚集成藏，形成早聚集–晚调整浅层富集油气成藏模式，因此西段的油气主要在浅层富集。东段成藏期断裂活动性较弱及保存条件较好，主要发育近源晚期持续充注的复式油气成藏模式，油气在深浅层均可能富集(图 7-33)。

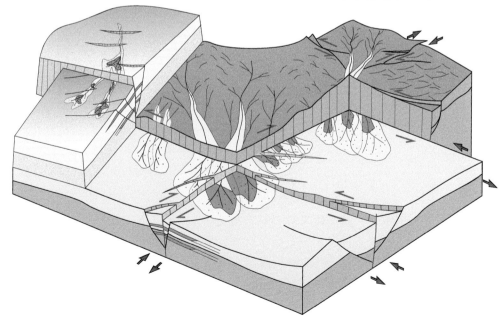

图 7-33 曹妃甸 6-4 油田油气成藏模式图

曹妃甸 6-4 油田勘探的成功，是渤海海域共轭型走滑转换带油气勘探的重大突破，形成了"共轭走滑控圈""释压成谷控砂""共轭差异活动控层系，深浅互补不叠合"等成藏新认识，对其他类似地区油气勘探具有良好的借鉴意义和指导作用。

（二）渤中 29-6 油田

渤中 29-6 油田处于黄河口中洼东北半环（图 7-34），截至 2015 年，黄河口凹陷东北半环经历了 30 多年的勘探历程，共钻探井 23 口，相继发现了渤中 29-4、渤中 29-5、渤中 35-2 和渤中 29-1 四个中小型油气田，是渤海勘探程度较高的地区之一，具有一定规模的构造圈闭已经钻探殆尽，规模型油气田的发现难度越来越大。2016～2018 年，以渤东南三维地震资料大连片拼接处理为契机，通过区域和局部断裂体系的系统整体刻画，提出渤中 29-6 构造处于郯庐断裂体系和张家口–蓬莱断裂体系交叉部位，发育"断间共轭型"走滑转换带，具备优越的油气成藏条件，特别是具备发育规模型圈闭的条件。结合精细构造解释，将渤中 29-6 构造区原先面积只有 8.9km^2 的小圈闭成功扩大到面积达 54.7km^2 的大型构造圈闭群，成功实现了渤中 29-6 构造从无到有、由小到大的华丽转变，为该亿吨级油田发现提供了理论指导。

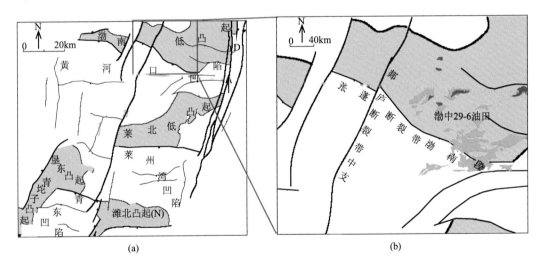

（a）　　　　　　　　　　　　　　　　　（b）

图 7-34　渤中 29-6 油田构造位置

1. 转换带特征

渤中 29-6 构造所处的整个黄河口凹陷东北半环夹持于 NNE 向郯庐走滑断裂带与 NWW 向张蓬走滑断裂带之间。走滑叠合区基底破碎、洼隆独立，特别是小型残洼极其发育，NNE 向郯庐走滑断裂带与 NWW 向张蓬走滑断裂带交叉叠置特征明显。渤海海域新生代具有走滑和伸展双动力源成盆机制，早期控洼型伸展断裂在晚期均表现出不同程度的走滑作用，体现出明显的"双源双向"走滑断裂复合构造格局。根据走滑断裂不同阶段演化表现形式可知，走滑断裂主支由"基底隐性走滑"向"盖层显性走滑"演变，并可以向上持续生长贯穿；走滑派生的次级断裂主要发育在盖层，雁列式展布，断层顶端消失层位指示走滑主活动时期。黄河口凹陷东北半环不同构造位置断裂特征差异显著，庙西地区张蓬断裂带南支早断早衰，新近纪基本停止活动；黄河口东洼地区断裂间歇性活动，走滑派生断裂偶有发育；黄河口中洼地区活动性较强，呈现出 NW 向断裂和 NE 向断裂交织密集发育的特征。整体而言，张蓬断裂带在渤南地区呈现"东强西弱"的特点，郯庐走滑断裂带则呈现相反的"东弱西强"的特点。

　　NNE 向郯庐断裂带分支断裂右旋走滑，NWW 向张家口–蓬莱断裂带分支断裂左旋走滑，两组走向近于垂直、旋向相反的走滑断裂在渤中 29-6 构造交叉叠置，形成了共轭型走滑转换带。根据局部应力状态的差异可将研究区的走滑转换带分为增压共轭型走滑转换带和释压共轭型走滑转换带，就右行郯庐走滑断裂带和左行张蓬断裂带而言，共轭交汇区域的一、三象限为挤压区，发育挤压背斜；在二、四象限为释压区，发育拉张断陷(图 7-35)。

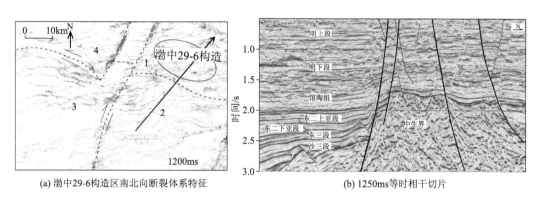

(a) 渤中29-6构造区南北向断裂体系特征　　　　(b) 1250ms等时相干切片

图 7-35　渤中 29-6 构造共轭型走滑转换带构造特征

2. 走滑转换带控藏作用

1) 对构造圈闭形成的控制作用

　　受郯庐断裂带分支断裂与张蓬断裂带在渤南地区分支的控制和影响，渤中 29-6 油田位于共轭型走滑转换带增压区，导致早期形成的单个面积在 $3\sim5km^2$ 的多个断块型圈闭在构造挤压作用下形成规模较大的断背斜构造，从而在新近系形成了 $54.7km^2$ 的大型构造圈闭群(图 7-36)。渤中 29-6 油田南部为共轭走滑释压区，整体圈闭不发育，仅发育零星断块型圈闭，前期以岩性圈闭为目标发现了渤中 29-4 南油田。走滑释压作用促进了黄河口凹陷深洼区的形成与热演化，为渤中 29-6 油田的形成提供了良好的烃源岩条件。

2) 对油气运聚的控制作用

　　共轭增压区控制大型构造圈闭和构造脊的形成，是油气横向输导的汇聚中心。渤中 29-6 油田中深层受挤压应力影响，地层隆升长期遭受剥蚀，形成良好的正向构造，是深层油气运聚的低势区，其古近系大规模砂体发育，与古地貌高点相匹配形成有利于油气运聚的"汇聚脊"。渤中 29-6 油田油气富集程度明显受走滑转换带形成的"汇集脊"控制，凸起区背斜型汇聚脊控制了 3Sa/7/17 井区的富集，且该类型汇聚脊的汇油能力明显高于其他井区，是新近系油气富集程度最高的区带。相比较之下，共轭走滑转换作用不强的区域，如东侧的 13d 井区，其成藏储量丰度明显低于"汇聚脊"发育的优势汇聚区。

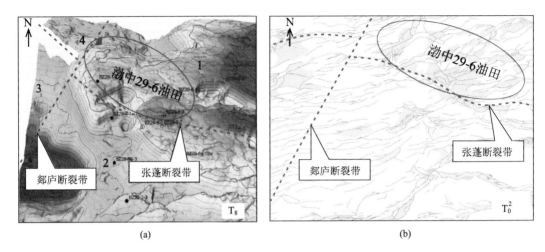

图 7-36　渤中 29-6 油田共轭型走滑转换带圈闭平面展布图

渤中 29-6 构造浅层新近系发育一系列小规模断裂，主要位于多条 NWW 向张蓬断裂带之间或侧翼，走向多呈 NE–NNE 向。由于这类断裂整体处于增压背景之下，对油气具有良好的保存作用。在明确共轭型走滑转换带控藏作用的基础上，建立了渤中 29-6 构造共轭型走滑转换带控藏模式（图 7-37）。在郯庐断裂带中支石行走滑和张蓬断裂带左行走滑的共同控制下，黄河口凹陷中洼与渤南低凸起整体处于共轭型走滑转换带背景之下，黄河口凹陷中洼处于释压区，整体沉降形成了良好的沙三段、沙四段烃源岩，为渤中 29-6 构造提供了充足的油源条件。油田主体区处于共轭型走滑转换带增压区，在深层形成良好的汇聚脊，控制了油气高丰度富集的区带，在浅层形成了一系列规模型构造圈闭，为油气富集的有利场所。同时，在挤压背景下形成的小规模断裂具备较强的封堵能力，为油气保存提供良好的侧封条件。在该成藏模式的指导下，成功发现了渤中 29-6 油田，打开了黄河口中洼东北环精细勘探的新局面，该油田与周边已开发油田首尾相接，形成黄河口东部新的连片含油气区，为渤海南部区域开发体系的持续发展注入强劲动力。

四、断梢帚状走滑转换带

断梢帚状走滑转换带主要发育在大型走滑断裂尾端，平面上常表现为马尾状的断裂组合，剖面上组合为复杂的"半花状构造"或者复式的 Y 字形构造样式。依据走滑断裂段位派生出的局部应力场性质，又可将断梢走滑转换带分为释压型和增压型两类。

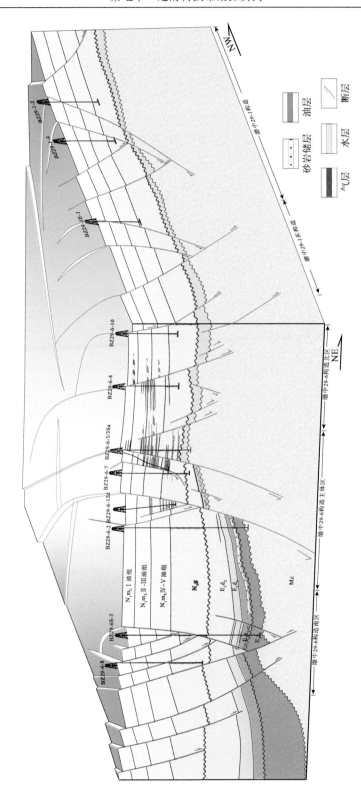

图 7-37　渤中 29-6 油田油气分布特征

（一）锦州 20-2 北油田

锦州 20-2 北油田位于锦州 20-2 构造下降盘，属辽东湾辽西低凸起北倾末端，整体为受控于辽西低凸起边界大断层并被次级断层复杂化的大型鼻状构造(图 7-38)。1988 年在二维地震资料解释的基础上，于锦州 20-2 北构造钻探了第一口探井 JZ20-2-13 井，在沙二段获 19.9m 油层发现，但因资料录取不全等原因暂缓该区评价工作。2002~2009 年，利用新三维资料的拼接处理解释，明确该构造整体为被次级断层复杂化的大型鼻状构造，断层较为发育，油气运移通道畅通，且紧邻辽西低凸起，物源供应丰富、储集砂体发育，油气成藏条件好。2009 年 4 月开始在锦州 20-2 北构造先后钻探了四口井，均获得了较好的油气发现。目前探明当量 2280.33×10⁴m³，属中型油气藏。

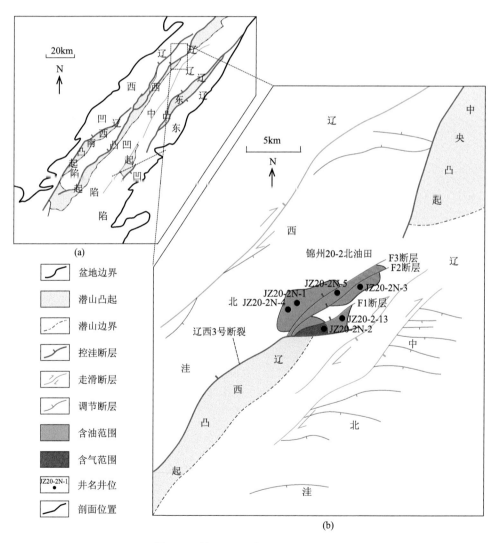

图 7-38　锦州 20-2 北油田区域位置图

1. 转换带特征

锦州 20-2 北油田位于辽西 3 号边界大断裂北部尾端，属于辽西低凸起北部倾末端，油田内部被多条由辽西 3 号断裂派生形成的一系列调节正断层所分割，断裂组合形成帚状(图 7-39)。其中，锦州 20-2 北油田所在的断梢型转换带是区内形态最为典型、控圈和控沉积作用最为明显的转换带。

平面上锦州 20-2 北构造由 NE 走向的辽西 3 号主断层和三条次级断层构成，次级断层近于平行排列，与主断层在南部斜交，整体表现为马尾状或帚状断裂组合。剖面上表现为"半花状构造"或者复式 Y 字形构造样式，在古近系深层与主断层相交。此外，剖面特征揭示尽管锦州 20-2 北构造主断层与次级断层均为伸展性质的正断层，但地层发育产生了一定程度的弯曲变形，形成规模较大的断背斜，越靠近主断层尾端体现得越明显[图 7-39(b)、(c)]，表明后期遭受了一定程度的构造挤压，为增压型断梢帚状走滑转换带。

2. 断梢走滑转换带控藏作用

辽西低凸起北段的勘探实践证实了走滑断裂尾端断梢走滑转换带对油气富集的控制作用，目前的油气发现都与该类走滑转换带相关。

1)对圈闭形成的控制作用

断梢走滑转换带发育在走滑断裂尾端，由主走滑断裂和若干条弧形次级断裂组合而成，一端散开，另一端收敛于主走滑断裂之上。在该位置处，主走滑断裂走滑强度逐渐减弱，局部增压或释压作用增强，从而导致走滑转换带的形成，以及局部构造变形特征的复杂化。锦州 20-2 北构造在沙河街组沉积期表现为受控于辽西低凸起边界大断裂的大型鼻状构造，在边界大断裂和一系列北东向次级断裂的影响下，形成了多个断鼻及断块圈闭。东营组沉积期走滑作用逐渐增强，辽西 3 号断裂尾端的局部增压作用导致这些断块、断鼻圈闭形成大型的断背斜构造，具备了形成大中型油气田的基础(图 7-40)。

2)断梢走滑转换带控制源–汇体系及储集砂体

在早期伸展和后期走滑为主的区域应力背景下，辽西 3 号断裂上升盘的辽西低凸起持续抬升、变形成为物源区，局部遭受侵蚀形成古沟谷，可以提供输砂通道，控制着物源供给水系的方向[图 7-41(a)、(b)]。在下降盘次级断裂发散部位形成构造低地貌，来自于辽西低凸起物源可以通过断梢次级断裂进入低地，成为水流主要卸载区，断梢断裂对沉积物的输导和分散具有引导作用，并形成一系列断沟，成为良好的砂体赋存场所和运输通道，控制着砂体的沉降、沉积位置[图 7-41(a)、(c)]。最终形成了多期砂体相互叠置的厚层(扇)三角洲沉积，易于形成砂岩上倾尖灭圈闭、透镜体圈闭、断层–岩性遮挡圈闭。

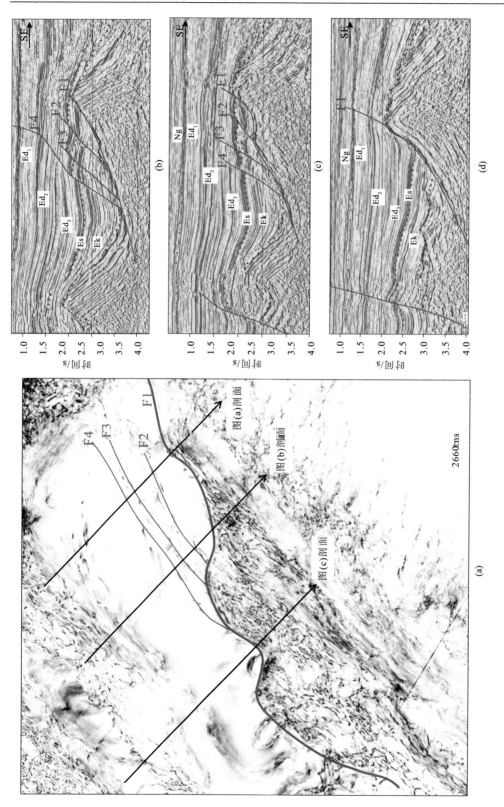

图 7-39 锦州 20-2 北地区增压型断梢走滑转换带构造特征

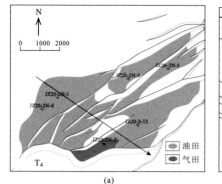 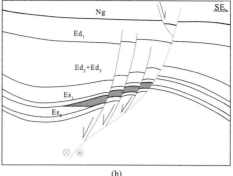

(a)　　　　　　　　　　　(b)

图 7-40　锦州 20-2 北构造断梢走滑转换带圈闭发育特征

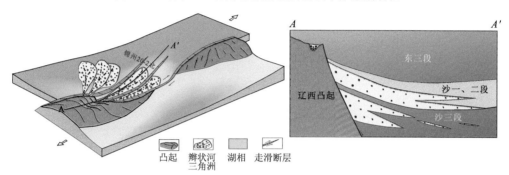

凸起　辫状河三角洲　湖相　走滑断层

图 7-41　锦州 20-2 北构造断梢走滑转换带控砂模式

钻探结果表明，锦州 20-2 北构造沙一、二段发育较大规模的近源扇体，储层最大厚度超过百米，平均 86m（图 7-42、图 7-43），油层最大厚度 53.4m，平均 36.4m，充分证

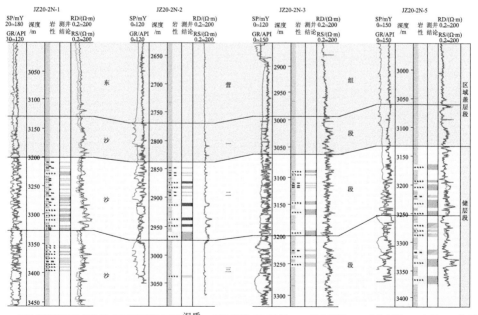

中砂岩　细砂岩　粉砂岩　泥质粉砂岩　泥岩　油层　油水同层　含油水层　水层　气层

图 7-42　锦州 20-2 北油田沙河街组连井对比图

明钻前预测。该构造的勘探突破了找砂禁区，改变了对优质砂体发育条件的传统认识，拓宽了勘探方向。

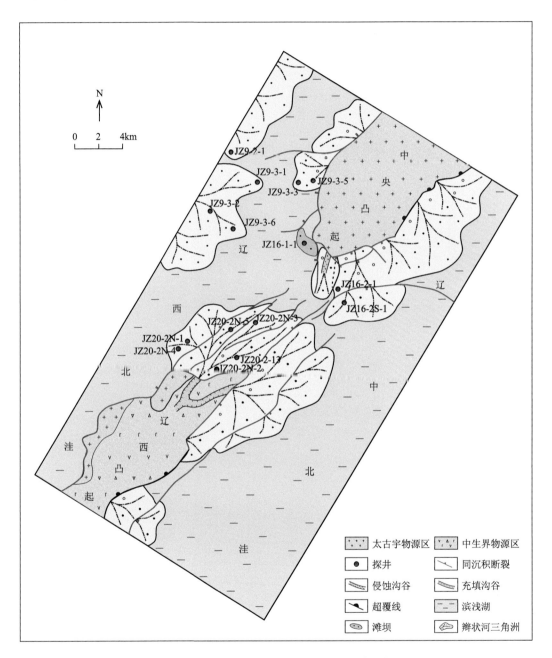

图 7-43　锦州 20-2 北油田沙二段沉积体系展布图

3) 锦州 20-2 北油田油藏特征

锦州 20-2 北构造油源来自辽西凹陷北部次洼的沙河街组至东营组暗色泥岩，断梢增压型走滑转换带的形成控制了储集砂体和构造圈闭的发育，沙河街组沉积期的辫状河三角洲、扇三角洲,以及东二段曲流河三角洲和湖底扇均为有利的储集相带,转换带断层和后期增压背景形成了大中型断背斜圈闭。转换带次级断层可以提供油气的垂向运移通道,辽西 3 号主断层及次级断层的泥岩涂抹和增压作用有利于后期的侧向封堵(图 7-44)。渤海海域断梢帚状走滑转换带多为释压型转换带,增压型数量较少,锦州 20-2 北油田的勘探成功证实了增压型断梢帚状走滑转换带有利于油气的运聚成藏,为渤海海域断梢帚状走滑转换带勘探提供了思路和借鉴。

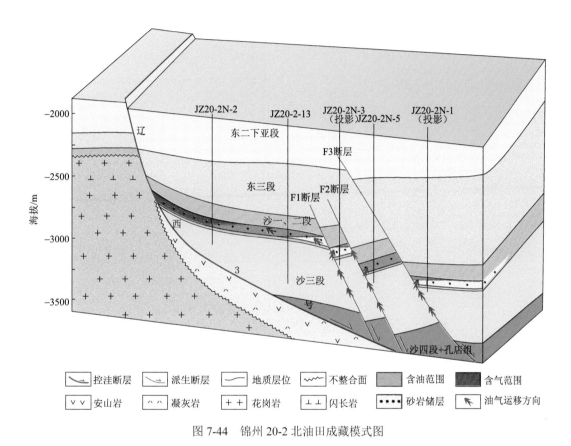

图 7-44　锦州 20-2 北油田成藏模式图

(二)龙口 7-6 油田

　　龙口 7-6 油田位于渤海海域东部郯庐断裂带东支西侧渤东低凸起南段(图 7-45)。渤东低凸起中、南段的勘探始于 20 世纪 80 年代,法国 ELF 公司在 1980 年针对馆陶组、东营组以及潜山在构造最高部位钻探了 PL7-1-1 井。2013 年通过测井资料复查,该井馆陶组解释油层 5.2m、东营组解释可疑油层 9.4m、潜山裂缝段解释油层 65.0m,整体钻探效果不佳。2014 年,应用走滑转换带控藏理论重新认识龙口 7-6 构造区,认为龙口 7-6 构造区为增压型断梢帚状走滑转换带,该带在新近系明下段、馆陶组成藏条件较好,是发育大中型油田的潜力区带。2015年，以明下段、馆陶组为目的层部署了PL7-6-1井，于明化镇组、馆陶组解释油气层73.3m，发现了龙口7-6油田。2016～2018年，针对浅层明化镇组、馆陶组相继钻探八口评价井，成功评价龙口7-6油田，油田合计三级石油地质储量3192×10^{4}t油当量，其中探明1980×10^{4}t油当量。

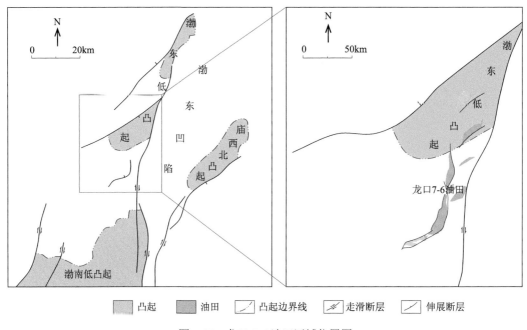

图7-45　龙口7-6油田区域位置图

1. 转换带特征

龙口7-6油田古近系构造形态为"两洼夹一凸"，即西部渤中凹陷与东部渤东凹陷夹持的渤东低凸起南段倾没端。该油田主要受控于NNE到近SN走向的蓬莱7-6走滑断裂及其派生断裂控制，北部与NE向伸展断裂相互作用，在凸起倾没端形成一系列受走滑断裂体系与伸展断裂联合控制的复杂断块群。根据构造样式的差异可以将油田区整体分为北、中、南三块(图7-46)，其中北块主要受NE走向伸展断裂控制，形成一系列断鼻圈闭群；中块和南块主要受NNE、近SN走向的蓬莱7-6走滑断裂控制，平面上与次级断裂共同构成帚状断裂组合，剖面上表现似花状构造样式。在平行于主走滑断裂、穿过次级断裂的NE向剖面上可以见到地层的轻微弯曲上拱，反映了转换带增压作用的存在。

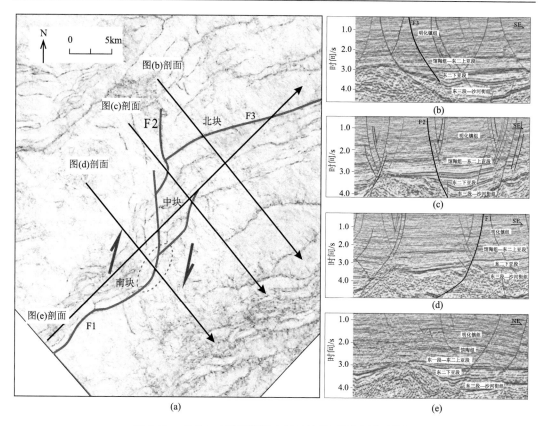

图 7-46　龙口 7-6 油田断梢走滑转换带平面及剖面特征

2. 转换带控藏作用

1) 对圈闭形成的控制作用

龙口 7-6 油田帚状走滑断裂系具有深层断裂连续、中层呈现帚状组合、浅层雁列式复杂化的垂向差异，由南向北次级断裂数量逐渐增多。帚状走滑转换带控圈机制与其他转换带类似，圈闭集中发育于增压型帚状转换带。龙口 7-6 油田北块位于渤东低凸起之上，同时受伸展性质的 F1 断裂控制，发育断鼻型圈闭；中块和南块平面上位于渤东低凸起与渤东凹陷过渡区，且位于蓬莱 7-6 走滑断裂尾端，由一系列近 SN 向次级断裂和 NNE 向主断裂构成帚状组合，由南向北撒开，NW 向剖面上表现为一系列断块和断鼻型圈闭，走滑转换带的增压作用使得小型断块、断鼻圈闭形成规模较大的断背斜圈闭。

2) 转换带断裂走滑–伸展分量配比控制成藏丰度

龙口 7-6 油田是发育在渤东低凸起南倾没端之上的大型增压型断梢帚状走滑转换带，是被渤中、渤东两大富生烃凹陷夹持的继承性发育的汇聚脊，主干断裂直接沟通深洼烃源岩，主走滑断裂和次级断裂均具有较好的垂向运移能力，油气可以经由断裂调节至浅层成藏，具有较好的成藏背景。龙口 7-6 油田明下段为极浅水三角洲前缘沉积相带，岩性组合表现为砂、泥岩不等厚互层，储盖组合较好。

在走滑转换带复杂的构造作用下，控圈断裂的侧向封闭对油气的保存具有重要的作用，控圈断裂的侧封性能影响油气藏的丰度。控圈断裂的侧封性能与断裂的性质密切相关，龙口 7-6 油田整体位于增压区，越远离走滑断裂、次级断裂弯曲程度越大增压作用越强，从而导致不同位置的主走滑断裂和次级断裂侧封性能存在差异。在上述机制下，油田区内断块成藏差异显著，油气主要富集在南块和中块，其中南块馆陶组富集，中块明下段富集(图 7-47)。北块圈闭主要受控于 NE 向伸展断裂，侧封条件差，成藏丰度较低；南块和中块均主要受控于走滑断裂尾端的增压作用，次级断裂均具有较强的侧向封堵能力，因此整体油气富集程度优于北块。此外，中块相较于南块次级断裂更为发育、断盖比更大，因此更加有利于油气的垂向运移，成藏层位主要集中在浅层明下段，而南块油气主要富集在馆陶组。

五、复合型走滑转换带

受控于走滑断裂发育特征、构造叠加改造过程、局部应力状态的复杂性与多样性，除了上述单一类型的走滑转换带之外，渤海海域还发育一定数量的复合型走滑转换带，通常由两种或两种以上类型的单一型走滑转换带组合而成，其构造变形特征、对油气成藏的控制作用、油气富集规律更加复杂。

(一)锦州 23-2 油田：S 型–帚状–双重型复合走滑转换带

锦州 23-2 油田位于渤海辽东湾海域辽东凸起北段，辽东 1 号、辽中 2 号走滑断裂共同控制了该走滑转换带的形成(图 7-48)。2013~2014 年对该构造展开评价工作，先后钻探 9 口井完成油藏评价。锦州 23-2 油田主力含油层系为新近系馆陶组，该油田馆陶组油层平均厚度 40.4m，最大油层厚度 68.7m，最高日产油 35.48m³。该油田为主要受构造控制的复杂断块油藏，纵向上具有多套油水系统，油水分布主要受构造控制，油藏类型主要为层状构造油藏，油藏埋深为 780.0~970.0m，地面原油密度为 0.964~0.973g/cm³ (20℃)，地面原油黏度 313.1~418.9mPa·s(50℃)，为典型的重质稠油油藏。锦州 23-2 油田合计三级石油地质储量为 6559.22×10⁴t，其中探明 5363.72×10⁴t。

1. 转换带特征

锦州 23-2 油田发育在郯庐断裂带辽中 2 号和辽东 1 号两条大型走滑断裂控制的辽东凸起北段。辽中 2 号断裂整体弯曲、分段效应显著，沿断裂走向发育 S 型和帚状走滑转换带，增压段和释压段交替出现。辽东 1 号断裂相对连续性较好、较为平直，与辽中 2 号断裂共同控制了辽东凸起增压双重型走滑转换带的发育。因此，辽东凸起北段在整体呈现双重型转换带的背景下，左支走滑成对出现大型 S 型走滑转换带，该 S 型走滑转换带也不是一个简单的 S 型转换带，同时还叠加了帚状转换带(图 7-49)。

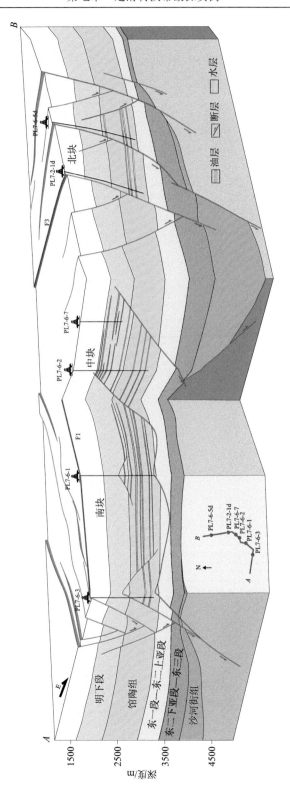

图 7-47　龙口 7-6 油田油气分布特征

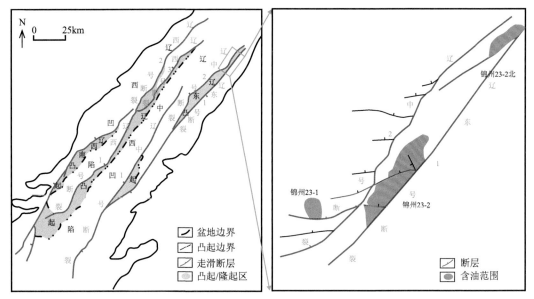

图 7-48　锦州 23-2 油田区域位置图

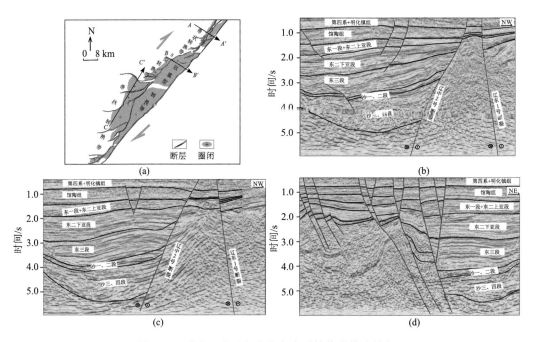

图 7-49　渤海辽东凸起北段复合型转换带构造特征

　　辽东凸起北段多种走滑转换带相互叠加、复合，导致了不同构造位置变形特征的差异性。锦州 23-1 构造为辽中 2 号走滑断裂尾端发育的释压型帚状走滑转换带，辽中 2 号走滑断裂尾部向洼陷弯曲消亡，发育一组走向 NE 到近 EW 向展布的帚状次级断裂，断裂延伸距离长，形成多个具有不同独立高点的断块圈闭；锦州 23-3 构造为受辽中 2 号断裂控制发育的 S 型增压走滑转换带，沿主走滑断层发育的调节断层较少，走向上多呈

NE–NNE 向，发育断背斜圈闭；锦州 23-2 构造为受辽中 2 号断裂和辽东 1 号断裂共同控制发育的增压型走滑双重构造，夹持形成一大型断背斜圈闭(图 7-50)。

2. 转换带控藏作用

1) 转换带控圈作用

辽东凸起北段发育 S 型、帚状和双重型三种类型的走滑转换带，导致研究区构造变形特征极为复杂。陡坡带的锦州 23-3 构造和凸起区的锦州 23-2 构造在应力状态上属于增压型转换带，不同断块之间发生明显的汇聚作用，发育断背斜、断鼻圈闭，且规模较大(图 7-50、图 7-51)；陡坡带的锦州 23-1 构造为释压型转换带，受拉张作用影响断块之间发生明显的离散作用，形成负地形，圈闭由走滑断层和走滑调节断层共同圈限，以断块圈闭发育为主，圈闭规模相对较小(图 7-50、图 7-51)。

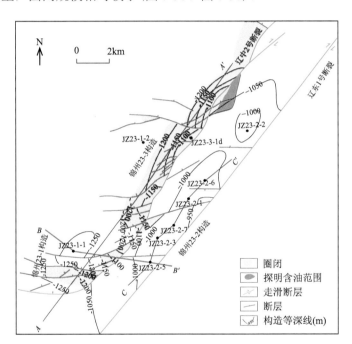

图 7-50　辽东凸起锦州 23 构造区复合型走滑转换带圈闭平面展布特征

2) 释压型转换带控制油气运移

受局部拉张作用的影响，释压走滑转换带的主走滑断层及其调节断层处于开启状态，调节断层数量多、密度大、活动性强，可以作为油气垂向运移的有利通道，并且可以沟通深层发育的砂体，形成陡坡带"中转站"运移模式，有效输导油气在走滑转换带形成的浅层圈闭群中进行分配。

JZ23-1-3 和 JZ23-2-1 两口井的包裹体分析测试并结合埋藏史分析表明，辽中北洼东部陡坡带及其围区主要存在两期油气充注：第一期油气充注时间为 25～23Ma(东营组沉积末期)，主要为深层古近系砂体接受油气充注；第二期油气充注时间为 5～0Ma(明化镇组沉积末期至今)，古近系深层砂体和浅层新近系馆陶组砂体均受到油气充注。在锦州

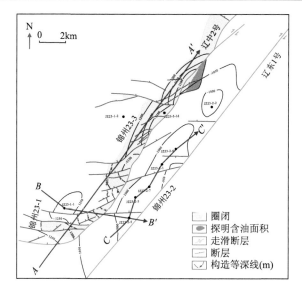

图 7-51　辽东凸起锦州 23-1-锦州 23-3 构造剖面图(位置见图 7-50)

23-1 释压型帚状走滑转换带，深层古近系沙二段及东三段砂体在东营组沉积末期接受油气第一期充注(25～23Ma)，油气直接从烃源岩内排出横向运移到深层砂体中聚集成藏；第二期油气充注与渤海新构造运动处于同一时期，走滑转换带断层活化，使得早期聚集在深层古近系砂体中的油气藏遭到破坏，与该时期生成的油气共同沿着断层垂向运移到浅层并穿过辽中 2 号断层释压段运移至辽东凸起新近系圈闭中聚集成藏，形成锦州 23-2 油田。钻探结果证实了这种油气沿释压型转换带断层两期充注过程的存在，锦州 23-1 构造揭示深层古近系沙二段和东营组存在良好的油气显示，但测井解释为大量的油水同层和含油水层等；锦州 23-2 构造浅层新近系馆陶组为油气主要聚集层系，油层厚度大，储量规模超过 $5000×10^4$ t(图 7-52)。

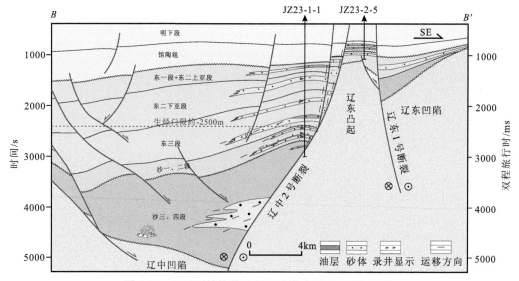

图 7-52　释压型转换带油气运移模式(位置见图 7-50)

3) 增压型转换带有利油气保存

受局部挤压作用的影响，增压型走滑转换带调节断层数量少、密度小、活动性弱，断裂更加紧闭。一方面导致油气不容易向浅层聚集而主要聚集在深层，如位于 S 型增压转换带的锦州 23-3 构造，两期油气全部充注到深层古近系砂体中，JZ23-3-1d 井揭示油气主要集中在深层古近系，浅层馆陶组没有油气显示；另一方面若有相邻释压转换带提供垂向运移通道，油气运移至增压带浅层，增压带控圈断层具有良好的侧向封闭能力，更有利于油气的保存。锦州 23-2 油田处于辽东凸起增压双重型转换带，其紧邻的陡坡带锦州 23-1 释压帚状转换带为浅层新近系馆陶组提供了充足的油源。此外，钻探结果揭示锦州 23-2 新近系馆陶组不同断块圈闭具有完全不同的油水界面(图 7-53)，进一步表明控圈断层侧向封闭能力好，增压转换带具备良好的油气保存条件。

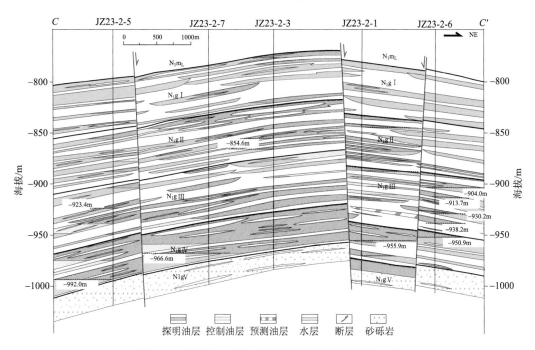

图 7-53　锦州 23-2 油田油藏剖面图(位置见图 7-50)

4) 转换带油气成藏模式

受辽中 2 号和辽东 1 号断裂分段、弯曲效应的控制和影响，辽东凸起北段锦州 23 构造区不同类型的走滑转换带相互叠加复合。在辽中 2 号断裂增压段，由于主走滑断层侧封能力强，油气富集在下降盘陡坡带；而位于释压段的锦州 23-1 构造属于典型的释压型断梢帚状转换带，转换带断层以开启为主，油气垂向运移能力强，有效沟通深层源岩与浅层砂体，同时由于主走滑断层的释压性质，油气可以穿过辽中 2 号断裂运移至辽东凸起。锦州 23-2 油田位于辽中 2 号和辽东 1 号断裂的叠覆区，发育增压型断背斜圈闭，具备好的圈闭条件和侧封条件，通过辽中 2 号断裂释压段运移来的油气最终在锦州 23-2 构造浅层馆陶组聚集成藏(图 7-54)。

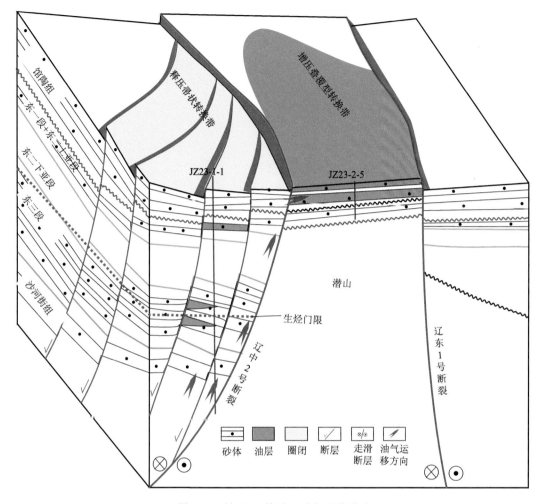

图 7-54　锦州 23 构造区油气成藏模式

辽东凸起北段的勘探突破充分说明了复合型走滑转换带对油气运聚成藏的控制作用，不同类型的走滑转换带各司其职匹配成藏。S 型走滑转换带释压段和转换带调节断层有利于油气沿断层垂向运移和穿过断层运移；增压型走滑双重构造有利于大中型构造圈闭的形成，具备良好的侧向封堵性。二者在关键成藏期的时空匹配为辽东凸起北段锦州 23-2 构造的油气富集成藏奠定了基础，也为类似地区的油气勘探提供了借鉴。

（二）旅大 16-3 油田：断间叠覆型-S 型复合走滑转换带

旅大 16-3 油田处于渤海辽东湾海域辽中南洼西部走滑带（图 7-55），1989 年钻探 LD16-3-1 井仅在东营组获得油层 16.9m。2006 年利用三维地震资料重新落实旅大 16-3/3S 构造，2014 年钻探 LD16-3S-1 井，全井获得油气层 123.5m，油层主要富集于东营组。2015 年 3～10 月相继钻探 6 口井完成油藏评价，旅大 16-3 油田三级石油地质储量 5340×10^4 t，其中探明 3471×10^4 t。

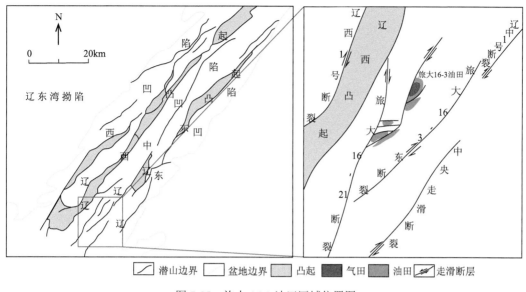

图 7-55　旅大 16-3 油田区域位置图

1. 转换带特征

旅大 16-3 地区断裂体系复杂,自西向东发育辽西 1 号、旅大 16-21、旅大 16-3 东和中央走滑断裂四条走滑断裂(图 7-55)。辽西 1 号断裂为辽西凸起中南段西侧边界断裂,是辽东湾拗陷一级断裂,控制了辽西凸起中南段的形成和演化,断裂整体呈 NE–NNE 走向,局部出现多个弯曲段。旅大 16-21、旅大 16-3 东、中央走滑断裂位于辽中南洼西斜坡,是辽东湾拗陷二级断裂,控制了斜坡带的构造演化和沉积充填,走向 NE–NNE,平面延伸距离短、弯曲现象显著,走滑伴生断裂走向为近 EW 向或 NE 向,表现为雁行排列或羽状形态(图 7-56)。剖面上,辽西 1 号走滑主干断裂断面西倾、上陡下缓、伴生断裂较少;旅大 16-21、旅大 16-3、旅大 21-1 走滑主干断裂近直立插入盆地基底,倾向多变,伴生断裂向上撒开呈似花状构造样式(图 7-56)。构造活动性分析表明这四条走滑断裂在沙河街组沉积期均以伸展作用为主,东营组沉积期以右旋走滑活动为主,通过构造物理模拟实验与构造解析相结合的方法进行走滑量的估算,东三段沉积期这四条断裂的水平走滑量依次为 2.6km、3.5km、2.2km、1.2km。

这四条走滑断裂自南至北穿过辽中南洼西部,从而导致了多个不同类型走滑转换带叠加复合。根据断层的相互作用及转换带的形态可将研究区的走滑转换带分为 S 型走滑转换带和叠覆型走滑转换带。其中,旅大 16-21 和旅大 16-3 走滑断裂在长距离走滑运动中走向多变,由于走滑断裂两盘岩性的差异导致走滑受阻形成 S 型走滑转换带;旅大 16-21 走滑断裂与旅大 16-3 走滑断裂相互叠置形成叠覆型走滑转换带。整体在旅大 16-3 地区形成了较为复杂的断间叠覆型-S 型复合走滑转换带。就局部应力状态而言,右旋右阶 S 型走滑转换带和右旋右阶叠覆型走滑转换带均属于释压型走滑转换带,右旋左阶 S 型走滑转换带属于增压型走滑转换带。

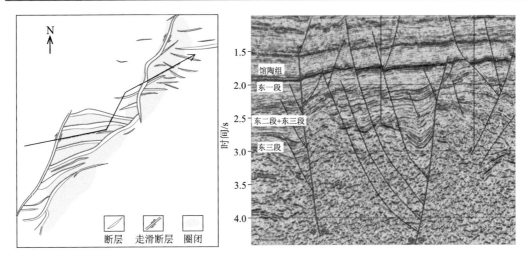

图 7-56　旅大 16-3 地区叠覆型-S 型复合走滑转换带构造特征

2. 叠覆型-S 型复合走滑转换带控藏作用

1) 对圈闭形成的控制作用

旅大 16-3 油田复合型走滑转换带的局部应力状态在空间上存在差异,北部 S 型走滑转换带以增压作用为主,中部两条走滑断裂的左阶叠覆构成释压型转换带,南部 S 型走滑转换带以释压作用为主。

局部应力状态的差异导致圈闭类型和规模的差异,如旅大 16-3 油田中部释压叠覆型构造转换带,发育逐级下掉的小型断块圈闭,单个圈闭面积最大为 3.6km²;与之毗邻的南部释压 S 型走滑转换带单个圈闭面积最大为 5.9km²;而北部增压 S 型走滑转换带尽管与中部释压叠覆型走滑转换带位置相近,但由于处于挤压应力环境,单个圈闭面积最大可达 7.9km²,以断背斜和断鼻圈闭发育为主(图 7-56)。

2) 控制源–汇体系及储集砂体

旅大 16-3 油田位于辽中南洼西部斜坡带,紧邻辽西凸起,传统上认为辽西凸起在东三段沉积时期为水下低凸起,大部分淹没于水下,供源能力有限,凸起周边难以形成富砂区,并且邻区大量钻井在东三段均揭示湖相泥岩,使得辽西凸起周缘一度成为找砂禁区。2014 年以来,在"走滑压扭成山控源,走滑张扭成谷控汇,走滑平移砂体叠覆"控砂模式指导下,对油田区源–汇重新进行系统解剖,明确了走滑转换作用对源–汇体系及储集砂体的控制作用:①增压型转换带控制局部物源体系的发育。辽西凸起具有南北分段、南高北低的特点,东三段沉积期凸起南段地势整体较高、出露中生界火山岩,岩性以安山质火山角砾岩、安山岩为主,夹薄层英安岩和流纹岩,可作为优质母岩。增压型转换带内凸起持续抬升遭受剥蚀,提供大量粗碎屑物质,为斜坡带砂体的富集奠定了物质基础。②释压型转换带控制有利汇聚体系的形成。两种类型的释压型转换带分别控制了输砂通道及可容纳空间的发育。在凸起区发育右旋右阶 S 型释压转换带,在斜坡带发育右旋右阶叠覆型释压转换带,凸起区 S 型释压转换带与斜坡带叠覆型释压转换带的高效耦合控制了旅大 16-3 地区有利汇聚体系的形成。③走滑水平位移造成源–汇体系的横向错动。旅大 16-3 地区发育以走滑作用为主导的源–汇体系，由于旅大 16-21 走滑断裂水平位移方向与砂岩输送方向垂直，随着右旋走滑活动的持续，走滑断裂两盘的源–汇体系发生横向错动，旅大 16-3 油田砂岩汇聚区相对原始的物源–沟谷耦合区不断向西南方向迁移(图 7-57)。

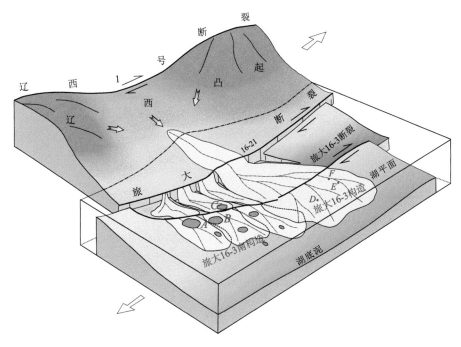

图 7-57　旅大 16-3 地区东三段走滑型源–汇体系发育模式

3)叠覆型-S 型复合走滑转换带油气运聚特征与成藏模式

A. 转换带油气运聚特征

走滑转换带对于旅大 16-3 油田油气运移及保存具有一定的控制作用。旅大 16-3 油田位于辽中南洼西部，紧邻生烃洼陷，主走滑断裂释压段和转换带次级 NEE 到近 EW 向断裂以伸展作用为主，断裂开启可以作为有效的垂向运移通道沟通深部沙河街组油源运移至浅层东营组和馆陶组成藏(图 7-58)。主走滑断裂活动性和 S 型走滑转换带局部应力状态控制油气富集层系和程度，油气富集在走滑活动强度大的东营组，且走滑弯曲增压段比释压段富集程度高，压扭强度越大，富集程度越高。

B. 转换带油气成藏模式

受控于不同类型走滑转换带的叠加复合，旅大 16-3 油田不同位置的成藏模式存在差异。北部旅大 16-3 构造为增压型 S 型转换带断–砂联控走向 Z 字形汇聚模式，洼陷油气沿断层走向从洼陷向东三段圈闭运移成藏，断–砂耦合呈 Z 字形，油气聚集成藏主要受 S 型转换带控制。旅大 16-3 南构造发育两种模式，分别为释压型 S 型转换带断–砂联控倾向 T 字形和释压叠覆型转换带晚期断裂调整汇聚模式。其中，东三段油气成藏受南部释

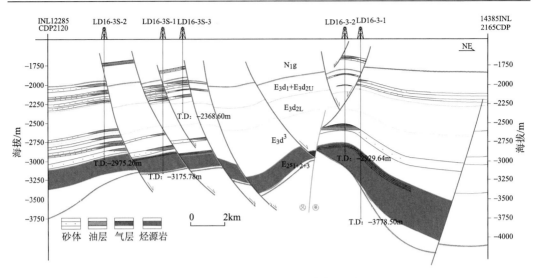

图 7-58　旅大 16-3 油田油藏剖面图

压 S 型转换带 F1 断层控制，洼陷油气沿断层垂向运移至东三段砂体，断–砂耦合呈 T 字形汇聚；东二上亚段和东一段成藏则受释压叠覆型转换带 F1 和 F2 两条断层联合控制，F2 断层晚期活动，导致东三段油气继续向上垂向运移调整，从而形成晚期调整聚集型油气汇聚(图 7-59)。

(三)垦利 6-5 油田：S 型–断间叠覆型复合走滑转换带

垦利 6-5 油田位于渤海南部海域郯庐走滑断裂带东支西侧莱东–庙南构造带，紧邻莱州湾凹陷东北次洼。油田范围内平均水深约 19.0m。为探索垦利 6-5 构造的含油气性，利用 2006～2008 年采集处理的垦利 11-12 构造区三维地震资料对该区进行地震解释与构造落实，2009 年 12 月在垦利 6-5 构造 6-4 区块钻探 KL6-4-1 井，完钻井深 3682.0m，完钻层位沙三上段(未穿)，根据测井解释结果，该井在东二段钻遇油层 23.2m，东三段钻遇油层 21.4m，沙三上段钻遇油层 37.1m，证实了垦利 6-5 构造具有较大的勘探潜力，标志着垦利 6-5 油田的发现。为了探索垦利 6-5 区块的含油气性，2010 年 3 月钻探 KL6-5-1 井，完钻井深 2435.0m，完钻层位沙三上段(未穿)，根据测井解释结果，该井在东三段钻遇油层 9.5m，沙一、二段钻遇油层 41.4m。为落实垦利 6-5 油田的储量规模，探索油气成藏规律及成藏模式，2011 年年初在 6-4 区块钻探 KL6-4-2 井、KL6-4-4 井，分别解释了 10.1m 和 19.8m 油层，进一步证实了垦利 6-5 油田东营组和沙河街组的勘探潜力。2017 年 1 月起对垦利 6-5 油田展开大规模的钻探评价工作，在垦利 6-4 区块和垦利 6-5 区块共钻探七口预探井和评价井，探明原油地质储量 1691.48×10^4t (1884.15×10^3m^3)。

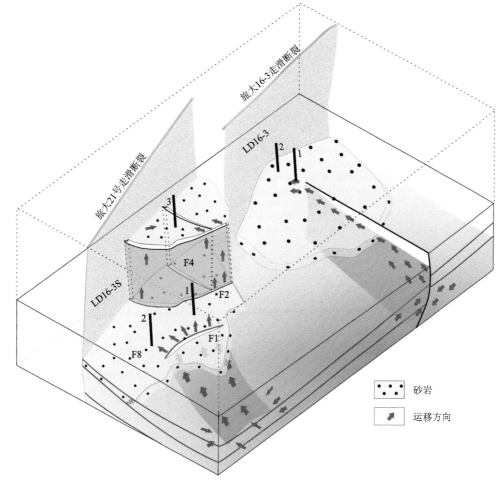

图 7-59　旅大 16-3 油田油气运移立体模式图

图中 1、2、3 分别表示增压 S 型转换带断–砂联控走向 Z 字形汇聚型、释压 S 型转换带断–砂联控倾向 T 字形汇聚型、释压叠覆型转换带晚期断裂调整汇聚型

1. 转换带特征

垦利 6-5 油田位于莱州湾凹陷东北洼，东西两侧分别为胶辽隆起斜坡带和莱北低凸起斜坡带。郯庐断裂带在研究区分为 F1、F2 和 F3 三条 NNE 走向分支断层。F1 和 F2 断层呈平行展布，地震剖面上产状近乎垂直，平面延伸长度超过 20km，贯穿整个油田区，断距各层分布不均，两侧地层厚度差别较大，地层产状压扭特征明显。F3 断层位于油田东边界，与 F1、F2 近乎平行，控制了沙河街组地层分布。三条分支断裂在走向上的 S 形弯曲现象显著，共同控制了垦利 6-5 油田区的构造形成演化，将垦利 6-5 构造分割为垦利 6-4、垦利 6-5 和垦利 6-6 三个区块，形成 S 型–断间叠覆型复合走滑转换带，在每个区块均发育一定数量的 NE–NEE 走向的次级伴生断裂，以伸展或走滑–伸展性质为主（图 7-60）。

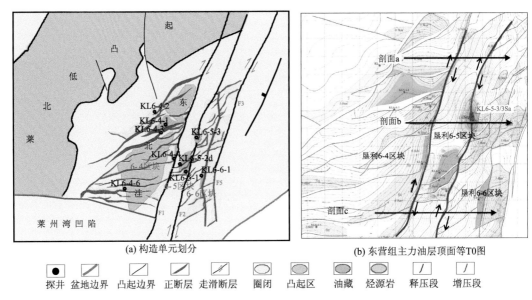

(a) 构造单元划分　　　　　　　　　　(b) 东营组主力油层顶面等T0图

| ● | ╱ | ╱ | ╱ | ╱ | ◯ | ◯ | ◯ | ◯ | ╱ |
| 探井 | 盆地边界 | 凸起边界 | 正断层 | 走滑断层 | 圈闭 | 凸起区 | 油藏 | 烃源岩 | 释压段 | 增压段 |

图 7-60　垦利 6-5 油田构造单元划分及断裂平面展布图

剖面 a、b、c 分别对应图 7-61 图(a)、(b)、(c)所示剖面

2. 转换带控藏作用

垦利 6-5 油田紧邻莱州湾凹陷东北洼，油源供给充足。新近系馆陶组广泛分布的火山岩是优越的区域盖层。垦利 6-5 油田范围内钻井揭示的含油气层位有新近系馆陶组和古近系东二段、东三段、沙一段、沙二段以及沙三段，其中东二段和东三段为主力含油层位。走滑转换带"压扭控圈、张扭控运"特征构成了垦利 6-5 构造古近系油气成藏的主要控制因素。

1) 控制构造圈闭形成

研究区主要受走滑–伸展两种构造应力影响，由于主应力性质不同，垦利 6-5 油田不同区块的圈闭类型及其分布具有明显的差异[图 7-60(b)、图 7-61]。

垦利 6-4 区块位于 F1 断层以西，区块圈闭受控于主走滑断层、伸展断层及走滑伴生断层，具有多个断块、多个高点的特征。古近纪早期在伸展应力背景下垦利 6-4 区块沿 SN 走向上形成三个断阶带，中晚期 NNE 向的郯庐断裂带右行走滑，进一步将研究区分割为多个断块，同时受 F1 走滑断层 S 形弯曲导致的局部增压作用影响，中、北段发育了多个轴向近 EW 向的断背斜圈闭，规模较大。

垦利 6-5 和垦利 6-6 区块主要受走滑构造作用控制。垦利 6-5 区块夹持于两条 NNE 走向的 F1、F2 走滑断层之间，在多条 NEE 走向伴生断层分割下形成多个断块圈闭。垦利 6-6 区块主要受 F2 和 F3 两条分支走滑断层控制，其中 F3 断层北段主要表现走滑特征，到南端转变为边界伸展断层，同时在两条走滑断裂之间发育 NNE 走向的断层 F4，将垦利 6-6 区块进一步分为东西两块。整体上，垦利 6-5 油田具有断块差异成藏的特点，东西分带、南北分块，弯曲走滑断裂增压段有利于圈闭封堵，中部断块集中成藏。

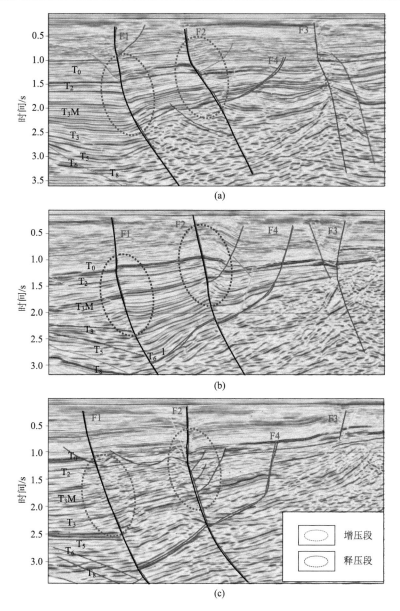

图 7-61 不同走滑应力段剖面(剖面位置见图 7-60)

2)油气运移聚集特征与成藏模式

莱州湾东北洼主要供烃层位为沙河街组,在垦利 6-5 构造的三个区块中,垦利 6-4 区块位于洼陷区,供烃条件好,KL6-4-1 井、KL6-4-4 井沙河街组最先取得突破,而位于斜坡区的垦利 6-5 和垦利 6-6 两个区块沙河街组烃源岩成熟度低、供烃能力有限,是否成藏取决于油气能否穿过走滑断层 F1 向走滑斜坡区运移。此外,南部 KL6-4-4 井区控圈走滑断层南段为张扭性质,油气的保存能力有限,油气大部分直接向斜坡区垦利 6-5 区块与垦利 6-6 区块沙河街组继续运移,能供给斜坡区东营组圈闭的油气数量有限,能否向垦利 6-5 区块东营组圈闭输导存在争议。同时,根据已钻井油层分布情况,垦利 6-4

区块的最高成藏层位是东二下段的底部，而垦利 6-5 区块的圈闭主要发育在东营组顶部，层位越往下圈闭面积越小，因此垦利 6-5 区块能否取得突破的关键在于油气是否能够有效向上运移。

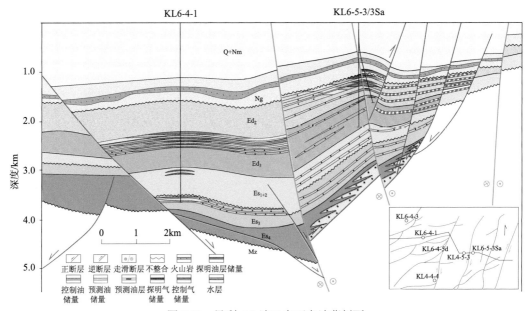

图 7-62　垦利 6-5 油田东西向油藏剖面

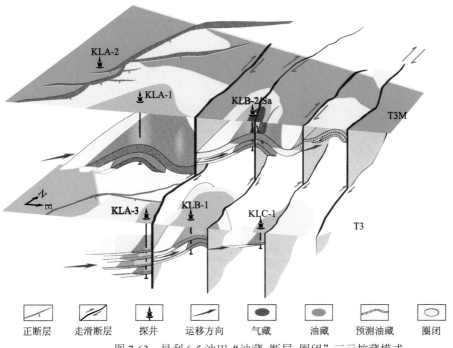

图 7-63　垦利 6-5 油田"油藏–断层–圈闭"三元控藏模式

通过对走滑转换带断裂特征与构造演化进行分析，提出了垦利 6-5 构造"压扭控圈、张扭控运"的差异控藏特征，创新建立了"油藏–断层–圈闭"三元控藏模式，认为在垦利 6-4 中部和北部、垦利 6-5 中部继承性伸展断裂与 S 型走滑断裂增压作用共同控制形成的背斜与断背斜圈闭具有较好的保存条件，而构造南部在张扭作用下形成的 S 型走滑转换带释压段和断间叠覆型转换带次级断裂则构成了有效的油气垂向运移通道，使得油气首先从莱州湾凹陷东北洼垂向运移至垦利 6-4 区块的东营组和沙河街组，随后，油气继续通过 S 型走滑转换带释压段从 KL6-4-1 东营组"中转站"向垦利 6-5 区块和垦利 6-6 区块东营组运移，在压扭段得到有效保存并最终成藏(图 7-62、图 7-63)。

第八章 结 论

走滑及其构造转换带的发育是渤海东部新生代盆地的典型特征，对油气的生成、运移、聚集成藏具有重要的控制作用。本书基于最新的三维大连片地震处理资料，充分吸收、借鉴前人研究成果在对主干走滑断裂精细解析的基础上，对渤海东部走滑转换带进行了类型区划、特征解析，明确了不同走滑转换带的增压、释压强度，在此基础上分析了走滑转换带对油气运聚成藏的控制作用，形成了如下五点主要结论和认识。

1. 渤海东部断裂体系发育特征体现了地幔上涌产生的水平伸展与 NNE-SSW 向右旋走滑的复合效应，具有三层结构、三组分支、三段分区的特点

(1)受 NW 走向的秦皇岛–旅顺、张家口–蓬莱断裂带影响，渤海东部走滑断裂带可分为渤南段、渤中–渤东段、辽东湾段，不同分段断裂体系差异明显，辽东湾段整体表现为 NNE 向主干断裂与近 EW 和 NE 向次级断裂构成的"韭"字形结构模式；渤中–渤东段整体表现为 NNE 向主干断裂与 NW 和 NE 向次级断裂构成的"爽"字形结构模式；渤南段整体表现为 NNE 向主干断裂与 NWW 向断裂构成的"井"字形结构模式。

(2)渤海东部走滑断裂带构造特征具有明显的东西差异，各分区断裂体系均具有东、中、西三组(支)走滑断裂，整体走滑强度东强西弱，东部 NNE 向主干走滑断裂连续性好，西部连续性差。

(3)渤海东部走滑断裂带具有明显的垂向差异，深部(T6、T8)主干断裂连续性好，次级断裂数量少，中–南部 NWW、近 EW 向断裂发育；中部(T3、T5)主干断裂连续性变差，次级断裂增多，南部 NWW、近 EW 向断裂发育；浅部(T0、T2)主干断裂多不连续、雁形排列，次级断裂数量多、规模小。

2. 秦皇岛–旅顺、张家口–蓬莱 NW 向先存断裂体系的存在、复活及其构造转换作用，是导致渤海东部走滑断裂带的南、北分区效应的主要因素

(1)基于野外露头、相邻地区的类比，以及渤海东部地震资料的分析解释，明确了秦皇岛–旅顺、张家口–蓬莱 NW 向断裂带的存在。秦皇岛–旅顺断裂带发育在辽东湾拗陷与渤东凹陷之间，包括辽中南洼 NW 向断裂及蓬莱 3 号断裂；张家口–蓬莱断裂带发育在渤海海域南部，包括埕北断裂、沙南和沙北断裂，以及渤南地区的 NW 向断裂。

(2)NW 向断裂带经历了印支期挤压逆推—燕山期反转—喜马拉雅期共轭走滑、斜向伸展改造的复杂演化过程，印支期扬子板块与华北板块"剪刀"式挤压碰撞，导致 NW 向逆推断裂的产生；燕山期地幔上涌、郯庐断裂带左旋，形成 NE-SW 向拉张，导致 NW 向断裂由"逆"转"正"；喜马拉雅期 NW 向断裂与 NNE 向郯庐断裂带存在共轭剪切的关系，经历了右旋到左旋的转变，且在斜向拉伸的条件下发生改造。

(3)不同区域 NW 向断裂新生代的活动特征存在差异，可分为三种类型：①持续活动型，以张性为主、弱走滑，主要分布于远离郯庐走滑断裂带的区域，如埕北、沙南、沙北、柏各庄、高柳、滦河等断层；②早期消亡型，发育于新生代盆地深洼区，中生代活动，新生代基本不活动；③新生改造型，新生代晚期活动为主，左旋走滑特征较强，主要分布于郯庐断裂带内部或紧邻区域。

3. 渤海东部为"伸展–走滑"复合盆地，伸展–走滑应力的叠加配比关系，控制了渤海东部新生代结构时空差异

(1) 就垂向活动性而言，不同分段、不同分支断裂存在明显差异，除辽中 2 号和莱州东支 3 号断裂外，郯庐断裂带整体各时期活动强度东支小于中支，均大于西支。

(2) 就走滑位移量而言，郯庐断裂带走滑位移量辽东湾段＞渤中–渤东段＞渤南段，整体表现为由南向北走滑位移量逐渐增加、走滑强度逐渐增大的趋势；就不同分支而言，走滑位移量中支＞东支＞西支。

(3) 渤海东部经历了复杂的"伸展–走滑"叠加复合过程，控制了盆地结构的时空差异。Ek–Es$_4$ 期伸展强于走滑，为郯庐断裂带左旋走滑到右旋走滑的构造转型期；Es$_3$–Es$_1$ 期中等伸展、右旋走滑，走滑强度逐渐增大，构造格局基本定型；Ed 期强走滑、弱伸展，各构造单元分隔性减弱，整体断–拗转换；N–Q 渤海东部在整体拗陷基础上叠加中等强度的走滑。

4. 依据局部应力及发育的构造位置，将渤海东部走滑转换构造划分为四大类十小类，建立了不同类型走滑转换构造增压、释压强度的定量表征方法

(1) 基于地震资料、勘探成果的分析解释，结合前人研究成果，依据其在主干走滑断裂的发育位置，将渤海东部走滑转换带划分为断边、断间、断梢和复合型四大类，进一步依据局部应力性质划分为十小类，不同类型走滑转换带的发育特征、展布规律、演化过程存在差异。

(2) 建立了基于区域走滑方向与走滑转换带展布方向之间关系的走滑转换带增压、释压强度定量表征方法，可定量表征走滑转换带任一位置、不同层位或任意深度的增压或释压强度。

(3) 就断边 S 型走滑转换带而言，辽东湾地区西部辽西南 1 号断裂以释压型为主，其余断裂带增压、释压均发育；渤东、渤南地区主要表现为增压型。整体而言增压强度系数南强北弱。断间叠覆型、双重型走滑转换带在渤海东部增压型与释压型相间排列。断梢帚状转换带主要发育在辽东湾、渤东地区，由主干断裂向发散端释压强度逐渐增大。

5. 渤海东部走滑转换带的增、释压效应是控制油气成藏的关键，整体表现为"释压控源，组合控圈，增压利堵，差异成藏"的特点

(1) 释压型走滑转换带促进了局部的地层沉降，从而有利于源岩的发育，尤其是释压叠覆型和双重型走滑转换带，释压强度越大，烃源岩厚度、TOC 越大。增压型走滑转换带加剧了局部的地层变形幅度和断裂发育，从而有利于构造圈闭的形成。

(2) 走滑转换作用派生增压、释压导致局部构造应力特征变化，影响走滑断裂带物性特征。增压区断裂具有更强的侧向封堵性，有利于封堵成藏；释压区断裂侧封性弱，进而影响油气的运移方向。释压段油气可以穿过断裂带侧向运移、沿断裂带垂向运移，难以走向运移；增压段油气难以穿过断裂带侧向运移，可沿断裂带走向(构造脊)或垂向运移。

(3)渤海海域走滑转换带以增压区成藏为主，释压区成藏数量少、规模小，部分构造失利。就油气的分布而言，增压区上盘成藏、多层系成藏、断圈成藏占主导，释压区则有利于下盘成藏、浅部成藏和潜山成藏。

(4)不同类型走滑转换构造带的油气成藏模式与主控因素存在差异，增压 S 型走滑转换带主走滑断裂垂向、走向运移-侧向封堵-多层系成藏；释压 S 型走滑转换带主走滑断裂垂向、侧向运移-下盘遮挡封堵、增压段匹配封堵-中浅层成藏、下盘浅层和潜山内幕成藏。断间型走滑转换构造主要控制地层及构造变形、影响圈闭幅度，油气运移及封堵受控于主干断裂和次级断裂的增压、释压类型，增压段垂向和走向运移、侧向封堵，释压段垂向和侧向运移、断块遮挡封堵。断梢帚状走滑转换构造主走滑断裂和次级断裂垂向、侧向运移-下盘遮挡封堵-浅层、潜山成藏。

参 考 文 献

白莹. 2014. 中国东部中、新生代盆地演化特征及构造迁移规律. 中国地质大学(北京).

包汉勇, 郭战峰, 张罗磊, 等. 2013. 盆地伸展系数求取方法与评价——以苏北盆地为例. 石油实验地质, 35(3): 331-338+346.

毕素萍, 张庆龙, 王良书, 等. 2008. 松辽盆地宾县凹陷平衡剖面恢复及构造演化分析. 石油实验地质, 30(2): 203-206.

蔡东升, 罗毓晖, 武文来, 等. 2000. 渤海构造演化与油气关系的新认识. "九五"全国地质科技重要成果论文.

蔡东升, 罗毓晖, 武文来, 等. 2001. 渤海浅层构造变形特征、成因机理与渤中坳陷及其周围油气富集的关系. 中国海上油气, 15(1): 35-43.

蔡冬梅, 赵弟江, 彭靖松, 等. 2018. 优质烃源岩识别及其多属性反演技术定量评价——以渤海海域辽东南洼陷为例. 石油地球物理勘探, 53(2): 330-338+222-223.

蔡俊, 吕修祥, 李博媛. 2016. 横向断层及其控油气作用. 地质科技情报, (1): 107-113.

曹忠祥. 2008. 营口–潍坊断裂带新生代走滑拉分–裂陷盆地伸展量、沉降量估算. 地质科学, 43(1): 65-81.

陈长云. 2016. 张家口–渤海断裂带分段运动变形特征分析. 地震, 36(1): 1-11.

陈聪. 2016. 辽东湾坳陷油气成藏动态耦合过程研究. 成都理工大学.

陈发景. 1993. 伸展盆地分析. 天然气地球科学, (Z1): 109-131.

陈发景, 汪新文. 1996. 含油气盆地地球动力学模式. 地质论评, (4): 304-310.

陈发景, 汪新文. 1997. 中国中、新生代含油气盆地成因类型、构造体系及地球动力学模式. 现代地质, (4): 2-17.

陈清华, 陈诗望, 黄超. 2004. 渤海湾盆地成因类型评介. 油气地质与采收, (6): 1-2+81.

陈珊珊, 陈晓辉, 孟祥君, 等. 2016. 渤海辽东湾海域海底底形特征及控制因素. 海洋地质前沿, (5): 31-39.

陈书平, 吕丁友, 王应斌, 等. 2010. 渤海盆地新近纪—第四纪走滑作用及油气勘探意义. 石油学报, 31(6): 894-899.

陈伟, 吴智平, 侯峰, 等. 2010a. 断裂带内部结构特征及其与油气运聚关系. 石油学报, 31(5): 774-780.

陈伟, 吴智平, 侯峰, 等. 2010b. 油气沿断裂走向运移研究. 中国石油大学学报(自然科学版), 34(6): 6.

陈晓利, 陈国光, 叶洪. 2005. 渤海海域现代构造应力场的数值模拟. 地震地质, (2): 289-297.

陈兴鹏, 李伟, 吴智平, 等. 2019. "伸展–走滑"复合作用下构造变形的物理模拟. 大地构造与成矿学, 43(6): 1106-1116.

陈昭年, 陈发景. 1995. 反转构造与油气圈闭. 地学前缘, (3): 96-102.

陈竹新, 李伟, 雷永良, 等. 2015. 川西北地区深层构造地质结构与勘探方向分析. 第八届中国含油气系统与油气藏学术会议论文摘要汇编, 40.

池英柳. 2001. 渤海新生代含油气系统基本特征与油气分布规律. 中国海上油气(地质), (1): 3-10.

池英柳, 张万选, 张厚福, 等. 1996. 陆相断陷盆地层序成因初探. 石油学报, (3): 19-26.

池英柳, 杨池银, 周建生. 2000. 渤海湾盆地新生代断裂活动与含油气系统形成. 勘探家, (3): 41-48+7.

邓宾, 赵高平, 万元博, 等. 2016. 褶皱冲断带构造砂箱物理模型研究进展. 大地构造与成矿学, 40(3): 446-464.

邓宾, 杨刚, 赖冬, 等. 2018. 弧形走滑砂箱构造物理模型及其大地构造意义. 成都理工大学学报(自然科学版), 45(1): 99-108.

邓尚, 李慧莉, 张仲培, 等. 2018. 塔里木盆地顺北及邻区主干走滑断裂带差异活动特征及其与油气富集的关系. 石油与天然气地质, 39(5): 878-888.

邓尚, 李慧莉, 韩俊, 等. 2019. 塔里木盆地顺北 5 号走滑断裂中段活动特征及其地质意义. 石油与天然气地质, 40(5): 990-998+1073.

邓运华. 2001. 郯庐断裂带新构造运动对渤海东部油气聚集的控制作用. 中国海上油气, (5): 2-6.

邓运华. 2004. 张-扭断裂与油气运移分析——以渤海油区为例. 中国石油勘探, 9(2): 33-37.

杜乐天, 欧光习. 2007. 盆地形成及成矿与地幔流体间的成因联系. 地学前缘, (2): 215-224.

范军侠, 李宏伟, 朱筱敏, 等. 2006. 辽东湾北部地区走滑构造特征与油气富集规律. 古地理学报, 8(3): 415-418.

范秋海, 吕修祥, 李伯华. 2008. 走滑构造与油气成藏. 西南石油大学学报(自然科学版), 30(6): 76-80+209.

方曙. 2016. 板块运动地球动力学机制探究. 大地测量与地球动力学, (9): 775-783.

方颖, 张晶. 2009. 张家口-渤海断裂带分段活动性研究. 地震, 29(3): 136-140.

封东晓. 2015. 张扭构造的几何学、运动学特征及其石油地质意义. 中国地质大学(北京).

付晓飞, 方德庆, 吕延防, 等. 2005. 从断裂带内部结构出发评价断层垂向封闭性的方法. 地球科学: 中国地质大学学报, 30(3): 9.

高战武, 徐杰, 宋长青, 等. 2001. 张家口-蓬莱断裂带的分段特征. 华北地震科学, (1): 35-42+54.

龚德瑜. 2012. 辽中凹陷油气成藏规律研究. 成都理工大学.

龚艳萍. 2013. 走滑构造带的比例化物理模拟. 南京大学.

龚再升, 王国纯. 2001. 新构造运动控制晚期油气成藏. 石油学报, (2): 1-7+119.

龚再升, 蔡东升, 张功成. 2007. 郯庐断裂对渤海海域东部油气成藏的控制作用. 石油学报, 28(4): 1-10.

韩孔艳. 2009. 张家口-渤海构造带的分段性与地震活动特征研究. 中国地震局地质研究所.

韩宗珠, 颜彬, 唐璐璐. 2008. 渤海及周边地区中新生代构造演化与火山活动. 海洋湖沼通报, (2): 30-36.

郝芳, 蔡东升, 邹华耀, 等. 2004. 渤中坳陷超压-构造活动联控型流体流动与油气快速成藏. 地球科学, (5): 518-524.

何京, 吴奎, 彭靖淞, 等. 2018. 辽东湾坳陷新生代走滑断裂体系及其成因. 大庆石油地质与开发, 37(2): 40-47.

侯贵廷. 2014. 渤海湾盆地地球动力学. 北京: 科学出版社.

侯贵廷, 钱祥麟, 宋新民. 1998. 渤海湾盆地形成机制研究. 北京大学学报(自然科学版), (4): 91-97.

侯贵廷, 钱祥麟, 蔡东升. 2001. 渤海湾盆地中、新生代构造演化研究. 北京大学学报(自然科学版), (6): 845-851.

侯旭波, 吴智平, 李伟. 2010. 济阳坳陷中生代负反转构造发育特征. 中国石油大学学报(自然科学版), 34(1): 18-23.

胡望水. 1997. 正反转构造类型及其研究方法. 大庆石油地质与开发, (2): 6-9.

胡望水. 2004. 郯庐断裂带及其周缘中新生代盆地发育特征. 湖北省石油学会第十一次优秀学术论文评选会论文集.

胡望水, 吕炳全, 官大勇, 等. 2003. 郯庐断裂带及其周缘中新生代盆地发育特征. 海洋地质与第四纪地质, (4): 51-58.

胡惟. 2014. 郯庐断裂带渤海段新构造活动方式与深部背景. 合肥工业大学.

胡惟, 朱光, 严乐佳, 等. 2014. 郯庐断裂带中段地震活动性与深部地壳电性结构关系的探讨. 地质论评, (1): 80-90.

胡贤根, 谭明友, 张明振. 2007. 济阳坳陷东部走滑构造及其形成机制. 油气地质与采收率, (5): 42-45+113.

胡志伟, 宿雯, 李果营, 等. 2019. 渤海南部海域小微断裂成因机制及控藏类型. 中国海上油气, 31(2): 29-38.

环文林, 张晓东, 宋昭仪. 1997. 中国大陆内部走滑型发震构造粘滑运动的结构特征. 地震学报, (3): 2-11.

黄超, 余朝华, 张桂林, 等. 2013. 郯庐断裂中段新生代右行走滑位移. 吉林大学学报: 地球科学版, 43(3): 820-832.

黄雷. 2014. 渤海海域新近纪以来构造特征与演化及其油气赋存效应. 西北大学.

黄雷. 2015. 走滑作用对渤海凸起区油气聚集的控制作用: 以沙垒田凸起为例. 地学前缘, 22(3): 68-76.

黄雷, 刘池洋. 2019. 张扭断裂带内复合花状构造的成因与意义. 石油学报, 40(12): 1460-1469.

黄雷, 王应斌, 武强, 等. 2012a. 渤海湾盆地莱州湾凹陷新生代盆地演化. 地质学报, (6): 867-876.

黄雷, 周心怀, 刘池洋, 等. 2012b. 渤海海域新生代盆地演化的重要转折期——证据及区域动力学分析. 中国科学: 地球科学, 42(6): 893-904.

纪静, 郑智江, 陈聚忠, 等. 2016. 渤海湾区域应变应力场演化特征. 大地测量与地球动力学, (11): 985-990+997.

季佑仙. 2002. 中国近海盆地平移断层特征及地震解释. 中国海上油气. 地质, (5): 62-64.

贾承造, 李本亮, 张兴阳, 等. 2007. 中国海相盆地的形成与演化. 科学通报, (S1): 1-8.

贾东, 陈竹新, 张惬, 等. 2005. 东营凹陷伸展断弯褶皱的构造几何学分析. 大地构造与成矿学, (3): 295-302.

贾楠, 刘池洋, 张功成, 等. 2015. 辽东湾坳陷新生代构造改造作用及演化. 地质科学, (2): 377-390.

姜贵周. 1997. 中国东北中新生代盆地成因与演化. 大庆石油学院学报, (1): 3-8.

姜雪, 邹华耀, 庄新兵, 等. 2010. 辽东湾地区烃源岩特征及其主控因素. 中国石油大学学报(自然科学版), 34(2): 8.

蒋海昆, 侯海峰, 林怀存. 1988. 齐次及非齐次马尔科夫模型在郯庐带未来地震活动情况预测工作中的应用. 地震地磁观测与研究, (6): 16-26+31.

蒋有录, 王鑫, 于倩倩, 等. 2016. 渤海湾盆地含油气凹陷压力场特征及与油气富集关系. 石油学报, (11): 1361-1369.

蒋子文, 王嗣敏, 徐长贵, 等. 2013. 渤海海域辽东带中南部郯庐断裂走滑活动的沉积响应. 现代地质, 27(5): 1005-1012.

金性春. 1983. 略论板块构造与地台的活化. 自然杂志, (5): 355-359+400.

金性春, 严则. 1988. 板块构造理论与中国主要大地构造学派. 地质论评, (1): 71-79.

琚宜文, 孙盈, 王国昌, 等. 2015. 盆地形成与演化的动力学类型及其地球动力学机制. 地质科学, (2): 503-523.

康琳, 郭涛, 王伟, 等. 2020. 基于地层厚度趋势相关性分析的走滑位移量计算——以渤海湾盆地辽东断裂为例. 海洋地质前沿, 36(11): 2-10.

康玉柱. 2014. 全球沉积盆地的类型及演化特征. 天然气工业, (4): 10-18.

赖维成. 2012. 渤海海域第三系层序地层模式及地震储层预测技术. 中国地质大学(北京).

李才, 周东红, 吕丁友, 等. 2014. 郯庐断裂带渤东区段断裂特征及其对油气运移的控制作用. 地质科技情报, (2): 61-65.

李春荣. 2015. 渤海海域渤东凹陷结构特征与勘探方向. 海洋石油, (4): 1-7+34.

李德生. 1979. 渤海湾含油气盆地的构造格局. 石油勘探与开发, (2): 1-10.

李德生. 1980. 渤海湾含油气盆地的地质和构造特征. 石油学报, (1): 6-20.

李海兵, 许志琴, Tapponnier P, 等. 2007. 阿尔金断裂带最大累积走滑位移量——900km? 地质通报, 26(10): 1288-1298.

李继岩, 吴孔友, 王晓蕾. 2011. 惠民南部地区油水物化性质与油气运移方向和模式. 科技导报, (2): 36-40.

李理, 赵利, 刘海剑, 等. 2015. 渤海湾盆地晚中生代—新生代伸展和走滑构造及深部背景. 地质科学, 50(2): 446-472.

李明刚, 漆家福, 童亨茂, 等. 2010. 辽河西部凹陷新生代断裂构造特征与油气成藏. 石油勘探与开发, (3): 281-288.

李明刚, 吴克强, 康洪全, 等. 2015. 走滑构造变形特征及其形成圈闭分布. 特种油气藏, 22(2): 44-47.

李三忠, 索艳慧, 戴黎明, 等. 2010. 渤海湾盆地形成与华北克拉通破坏. 地学前缘, 17(4): 64-89.

李三忠, 余珊, 赵淑娟, 等. 2013. 东亚大陆边缘的板块重建与构造转换. 海洋地质与第四纪地质, 33(03): 65-94.

李伟. 2007. 渤海湾盆地区中生代盆地演化与前第三系油气勘探. 中国石油大学.

李伟, 吴智平, 侯旭波, 等. 2010. 平衡剖面技术在临清坳陷东部盆地分析中的应用. 油气地质与采收率, 17(2): 33-36.

李伟, 任健, 刘一鸣, 等. 2015. 辽东湾坳陷东部新生代构造发育与成因机制. 地质科技情报, 34(6): 58-64.

李伟, 陈兴鹏, 吴智平, 等. 2016. 渤海海域辽中南洼压扭构造带成因演化及其控藏作用. 高校地质学报, 22(3): 502-511.

李伟, 平明明, 周东红, 等. 2018. 辽东湾坳陷新生代主干断裂走滑量的估算及其地质意义. 大地构造与成矿学, 42(3): 445-454.

李伟, 郭甜甜, 吴智平, 等. 2019. 平衡剖面方法在伸展-走滑作用叠加-配比关系分析中的应用——以渤海海域辽东湾坳陷为例. 地质论评, 65(6): 205-218.

李西双. 2008. 渤海活动构造特征及其与地震活动的关系研究. 中国海洋大学.

李延成. 1993. 渤海的地质演化与断裂活动. 海洋地质与第四纪地质, (2): 25-34.

林畅松, 夏庆龙, 周心怀, 等. 2015. 地貌演化、源-汇过程与盆地分析. 地学前缘, 22(1): 9-20.

蔺殿忠. 1982. 渤海湾盆地的扭动构造特征及其对油气的控制作用. 石油与天然气地质, (1): 16-24.

蔺殿忠. 1984. 渤海湾盆地断块体扭转翘倾及其形成机制的探讨. 石油勘探与开发, (3): 26-31.

刘超, 李伟, 吴智平, 等. 2016. 渤海海域渤南地区新生代断裂体系与盆地演化. 高校地质学报, 22(2):

317-326.

刘池洋. 1987. 渤海湾盆地基底正断层缓断面的形成原因及其地质意义. 西北大学学报: 自然科学版, (1): 40-48.

刘池洋. 2008. 沉积盆地动力学与盆地成藏(矿)系统. 地球科学与环境学报, (2): 25-34.

刘池洋, 王建强, 赵红格, 等. 2015. 沉积盆地类型划分及其相关问题讨论. 地学前缘, 22(3): 1-26.

刘春成, 戴福贵, 杨津, 等. 2010. 渤海湾盆地海域古近系—新近系地质结构和构造样式地震解释. 中国地质, 37(6): 1545-1558.

刘丹丹, 赵国祥, 官大勇, 等. 2019. 渤南低凸起北侧斜坡带新近系油气成藏关键因素分析. 中国海上油气, 31(6): 25-33.

刘栋梁, 方小敏, 王亚东, 等. 2008. 平衡剖面方法恢复柴达木盆地新生代地层缩短及其意义. 地质科学, 43(4): 637-647.

刘丰, 徐长贵, 王冰洁, 等. 2017. 辽中凹陷南洼 LD16 油田走滑伴生构造特征及控藏作用. 地质科技情报, 36(2): 105-111.

刘光夏, 赵文俊, 张先. 1996. 郯庐断裂带渤海段的深部构造特征——地壳厚度和居里面的研究结果. 长春地质学院学报, (4): 29-32.

刘杰. 1981. 渤海含油气盆地的形成与构造演化. 海洋地质与第四纪地质, (1): 51-58.

刘星利. 1987. 渤海地区构造展布特征与油气分布. 石油与天然气地质, (1): 45-54.

刘星利, 王仲明. 1981. 渤海海域郯庐断裂带的地质构造特征. 海洋地质研究, (2): 68-76.

刘寅, 陈清华, 胡凯, 等. 2014. 渤海湾盆地与苏北–南黄海盆地构造特征和成因对比. 大地构造与成矿学, (1): 38-51.

刘朝露, 夏斌. 2007. 济阳坳陷新生代构造演化特征与油气成藏组合模式. 天然气地球科学, (2): 209-214+228.

刘震, 孙迪, 李潍莲, 等. 2016. 沉积盆地地层孔隙动力学研究进展. 石油学报, 37(10): 1193-1215.

柳永军, 朱文森, 杜晓峰, 等. 2012. 渤海海域辽中凹陷走滑断裂分段性及其对油气成藏的影响. 石油天然气学报, 34(7): 6-10+4.

柳永军, 徐长贵, 李明刚, 等. 2015. 辽东湾坳陷走滑断裂差异性与大中型油气藏的形成. 石油实验地质, 37(5): 555-560.

柳永军, 徐长贵, 吴奎, 等. 2016. 辽中南洼走滑反转带的形成及其对油藏的控制作用. 大庆石油地质与开发, (3): 16-21.

柳永军, 徐长贵, 朱文森, 等. 2018. 辽东湾坳陷挤压型和拉张型走滑转换带特征及其控藏作用. 大庆石油地质与开发, 37(1): 15-20.

柳屿博, 黄晓波, 徐长贵, 等. 2018. 渤海海域辽西构造带 S 型走滑转换带特征及控藏作用定量表征. 石油与天然气地质, 39(1): 20-29.

卢姝男, 吴智平, 程燕君, 等. 2018. 济阳坳陷滩海地区构造演化差异性分区. 油气地质与采收率, 25(4): 61-66.

罗晓容, 肖立新, 李学义, 等. 2004. 准噶尔盆地南缘中段异常压力分布及影响因素. 地球科学: 中国地质大学学报, 29(4): 404-412.

马收先, 李海龙, 张岳桥, 等. 2016. 天水盆地新近纪伸展构造——来自沉积与构造变形方面的证据. 地质通报, 35(8): 1314-1323.

马杏垣, 王豪. 1990. 中国新生代地壳裂谷系的演化. 地质科学译丛, (2): 91-91.

马杏垣, 刘和甫, 王维襄, 等. 1983. 中国东部中、新生代裂陷作用和伸展构造. 地质学报, (1): 24-34.

牛漫兰, 朱光, 谢成龙, 等. 2010. 郯庐断裂带张八岭隆起南段晚中生代侵入岩地球化学特征及其对岩石圈减薄的指示. 岩石学报, 26(09): 2783-2804.

彭靖淞, 韦阿娟, 孙哲, 等. 2018. 张家口-蓬莱断裂渤海沙垒田凸起东北段盆岭再造及其对油气成藏的影响. 石油勘探与开发, 45(2): 12.

彭文绪, 史浩, 孙和风, 等. 2009. 郯庐走滑断层右旋走滑的地震切片证据. 石油地球物理勘探, 44(6): 755-759+783+649.

彭文绪, 张如才, 孙和风, 等. 2010. 古新世以来郯庐断裂的位移量及其对莱州湾凹陷的控制. 大地构造与成矿学, 34(4): 585-592.

彭文绪, 张志强, 姜利群, 等. 2012. 渤海西部沙垒田凸起区走滑断层演化及其对油气的控制作用. 石油学报, 33(2): 204-212.

戚建中, 刘红樱, 姜耀辉. 2000. 中国东部燕山期俯冲走滑体制及其对成矿定位的控制. 火山地质与矿产, (4): 12-33.

漆家福. 2004. 渤海湾新生代盆地的两种构造系统及其成因解释. 中国地质, 31(1): 15-22.

漆家福, 张一伟, 陆克政, 等. 1995a. 渤海湾新生代裂陷盆地的伸展模式及其动力学过程. 石油实验地质, (4): 316-323.

漆家福, 张一伟, 陆克政. 1995b. 渤海湾盆地新生代构造演化. 中国石油大学学报: 自然科学版, (S1): 6.

漆家福, Groshong R H J, 杨桥. 2002. 用面积平衡原理预测伸展断陷盆地中岩层内部应变及亚分辨正断层的方法. 地球科学, (6): 696-702.

漆家福, 邓荣敬, 周心怀, 等. 2008. 渤海海域新生代盆地中的郯庐断裂带构造. 中国科学: 地球科学, (S1): 22-32.

漆家福, 周心怀, 王谦身. 2010. 渤海海域中郯庐深断裂带的结构模型及新生代运动学. 中国地质, 37(5): 1231-1242.

漆家福, 李晓光, 于福生, 等. 2013. 辽河西部凹陷新生代构造变形及 "郯庐断裂带" 的表现. 中国科学: 地球科学, 43(8): 1324-1337.

邱楠生, 魏刚, 李翠翠, 等. 2009. 渤海海域现今地温场分布特征. 石油与天然气地质, 30(4): 412-419.

任凤楼, 柳忠泉, 邱连贵, 等. 2008. 渤海湾盆地新生代各坳陷沉降的时空差异性. 地质科学, 43(3): 546-557.

任建业. 2018. 中国近海海域新生代成盆动力机制分析. 地球科学, 43(10): 3337-3361.

任建业, 李思田. 2000. 西太平洋边缘海盆地的扩张过程和动力学背景. 地学前缘, (3): 203-213.

任健. 2015. 渤海海域走滑双重构造发育特征及成因机制. 中国石油大学(华东).

任健, 官大勇, 陈兴鹏, 等. 2017. 走滑断裂叠置拉张区构造变形的物理模拟及启示. 大地构造与成矿学, 41(3): 455-465.

任健, 吕丁友, 陈兴鹏, 等. 2019. 渤海东部先存构造斜向拉伸作用及其石油地质意义. 石油勘探与开发, 46(3): 118-129.

单家增. 2000. 叠合构造的物理模拟实验. 石油勘探与开发, (5): 39-24.

单家增, 孟庆任, 岳乐平, 等. 2000. 古应力场定量研究的光弹物理模拟实验法. 石油勘探与开发, 27(3): 6.

单家增, 孙红军, 肖乾华, 等. 2003. 辽河盆地古近纪二期构造演化特征的研究. 地球物理学报, (1): 73-78+146.

单家增, 张占文, 孙红军, 等. 2004a. 营口—佟二堡断裂带成因机制的构造物理模拟实验研究. 石油勘探与开发, 31(1): 15-17.

单家增, 张占文, 肖乾华. 2004b. 辽河坳陷古近纪两期构造演化的构造物理模拟实验. 石油勘探与开发, 31(3): 14-17.

石万忠, 陈红汉, 何生. 2007. 库车坳陷构造挤压增压的定量评价及超压成因分析. 石油学报, (6): 59-65.

石文龙, 李慧勇, 茆利, 等. 2014. 渤海海域秦南凹陷油气地质特征及勘探潜力. 中国石油勘探, (5): 32-40.

石文龙, 牛成民, 杨波, 等. 2019. 莱州湾凹陷东北洼"走滑-伸展"复合断裂控藏机理及勘探启示. 石油与天然气地质, 40(5): 1056-1064.

宋国奇. 2006. 郯庐断裂带鲁苏皖段大地电磁测深剖面与地壳结构. 油气地质与采收率, (6): 1-4+105.

宋国奇. 2007. 郯庐断裂带渤海段的深部构造与动力学意义. 合肥工业大学学报(自然科学版), (6): 663-667.

宋鸿林. 1996. 斜向滑动与走滑转换构造. 地质科技情报, (4): 33-38.

宋景明, 何毅, 陈笑青. 2009. 对渤海湾盆地断裂体系的认识. 石油地球物理勘探, 44(S1): 154-157+168+13.

宋胜浩. 2006. 从断裂带内部结构剖析油气沿断层运移规律. 大庆石油学院学报, (3): 17-20+145.

宋爽, 朱筱敏, 于福生, 等. 2015. 珠江口盆地长昌-鹤山凹陷古近系沉积-构造耦合关系. 2015年全国沉积学大会沉积学与非常规资源论文摘要集.

孙晓猛, 王书琴, 王英德, 等. 2010. 郯庐断裂带北段构造特征及构造演化序列. 岩石学报, 26(1): 165-176.

索艳慧, 李三忠, 戴黎明, 等. 2012. 东亚及其大陆边缘新生代构造迁移与盆地演化. 岩石学报, (8): 2602-2618.

索艳慧, 李三忠, 刘鑫, 等. 2013. 中国东部NWW向活动断裂带构造特征: 以张家口-蓬莱断裂带为例. 岩石学报, 29(3): 953-966.

汤济广, 梅廉夫, 沈传波, 等. 2006. 平衡剖面技术在盆地构造分析中的应用进展及存在的问题. 油气地质与采收率, 13(6): 19-22.

汤良杰, 陈绪云, 周心怀, 等. 2011. 渤海海域郯庐断裂带构造解析. 西南石油大学学报(自然科学版), 33(1): 170-176.

滕长宇, 郝芳, 邹华耀, 等. 2017. 辽东湾坳陷JX1-1构造发育演化及油气勘探意义. 石油地球物理勘探, (3): 599-611.

田在艺, 韩屏. 1990. 渤海断陷盆地拉张量分析与油气潜力. 石油学报, (2): 1-12.

佟彦明, 钟巧霞. 2007. 利用平衡剖面快速判定盆地区域古构造应力方向——一种分析古构造应力方向的新方法. 石油实验地质, (6): 633-636.

童亨茂. 2010. "不协调伸展"作用下裂陷盆地断层的形成演化模式. 地质通报, (11): 1606-1613.

童亨茂, 宓荣三, 于天才, 等. 2008. 渤海湾盆地辽河西部凹陷的走滑构造作用. 地质学报, (8): 1017-1026.

童亨茂, 聂金英, 孟令箭, 等. 2009. 基底先存构造对裂陷盆地断层形成和演化的控制作用规律. 地学前缘, (4): 97-104.

童亨茂, 蔡东升, 吴永平, 等. 2011. 非均匀变形域中先存构造活动性的判定. 中国科学: 地球科学, (2):

158-168.

万桂梅, 汤良杰, 周心怀, 等. 2009a. 渤中坳陷及邻区构造分带变形特征. 海洋地质与第四纪地质, (2): 71-78.

万桂梅, 汤良杰, 周心怀, 等. 2009b. 郯庐断裂带在渤海海域渤东地区的构造特征. 石油学报, 30(3): 342-346.

万桂梅, 汤良杰, 周心怀, 等. 2010. 渤海海域新近纪—第四纪断裂特征及形成机制. 石油学报, 31(4): 591-595.

万天丰. 2019. 论大地构造学的发展. 地球科学, 44(5): 1526-1536.

万天丰, 朱鸿. 1996. 郯庐断裂带的最大左行走滑断距及其形成时期. 高校地质, (1): 14-27.

王光增. 2017. 郯庐断裂渤海段走滑派生构造及其控藏作用. 中国石油大学(华东).

王国纯. 1998. 郯庐断裂与渤海海域反转构造及花状构造. 中国海上油气, (5): 289-295.

王平. 1992. 地质力学方法研究: 不同构造力作用下地应力的类型和分布. 石油学报, 13(1): 1-12.

王桥先, 李桂群. 1983. 郯庐断裂在渤海海域的地质特征及其演化. 中国海洋大学学报(自然科学版), (3): 59-66.

王应斌, 黄雷. 2013. 渤海海域营潍断裂带展布特征及新生代控盆模式. 地质学报, 87(12): 1811-1818.

王志才, 邓起东, 晁洪太, 等. 2006. 山东半岛北部近海海域北西向蓬莱-威海断裂带的声波探测. 地球物理学报, (4): 1092-1101.

韦阿娟. 2015. 郯庐断裂增压带超压特征、成因及其定量评价——以渤海海域辽东湾锦州 27 段为例. 石油实验地质, (1): 47-52.

韦振权, 张莉, 帅庆伟, 等. 2018. 平衡剖面技术在台湾海峡盆地西部构造演化研究中的应用. 海洋地质与第四纪地质, 38(5): 193-201.

魏国齐, 贾承造, 姚慧君. 1995. 塔北地区海西晚期逆冲-走滑构造与含油气关系. 新疆石油地质, (2): 96-101+188.

温志新, 童晓光, 张光亚, 等. 2014. 全球板块构造演化过程中五大成盆期原型盆地的形成、改造及叠加过程. 地学前缘, (3): 26-37.

吴奎. 2009. 辽东凸起南倾没端勘探地震研究. 中国石油大学.

吴奎, 徐长贵, 张如才, 等. 2016. 辽中四陷南洼走滑伴生构造带发育特征及控藏作用. 中国海上油气, 28(3): 50-56.

吴庆勋, 高坤顺, 韦阿娟, 等. 2018. 渤海海域前新生代构造演化跷跷板现象及其成因机制. 2018 年中国地球科学联合学术年会论文集(十八)——专题 36: 沉积盆地矿产资源综合勘察、专题 37: 盆地动力学与能源.: 53-55.

吴伟涛, 高先志, 李理, 等. 2015. 渤海湾盆地大型潜山油气藏形成的有利因素. 特种油气藏, 22(2): 22-26.

吴智平. 2015. 伸展-走滑复合盆地构造特征及其控藏作用研究理论与方法. 中国石油大学(华东).

吴智平, 李伟, 郑德顺, 等. 2004. 沾化凹陷中、新生代断裂发育及其形成机制分析. 高校地质学报, 10(3): 405-417.

吴智平, 侯旭波, 李伟, 等. 2007. 华北东部地区中生代盆地格局及演化过程探讨. 大地构造与成矿学, 31(4): 385-399.

吴智平, 徐长贵, 周心怀, 等. 2013. 渤海海域渤东地区断裂体系与盆地结构. 高校地质学报, 19(3): 463-471.

吴智平, 张婧, 任健, 等. 2016. 辽东湾坳陷东部地区走滑双重构造的发育特征及其石油地质意义. 地质学报, 90(5): 848-856.

夏斌, 刘朝露, 陈根文. 2006. 渤海湾盆地中新生代构造演化与构造样式. 天然气工业, (12): 57-60+196-197.

夏庆龙. 2012. 渤海海域构造形成演化与变形机制. 北京: 石油工业出版社.

夏庆龙, 徐长贵. 2016. 渤海海域复杂断裂带地质认识创新与油气重大发现. 石油学报, (S1): 22-33.

夏庆龙, 周心怀, 王昕, 等. 2013. 渤海蓬莱 9-1 大型复合油田地质特征与发现意义. 石油学报, 34(S2): 15-23.

夏义平, 刘万辉, 徐礼贵, 等. 2007. 走滑断层的识别标志及其石油地质意义. 中国石油勘探, (1): 17-23+48+92.

肖锦泉. 2015. 辽中凹陷及其邻区构造样式特征及其与油气的关系. 成都理工大学.

肖锦泉, 李坤, 胡贺伟, 等. 2014. 辽东湾坳陷辽中凹陷金县 1-1 油田构造特征与油气成藏. 天然气地球科学, (3): 333-340.

肖龙, 王方正, 王华, 等. 2004. 地幔柱构造对松辽盆地及渤海湾盆地形成的制约. 地球科学, (3): 283-292.

肖维德, 唐贤君. 2014. 平衡地质剖面技术发展现状与实际应用——以苏北盆地溱潼凹陷为例. 海洋地质前沿, 30(5): 58-63.

解秋红. 2011. 渤海及邻区地应力场分析及构造稳定性评价. 中国海洋大学.

信延芳, 郭兴伟, 温珍河, 等. 2015. 渤海新生代盆地浅部构造迁移特征及其深部动力学机制探讨. 地球物理学进展, (4): 1535-1543.

胥颐, 汪晟, 孟晓春. 2016. 渤海海域郯庐断裂带的地震层析成像特征. 科学通报, (8): 891-900.

徐长贵. 2006. 渤海古近系坡折带成因类型及其对沉积体系的控制作用. 中国海上油气, (6): 7-13.

徐长贵. 2007. 渤海海域低勘探程度区古近系岩性圈闭预测. 中国地质大学(北京).

徐长贵. 2013. 陆相断陷盆地源-汇时空耦合控砂原理: 基本思想、概念体系及控砂模式. 中国海上油气, 25(4): 1-11+21+88.

徐长贵. 2016. 渤海走滑转换带及其对大中型油气田形成的控制作用. 地球科学, 41(9): 1548-1560.

徐长贵, 于水, 林畅松, 等. 2008. 渤海海域古近系湖盆边缘构造样式及其对沉积层序的控制作用. 古地理学报, 10(6): 9.

徐长贵, 朱秀香, 史翠娥, 等. 2009. 辽东湾坳陷古近系东营组泥岩对油气藏分布的控制作用. 石油与天然气地质, 30(4): 431-437.

徐长贵, 任健, 吴智平, 等. 2015. 辽东湾坳陷东部地区新生代断裂体系与构造演化. 高校地质学报, 21(2): 215-222.

徐长贵, 彭靖淞, 柳永军, 等. 2016. 辽中凹陷北部新构造运动及其石油地质意义. 中国海上油气, (3): 20-30.

徐长贵, 杜晓峰, 徐伟, 等. 2017. 沉积盆地"源-汇"系统研究新进展. 石油与天然气地质, 38(1): 11.

徐长贵, 彭靖淞, 叶涛, 等. 2019. 渤海湾凹陷区复杂断裂带垂向优势运移通道及油气运移模拟. 石油勘探与开发, 46(4): 684-692.

徐嘉炜. 1995. 论走滑断层作用的几个主要问题. 地学前缘, (2): 125-136.

徐嘉炜, 崔可锐, 朱光, 等. 1984. 中国东部郯-庐断裂系统平移研究的若干进展. 合肥工业大学学报, (2): 28-37.

徐杰, 宋长青. 1998. 华北地区的新生地震构造带和区域地震构造格局. 中国地震学会第七次学术大会论文摘要集, 73.

徐杰, 高战武, 孙建宝, 等. 2001. 1969 年渤海 7.4 级地震区地质构造和发震构造的初步研究. 中国地震, (2): 21-33.

徐守余. 2004. 渤海湾地区盆地动力学分析及油田地质灾害研究. 中国地质大学(北京).

徐锡伟, 邓起东, 尤惠川. 1986. 山西系舟山西麓断裂右旋错动证据及全新世滑动速率. 地震地质, (3): 44-46.

徐亚东, 梁银平, 江尚松, 等. 2014. 中国东部新生代沉积盆地演化. 地球科学(中国地质大学学报), (8): 1079-1098.

徐佑德. 2009. 郯庐断裂带构造演化特征及其与相邻盆地的关系. 合肥工业大学.

徐正建, 刘洛夫, 周长啸, 等. 2015. 准噶尔盆地车排子周缘地层超压特征及其与油气成藏的关系. 中南大学学报(自然科学版), 46(10): 3848-3858.

许浚远, 张凌云. 1999. 欧亚板块东缘新生代盆地成因: 右行剪切拉分作用. 石油与天然气地质, (3): 3-7.

许志琴, 张巧大, 赵民. 1982. 郯庐断裂中段古裂谷的基本特征. 中国地质科学院院报, (0): 17-44.

许志琴, 杨经绥, 姜枚, 等. 1999. 大陆俯冲作用及青藏高原周缘造山带的崛起. 地学前缘, (3): 139-151.

薛永安, 邓运华, 王德英, 等. 2019. 蓬莱 19-3 特大型油田成藏条件及勘探开发关键技术. 石油学报, 40(9): 1125-1146.

薛永安, 吕丁友, 胡志伟, 等. 2021. 渤海海域隐性断层构造发育特征与成熟区勘探实践. 石油勘探与开发, 48(2): 233-246.

兖鹏, 王六柱, 余朝华, 等. 2009. 济阳坳陷垦东走滑断裂构造特征及其对油气成藏的影响. 天然气地球科学, 20(1): 100-107.

杨进, 刘书杰, 石磊, 等. 2009. 挤压构造地层压力预测模型研究. 中国石油地质年会, 764-768.

杨克基. 2014. 渤海海域辽东湾地区断裂特征及其与油气成藏关系. 石家庄经济学院.

杨克基, 马宝军, 周南, 等. 2013. 辽东湾地区走滑断裂系统及其油气地质意义. 石油天然气学报, 35(12): 25-29.

杨克基, 漆家福, 余一欣, 等. 2016. 辽中凹陷反转构造及其对郯庐断裂带走滑活动的响应. 岩石学报, (4): 1182-1196.

杨梅珍, 付晶晶, 王世峰, 等. 2014. 桐柏山老湾金矿带右行走滑断裂控矿体系的构建及其意义. 大地构造与成矿学, 38(1): 94-107.

叶洪. 1988. 断块构造理论在研究"走滑转换构造"中的应用. 见: 孙枢. 断块构造理论及其应用. 北京: 科学出版社, 22-31.

叶兴树, 王伟锋, 陈世悦, 等. 2006. 东营凹陷断裂活动特征及其对沉积的控制作用. 西安石油大学学报(自然科学版), (5): 29-33+90-91.

于福生, 董月霞, 童亨茂, 等. 2015. 渤海湾盆地辽河西部凹陷古近纪变形特征及成因. 石油与天然气地质, 36(1): 51-60.

余一欣, 周心怀, 魏刚, 等. 2008. 渤海湾地区构造变换带及油气意义. 古地理学报, (5): 555-560.

余一欣, 周心怀, 徐长贵, 等. 2011. 渤海海域新生代断裂发育特征及形成机制. 石油与天然气地质, 32(2): 273-279.

余一欣, 周心怀, 徐长贵, 等. 2013. 渤海郯庐断裂带差异变形及其对圈闭发育的影响. 中国石油地质年会.

余一欣, 周心怀, 徐长贵, 等. 2014. 渤海辽东湾坳陷走滑断裂差异变形特征. 石油与天然气地质, (5): 632-638.

余朝华. 2008. 渤海湾盆地济阳坳陷东部走滑构造特征及其对油气成藏的影响研究. 中国科学院研究生院(海洋研究所).

余朝华, 韩清华, 董冬冬, 等. 2008. 莱州湾地区郯庐断裂中段新生代右行走滑位移量的估算. 天然气地球科学, (01): 62-69.

詹润. 2013. 青东凹陷新生代构造演化与成盆机制研究. 合肥工业大学.

詹润, 朱光. 2012. 渤海海域郯庐断裂带新生代活动方式与演化规律——以青东凹陷为例. 地质科学, 47(4): 1130-1150.

詹润, 朱光, 杨贵丽, 等. 2013. 渤海海域新近纪断层成因与动力学状态. 地学前缘, (4): 151-165.

张德润, 卢建忠. 2007. 郯城-庐江断裂带(渤海海域)对油气田的影响. 物探与化探, (6): 499-503+513.

张建培, 唐贤君, 张田, 等. 2012. 平衡剖面技术在东海西湖凹陷构造演化研究中的应用. 海洋地质前沿, 28(8): 31-37.

张婧, 吴智平, 李伟, 等. 2017. 辽东湾坳陷新生代构造特征及演化. 海洋地质前沿, 33(11): 9-17.

张明山, 陈发景. 1998. 平衡剖面技术应用的条件及实例分析. 石油地球物理勘探, (4): 532-540+552-572.

张明振, 付瑾平, 印兴耀. 2006. 桩海地区的走滑和挤压构造特征. 油气地质与采收率, (2): 5-7+103.

张鹏, 王良书, 钟锴, 等. 2007. 郯庐断裂带的分段性研究. 地质论评, 53(5): 586-591.

张鹏, 王良书, 石火生, 等. 2010. 郯庐断裂带山东段的中新生代构造演化特征. 地质学报, 84(9): 1316-1323.

张荣虎, 姚根顺, 寿建峰, 等. 2011. 沉积、成岩、构造一体化孔隙度预测模型. 石油勘探与开发, 38(2): 145-151.

张荣强, 吴时国, 周雁, 等. 2008. 平衡剖面技术及其在济阳坳陷桩海地区的应用. 海洋地质与第四纪地质, 28(6): 135-142.

张少华, 杨明慧, 罗晓华. 2015. 断裂带油气幕式运移: 来自物理模拟实验的启示. 地质论评, 61(5): 1183-1191.

张晓庆. 2020. 渤海湾盆地"埕北-莱州湾"地区构造特征的时空差异及成因机制. 中国石油大学(华东).

张延玲, 杨长春, 李明生, 等. 2006. 辽河油田东部凹陷中段走滑断层与油气的关系. 地质通报, (Z2): 1152-1155.

张迎朝, 甘军, 李辉, 等. 2013. 伸展构造背景下珠三坳陷南断裂走滑变形机制及其油气地质意义. 中国海上油气, 25(5): 9-15.

张岳桥, 董树文. 2008. 郯庐断裂带中生代构造演化史: 进展与新认识. 地质通报, (9): 1371-1390.

赵军, 彭文, 李进福, 等. 2005. 前陆冲断构造带地应力响应特征及其对油气分布的影响. 地球科学, (4): 467-472.

赵利, 李理. 2016. 渤海湾盆地晚中生代以来伸展模式及动力学机制. 中国地质, (2): 470-485.

赵阳升, 万志军, 张渊, 等. 2010. 岩石热破裂与渗透性相关规律的试验研究. 岩石力学与工程学报, 29(10): 1970-1976.

赵越, 徐守礼, 杨振宇. 1996. 沿大型走滑断裂系的隆升. 地质科学, (1): 1-14.

郑德顺, 吴智平, 李凌, 等. 2004. 惠民凹陷中生代和新生代断层发育特征及其对沉积的控制作用. 中国石油大学学报(自然科学版), 28(5): 6-12.

郑德顺, 吴智平, 李伟, 等. 2005. 济阳坳陷中、新生代盆地转型期断裂特征及其对盆地的控制作用. 地质学报, 79(3): 386-394.

钟锴, 朱伟林, 薛永安, 等. 2019. 渤海海域盆地石油地质条件与大中型油气田分布特征. 石油与天然气地质, 40(1): 9.

周斌, 邓志辉, 晁洪太, 等. 2008. 营潍断裂带走滑构造特征、演化及动力学机制. 西北地震学报, (2): 117-123.

周红建. 2010. 营潍断裂带发育演化及其对两侧盆地构造格局的控制作用. 中国石油大学(华东).

周建勋, 周建生. 2006. 渤海湾盆地新生代构造变形机制: 物理模拟和讨论. 中国科学: 地球科学, 36(6): 507-519.

周立宏, 李三忠, 赵国春, 等. 2004. 华北克拉通中东部基底构造单元的重磁特征. 地球物理学进展, (1): 91-100.

周维维, 王伟锋, 安邦, 等. 2014. 渤海湾盆地隐性断裂带识别及其地质意义. 地球科学——中国地质大学学报, (11): 1527-1538.

周心怀, 余一欣, 汤良杰, 等. 2010. 渤海海域新生代盆地结构与构造单元划分. 中国海上油气, (5): 285-289.

周心怀, 张如才, 李慧勇, 等. 2017. 渤海湾盆地渤中凹陷深埋古潜山天然气成藏主控因素探讨. 中国石油大学学报(自然科学版), 41(1): 42-50.

周心怀, 张新涛, 牛成民, 等. 2019. 渤海湾盆地南部走滑构造带发育特征及其控油气作用. 石油与天然气地质, (2): 215-222.

周永胜, 王绳祖. 1999. 裂陷盆地成因研究现状综述与讨论. 地球物理学进展, (3): 29-46.

周祖翼, 许长海, Reiners P W, 等. 2003. 大别山天堂寨地区晚白垩世以来剥露历史的(U-Th)/He和裂变径迹分析证据. 科学通报, 48(6): 598-602.

朱光, 王勇生, 牛漫兰, 等. 2004. 郯庐断裂带的同造山运动. 地学前缘, (3): 169-182.

朱光, 牛漫兰, 谢成龙, 等. 2006. 中国东部从挤压向伸展转换的动力学过程——来自郯庐断裂带演化的启示. 2006年全国岩石学与地球动力学研讨会论文摘要集.

朱光, 王薇, 顾承串, 等. 2016. 郯庐断裂带晚中生代演化历史及其对华北克拉通破坏过程的指示. 岩石学报, (4): 935-949.

朱光, 刘程, 顾承串, 等. 2018. 郯庐断裂带晚中生代演化对西太平洋俯冲历史的指示. 中国科学: 地球科学, 48(4): 21.

朱日祥, 徐义刚, 朱光, 等. 2012. 华北克拉通破坏. 中国科学: 地球科学, 42: 1135-1159.

朱伟林, 李建平, 周心怀, 等. 2008. 渤海新近系浅水三角洲沉积体系与大型油气田勘探. 沉积学报, (4): 575-582.

朱伟林, 米立军, 高阳东, 等. 2009. 中国近海近几年油气勘探特点及今后勘探方向. 中国海上油气, 21(1): 1-8.

朱伟林, 吴景富, 张功成, 等. 2015. 中国近海新生代盆地构造差异性演化及油气勘探方向. 地学前缘, (1): 88-101.

朱秀香, 吕修祥, 王德英, 等. 2009. 渤海海域黄河口凹陷走滑转换带对油气聚集的控制. 石油与天然气地质, 30(4): 476-482.

朱战军, 周建勋. 2004. 雁列构造是走滑断层存在的充分判据?——来自平面砂箱模拟实验的启示. 大地构造与成矿学, (2): 142-148.

宗奕, 徐长贵, 姜雪, 等. 2009. 辽东湾地区主干断裂活动差异性及对油气成藏的控制. 石油天然气学报, 31(5): 12-17.

宗奕, 邹华耀, 滕长宇. 2010. 郯庐断裂带渤海段断裂活动差异性对新近系油气成藏的影响. 中国海上油气, 22(4): 237-239.

Allen M B, Macdonald D I M, Xun Z, et al. 1998. Transtensional deformation in the evolution of the Bohai Basin, northern China. Geological Society, London, Special Publications, 135(1): 215-229.

Allen P A, Allen J P. 2006. Basin analysis: principles and applications. Economic Geology, 101(6): 1314-1315.

Allen P A, Allen J R. 2013. Basin analysis: principles and applications to petroleum play assessment. American Historical Review, 113(2): 568-569.

Aydin A, Nur A. 1982. Evolution of pull-apart basins and their scale independence. Tectonics, 1(1): 91-105.

Aydin A, Page B M. 1984. Diverse Pliocene-Quaternary tectonics in a transform environment, San Francisco Bay region, California. Geological Society of America Bulletin, 95(11): 1303-1317.

Bally A W, Gordy P L, Stewart G A. 1966. Structure, seismic data, andorogenic evolution of southern Canadian rocky mountains. Bulletin of Canadian Petroleum Geology, 15(3): 337-381.

Basile C, Brun J P. 1999. Transtensional faulting patterns ranging from pull-apart basins to transform continental margins: an experimental investigation. Journal of Structural Geology, 21(1): 23-37.

Bonini M, Sani F, Antonielli B. 2012. Basin inversion and contractional reactivation of inherited normal faults: a review based on previous and new experimental models. Tectonophysics, 522-523(3): 55-88.

Cabrera L, Roca E, Santanach P. 1988. Basin formation at the end of a strike-slip fault: the Cerdanya Basin (eastern Pyrenees). Journal of the Geological Society, 145(2): 261-268.

Casas A M, Gapais D, Nalpas T, et al. 2001. Analogue models of transpressive systems. Journal of Structural Geology, 23: 11.

Chamberlin R T. 1910. The appalachian folds of central Pennsylvania. The Journal of Geology, 18(3): 228-251.

Chen S, Zhou X, Tang L, et al. 2010. Wrench-related folding: a case study of Bohai Sea basin, China. Marine & Petroleum Geology, 27(1): 179-190.

Cheng Y, Wu Z P, Lu S, et al. 2018. Mesozoic to cenozoic tectonic transition process in Zhanhua Sag, Bohai Bay Basin, East China. Tectonophysics, 730: 11-28.

Christie-Blick N, Biddle K T. 1985. Deformation and basin formation along strike-slip faults. In: Biddle K T, Christie-Blick N. Strike-Slip Deformation, Basin Formation, and Sedimentation, SEPM Spec Publ, 37: 1-34.

Cowgill E, Yin A, Harrison T M, et al. 2003. Reconstruction of the Altyn Tagh fault based on U-Pb geochronology: role of back thrusts, mantle sutures, and heterogeneous crustal strength in forming the Tibetan Plateau. Journal of Geophysical Research: Solid Earth, 108(B7).

Cutler J, Elliott D. 1983. The compatibility equations and the pole to the Mohr circle. Journal of Structural Geology, 5(3-4): 287-297.

Cunningham W D, Mann P. 2007. Tectonics of strike-slip restraining and releasing bends. Geological Society, London, Special Publications, 290(1): 1-12.

Dahlstrom C D A. 1969. Balanced cross sections. Canadian Journal of Earth Sciences, 6: 743-757.

Dahlstrom C D A. 1970. Structural geology in the eastern margin of the Canadian Rocky Mountains. Bulletin of Canadian Petroleum Geology, 18(3): 332-406.

Decker K, Peresson H, Hinsch R. 2005. Active tectonics and Quaternary basin formation along the Vienna Basin transform fault. Quaternary Science Reviews, 24(3–4): 305-320.

Dieterich J H. 1997. Modeling of rock friction: 1. Experimental results and constitutive equations. Journal of Geophysical Research: Solid Earth, 84(B5): 2161-2168.

Dooley T P. 1994. Geometries and kinematics of strike-slip fault systems: insights from physical modelling and field studies. Royal Holloway University of London.

Dooley T P, Schreurs G. 2012. Analogue modelling of intraplate strike-slip tectonics: a review and new experimental results. Tectonophysics, 574-575: 1-71.

Dooley T P, Mcclay K R, Bonora M. 1999. 4D evolution of segmented strike-slip fault systems: applications to NW Europe. Petroleum Geology of Northwest Europe, 5(1): 215-225.

Dooley T, Mcclay K. 1997. Analog modeling of pull-apart Basins. AAPG Bulletin, 81(11): 1804-1826.

Dooley T, Monastero F L, Mcclay K. 2007. Effects of a weak crustal layer in a transtensional pull-apart basin: results from a scaled physical modeling study. Agu Fall Meeting Abstracts, V53F-04.

Elliott J W, Smith F T, Cowley S J. 1983. Breakdown of boundary layers: (ⅰ) on moving surfaces; (ⅱ) in semi-similar unsteady flow; (ⅲ) in fully unsteady flow. Geophysical & Astrophysical Fluid Dynamics, 25(1-2): 77-138.

Engebretson D C, Cox A, Gordon R G. 1985. Relative motion between oceanic and continental plates in the Pacific basin. Special Paper of the Geological Society of America, 290(1): 1-12.

Escalona A, Mann P. 2003. Three-dimensional structural architecture and evolution of the Eocene pull-apart basin, central Maracaibo basin, Venezuela. Marine & Petroleum Geology, 20(2): 141-161.

Faulds J E, Varga R J. 1998. The role of accomodation zones and transfer zones in the regional segmentation of extended terranes. Special Paper of the Geological Society of America, 323.

Faulkner R D, Armitage P J. 2013. The effect of tectonic environment on permeability development around faults and in the brittle crust. Earth & Planetary Science Letters, 375(8): 71-77.

Ferrière J, Chanier F, Baumgartner P O, et al. 2015. The evolution of the Triassic-Jurassic Maliac oceanic lithosphere: insights from the supra-ophiolitic series of Othris (continental Greece). Bulletin de la Société géologique de France, 186(6): 399-411.

Flodin E A, Aydin A. 2014. Evolution of a strike-slip fault network, valley of fire state park, southern Nevada. Geological Society of America Bulletin, 116(1-2): 42-59.

Fossen H. 2010. Structural Geology. Cambridge: Cambridge University Press.

Fossen H, Tikoff B, Teyssier C. 1994. Strain modeling of transpressional and transtensional deformation. Norsk Geologisk Tidsskrift, 74(3): 134-145.

Foster D A, Gleadow A J W. 1992. The morphotectonic evolution of rift-margin mountains in central Kenya: Constraints from apatite fission-track thermochronology. Earth & Planetary Science Letters, 113(1): 157-171.

Gabrielsen R H. 2010. The Structure and Hydrocarbon Traps of Sedimentary Basins, Petroleum Geoscience: From Sedimentary Environments to Rock Physics. Berlin: Springer Heidelberg, 299-327.

Gallagher K. 1995. Evolving temperature histories from apatite fission-track data. Earth & Planetary Science Letters, 136(3–4): 421-435.

Gibbs A D. 1983. Balanced cross-section construction from seismic sections in areas of extensional tectonics. Journal of Structural Geology, 5(2): 153-160.

Gilder S A, Coe R S, Wu H, et al. 1993. Cretaceous and tertiary paleomagnetic results from Southeast China and their tectonic implications. Earth & Planetary Science Letters, 117(s3–4): 637-652.

Gilder S A, Hervé P H, Vincent V, et al. 1999. Tectonic evolution of the Tancheng-Lujiang (Tan-Lu) fault via Middle Triassic to Early Cenozoic paleomagnetic data. Journal of Geophysical Research Solid Earth, 104: 15365-15390.

Granier T. 1985. Origin, damping, and pattern of development of faults in granite. Tectonics, 4(7): 721-737.

Graveleau F, Malavieille J, Dominguez S. 2012. Experimental modelling of orogenic wedges: a review. Tectonophysics, 538-540(none): 1-66.

Green D F, Duddy I R, Gleadow A T W, et al. 1986. Thermal annealing of fission tracks in apatite : 1. A qualitative description. Chemical Geology Isotope Geoscience, 59(4): 237-253.

Grimmer J C, Jonckheere R, Enkelmann E, et al. 2002. Cretaceous-Cenozoic history of the southern Tan-Lu fault zone: apatite fission-track and structural constraints from the Dabie Shan (eastern China). Tectonophysics, 359(3-4): 225-253.

Hamilton W, Johnson N. 1999. The Matzen project: rejuvenation of mature field. Petroleum Geoscience, 5(2): 119-125.

Harding T P. 1974. Petroleum traps associated with wrench faults. Bulletin of the American Association of Petroleum Geologists, 58(7): 1290-1304.

Harding T P. 1985. Seismic characteristics and identification of negative flower structures, positive flower structures, and positive structural inversion. Am Assoc Pet Geol Bull (United States), 69(4): 582-600.

Harding T P. 1990. Identification of wrench faults using subsurface structural data: criteria and pitfalls. AAPG Bulletin, 74(10): 1590-1609.

Harding T P, Lowell J D. 1979. Structural styles, their plate-tectonic habitats, and hydrocarbon traps in petroleum provinces. Am Assoc Pet Geol Bull (United States), 63(7): 1016-1058.

Harland W B. 1971. Tectonic transpression in Caledonian Spitsbergen. Geological Magazine, 108(1): 27-41.

Higgs W G, McClay K R. 1993. Analogue sandbox modelling of Miocene extensional faulting in the Outer Moray Firth. Geological Society, London, Special Publications, 71(1): 141-162.

Hou G, Hari K R. 2014. Mesozoic-cenozoic extension of the Bohai Sea: contribution to the destruction of North China Craton. Frontier of Earth Science, 8(2): 202-215.

Hsiao L Y, Graham S A, Tilander N. 2004. Seismic reflection imaging of a major strike-slip fault zone in a rift system: Paleogene structure and evolution of the Tan-Lu fault system, Liaodong Bay, Bohai, offshore China. AAPG Bulletin, 88(1): 71-97.

Hsu K J, Wang W, Li J L, et al. 1987. Tectonic evolution of Qinling Mountains, China. Eclogae Geologicae Helvetiae, 80(3): 735-752.

Huang L, Liu C. 2014. Evolutionary characteristics of the sags to the east of Tan-Lu Fault Zone, Bohai Bay Basin (China): implications for hydrocarbon exploration and regional tectonic evolution. Journal of Asian Earth Sciences, 79(2): 275-287.

Huang L, Liu C Y, Zhou X H. 2012. The important turning points during evolution of Cenozoic basin offshore the Bohai Sea: evidence and regional dynamics analysis. Science China Earth Science, 55(3): 476-487.

Jagger L J, Bevan T G, McClay K R. 2018. Tectono-stratigraphic evolution of the SE Mediterranean passive margin, offshore Egypt and Libya. Geological Society, London, Special Publications, 476(1): 365-401.

Jensen E, Cembrano J, Faulkner D, et al. 2011. Development of a self-similar strike-slip duplex system in the Atacama Fault system, Chile. Journal of Structural Geology, 33(11): 1611-1626.

Jiang S, Wang H, Cai D S, et al. 2011. Characteristics of the Tan-Lu strike-slip fault and its controls on hydrocarbon accumulation in the Liaodong Bay sub-basin, Bohai Bay Basin, China. Advances in Petroleum Exploration & Development, 2(2): 1-11.

Jolivet L, Cadet J P, Lalevée F. 1988. Mesozoic evolution of Northeast Asia and the collision of the Okhotsk microcontinent. Tectonophysics, 149(88): 89-109.

Ketcham R A, Donelick R A, Carlson W D. 1999. Variability of apatite fission track annealing kinetics III: extrapolation of geological time scales. American Mineralogist, 84(9): 1235-1255.

Kim Y S, Andrews T R, Sanderson D J. 2000. Damage zones around strike-slip fault systems and strike-slip fault evolution, Crackington Haven, southwest England. Geosciences, 4(2): 53-72.

Kim Y S, Peacock D C P, Sanderson D J. 2003. Mesoscale strike-slip faults and damage zones at Marsalforn, Gozo Island, Malta. Journal of Structural Geology, 25: 20.

Kopp H, Flueh E R, Klaeschen D, et al. 2001. Crustal structure of the central Sunda margin at the onset of oblique subduction. Geophysical Journal International, 147(2): 449-474.

Kopp H, Kopp C, Phipps Morgan J, et al. 2003. Fossil hot spot-ridge interaction in the Musicians Seamount Province: geophysical investigations of hot spot volcanism at volcanic elongated ridges. Journal of Geophysical Research: Solid Earth, 108(B3): 2160.

Koppers A A P, Duncan R A, Steinberger B. 2004. Implications of a nonlinear $^{40}Ar/^{39}Ar$ age progression along the Louisville seamount trail for models of fixed and moving hot spots. Geochemistry, Geophysics, Geosystems, 5(6): 10. 1029/2003GC000671.

Lee S H, Chough S K. 1999. Progressive changes in sedimentary facies and stratal patterns along the strike-slip margin, northeastern Jinan Basin (Cretaceous), southwest Korea: implications for differential subsidence. Sedimentary Geology, 123(1-2): 81-102.

Lee Y S, Ishikawa N, Kim W K. 1999. Paleomagnetism of Tertiary rocks on the Korean Peninsula: tectonic implications for the opening of the East Sea (Sea of Japan). Tectonophysics, 304(304): 131-149.

Lees J M. 2002. Three-dimensional anatomy of a geothermal field. Memoir of the Geological Society of America, 195: 259-276.

Li S Z, Zhao G C, Dai L M, et al. 2012. Cenozoic faulting of the Bohai Bay basin and its bearing on the destruction of the Eastern North China Craton. Journal of Asian Earth Sciences, 47: 80-93.

Li Z X. 1994. Collision between the North and South China blocks: crustal-detachment model for suturing in the region east of the Tan-Lu fault. Geology, 47(1): 80-93.

Liu Y J, Neubauer F, Genser J, et al. 2007. Geochronology of the initiation and displacement of the Altyn Strike-Slip Fault, western China. Journal of Asian Earth Sciences, 29(2): 243-252.

Mann P, Hempton M R, Bradley B K, et al. 1983. Development of pull-apart basins. Journal of Geology, 91(5): 529-554.

Mansfield C, Cartwright J. 2001. Fault growth by linkage: observations and implications from analogue models. Journal of Structural Geology, 23(5): 745-763.

Martel S T, Pollard D D, Segall P. 1988. Development of simple strike-slip fault zones, Mount Abbot quadrangle, Sierra Nevada, California. Geological Society of America Bulletin, 100(9): 1451-1465.

McClay K R. 1990. Extensional fault systems in sedimentary basins: a review of analogue model studies. Marine and Petroleum Geology, 7(3): 206-233.

McClay K, Dooley T. 1995. Analogue models of pull-apart basins. Geology, 23(8): 711-714.

McClay K R, Dooley T, Whitehouse P S, et al. 2005. 4D analogue models of extensional fault systems in asymmetric rifts: 3D visualizations and comparisons with natural examples. Geological Society, London, Petroleum Geology Conference series. Geological Society of London, 6(1): 1543-1556.

McLaughlin R J, Nilsen T H. 1982. Neogene non marine sedimentation and tectonics in small pull-apart basins of the San Andreas fault system, Sonoma County, California. Sedimentology, 29(6): 865-876.

Meng Q R, Hu J M, Yang F Z. 2001. Timing and magnitude of displacement on the Altyn Tagh fault: constraints from stratigraphic correlation of adjoining Tarim and Qaidam basins, NW China. Terra Nova, 13(2): 86-91.

Mitra S, Paul D. 2011. Structural geometry and evolution of releasing and restraining bends: insights from laser-scanned experimental models. AAPG Bulletin, 95(7): 1147-1180.

Moody J D, Hill M T. 1956. Wrench-fault tectonics. Bull Geol Soc Am, 67(9): 1207.

Morley C K, Nelson R A, Patton T L, et al. 1990. Transfer zones in the East African rift system and their relevance to hydrocarbon exploration in rifts. AAPG Bulletin American Association of Petroleum Geologists, 74(8): 1234-1253.

Nilsen T H, Sylvester A G. 1995. Strike-slip basins: Part 1. The Leading Edge, 18(10): 1146-1152.

Northrup C J, Royden L H, Burchfiel B C. 1995. Motion of the Pacific plate relative to Eurasia and its potential relation to Cenozoic extension along the eastern margin of Eurasia. Geology, 23(8): 719-722.

Panien M, Schreurs G, Pfiffner A. 2006. Mechanical behaviour of granular materials used in analogue modelling: insights from grain characterisation, ring-shear tests and analogue experiments. Journal of Structural Geology, 28(9): 1710-1724.

Peacock D C P, Sanderson D J. 1994. Geometry and development of relay ramps in normal fault systems. AAPG Bulletin, 78(2): 147-165.

Peacock D C P, Sanderson D J. 1995. Pull-aparts, shear fractures and pressure solution. Tectonophysics, 241(s1–2): 1-13.

Peacock S M. 2001. Are the lower planes of double seismic zones caused by serpentine dehydration in subducting oceanic mantle? Geology, 29(4): 299-302.

Pérez-Flores P, Wang G, Mitchell T M, et al. 2017. The effect of offset on fracture permeability of rocks from the Southern Andes Volcanic Zone, Chile. Journal of Structural Geology, 104(Nov.): 142-158.

Qi J, Yang Q. 2010. Cenozoic structural deformation and dynamic processes of the Bohai Bay basin province, China. Marine & Petroleum Geology, 27(4): 757-771.

Reading H G. 1980. Characteristics and recognition of strike-slip fault systems. Sedimentation in Oblique-Slip Mobile Zones, 7-26.

Richard P, Krantz R W. 1991. Experiments on fault reactivation in strike-slip mode. Tectonophysics,

188(1-2)：117-131.

Richard P D, Naylor M A, Koopman A. 1995. Experimental models of strike-slip tectonics. Petroleum Geoscience, 1(1): 71-80.

Ridgway K D, DeCelles P G, Johnsson M J, et al. 1993. Petrology of mid-Cenozoic strike-slip basins in an accretionary orogen, St. Elias Mountains, Yukon Territory, Canada. Special Papers-Geological Society of America, 67.

Ritts B D, Biffi U. 2000. Magnitude of post–middle Jurassic（Bajocian）displacement on the central Altyn Tagh fault system, northwest China. Geological Society of America Bulletin, 112(1): 61-74.

Sager W W. 2006. Cretaceous paleomagnetic apparent polar wander path for the Pacific plate calculated from deep sea drilling project and ocean drilling program basalt cores. Physics of the Earth and Planetary Interiors, 156(3): 329-349.

Segall P, Pollard D D. 1980. Mechanics of discontinuous faults. Journal of Geophysical Research: Solid Earth, 85(B8)： 4337-4350.

Shan J Z. 2004. Physical modeling experiments of structural deformation under shear stresses. Petroleum Exploration and Development, 31(6)： 56-57.

Sibson R H. 1993. Load-strengthening versus load-weakening faulting. Journal of Structural Geology, 15(2)： 123-128.

Sims D, Ferrill D A, Stamatakos J A. 1999. Role of a ductile decollement in the development of pull-apart basins: experimental results and natural examples. Journal of Structural Geology, 21(5)： 533-554.

Su W, Zhang S C, Zhang J, et al. 2015. Cenozoic tectonic evolution of Liaodong dome, Northeast Liaodong Bay, Bohai, offshore China, constraints from seismic stratigraphy, vitrinite reflectance and apatite fission track data. Tectonophysics, 659: 152-165.

Swanson M T. 2005. Geometry and kinematics of adhesive wear in brittle strike-slip fault zones. Journal of Structural Geology, 27(5)： 871-887.

Sylvester A G. 1988. Strike-slip faults. Geological Society of America Bulletin, 100(100): 1666-1703.

Sylvester A G, Darrow A C. 1979. Structure and neotectonics of the western Santa Ynez fault system in southern California. Tectonophysics, 52(1): 389-405.

Tentler T, Temperley S. 2003. Segment linkage during evolution of intracontinental rift systems: insights from analogue modelling. Geological Society, London, Special Publications, 212(1)： 181-196.

Tong H M, Wang J J, Zhao H T, et al. 2014. Mohr space and its application to the activation prediction of pre-existing weakness. 中国科学: 地球科学英文版, (7): 10.

Viola G, Odonne F, Mancktelow N S. 2004. Analogue modelling of reverse fault reactivation in strike-slip and transpressive regimes: application to the Giudicarie fault system, Italian Eastern Alps. Journal of Structural Geology, 26(3)： 401-418.

Wang G Z, Mitchell T, Meredith P, et al. 2016. The influence of gouge and pressure cycling on permeability of macro-fracture in basalt.//EGU. Ceneral Assembly Conference Abstracts: EPSC2016-15490.

Wang J, Chen H, Wang H, et al. 2011. Two types of strike-slip and transtensional intrabasinal structures controlling sandbodies in Yitong Graben. Journal of Earth Science, 22(3): 316-325.

Wang Q, Zou H Y, Hao F, et al. 2014. Modeling hydrocarbon generation from the Paleogene source rocks in Liaodong Bay, Bohai Sea: a study on gas potential of oil-prone source rocks. Organic Geochemistry, 76:

204-219.

Wilcox R E, Harding T P, Seely D R. 1973. Basic wrench tectonics. AAPG Bulletin, 57(1): 74-96.

Willett S D. 1997. Inverse modeling of annealing of fission tracks in apatite 1: a controlled random search method. American Journal of Science, 297(10): 939-969.

Wilson J T. 1965. Transform faults, oceanic ridges, and magnetic anomalies southwest of vancouver island. Science, 150(3695): 482-485.

Windley B F, Allen M B, Zhang C, et al. 1990. Paleozoic accretion and Cenozoic redeformation of the Chinese Tien Shan Range, central Asia. Geology, 18(2): 128.

Woodcock N H, Fischer M. 1986. Strike-slip duplexes. Journal of Structural Geology, 8(7): 725-735.

Wright T L. 1991. Structural geology and tectonic evolution of the Los Angeles Basin, California. AAPG, 71: 5(5): 629.

Wu J E, McClay K, Whitehouse P, et al. 2008. 4D analogue modelling of transtensional pull-apart basins. Marine and Petroleum Geology, 26(8): 1608-1623.

Wu Z, Cheng Y, Yan S, et al. 2013. Development characteristics of the fault system and its control on basin structure, Bodong Sag, East China. Petroleum Science, 10(4): 450-457.

Wysocka A, Swierczewska A. 2003. Alluvial deposits from the strike-slip fault Lo River Basin (Oligocene/Miocene), Red River Fault Zone, north-western Vietnam. Journal of Asian Earth Sciences, 21(10): 1097-1112.

Xu J W, Zhu G. 1994. Tectonic models of the Tan-Lu Fault Zone, Eastern China. International Geology Review, (8): 771-784.

Yin A, Nie S. 1993. An indentation model for the North China and South China collision and the development of the Tan-Lu and Honam fault systems, East Asia. Tectonics, 12(4): 801-813.

Yu Y, Zhou X, Tang Z, et al. 2009. Salt structures in the Laizhouwan depression, offshore Bohai Bay basin, eastern China: new insights from 3D seismic data. Marine & Petroleum Geology, 26(8): 1600-1607.

Yu Z, Wu S, Zou D, et al. 2008. Seismic profiles across the middle Tan-Lu fault zone in Laizhou Bay, Bohai Sea, eastern China. Journal of Asian Earth Sciences, 5(33): 383-394.

Zhang J, Zhang Z, Xu Z, et al. 2001. Petrology and geochronology of eclogites from the western segment of the Altyn Tagh, northwestern China. Lithos, 56(2): 187-206.

Zhang K J. 1997. North and South China collision along the eastern and southern North China margins. Tectonophysics, 270(1–2): 145-156.

Zhang Y, Dong S, Shi W. 2003a. Cretaceous deformation history of the Tan-Lu fault zone in Shandong Province, eastern China. Tectonophysics, 363(3-4): 243-258.

Zhang Y, Wei S, Dong S. 2003b. Cenozoic deformation history of the Tancheng-Lujiang Fault Zone, north China, and dynamic implications. Island Arc, 12(3): 281-293.

Zhou W W, Wang W F, Shan C C, et al. 2016a. Formation and evolution of concealed fault zone in sedimentary basin and its reservoir-controlling effect. International Journal of Oil Gas and Coal Technology, 12(4): 335-358.

Zhou W W, Wang W F, Shan C C. 2016b. Characteristics of concealed fault zone and its significance in hydrocarbon accumulation in Qikou Sag. Journal of China University of Petroleum Cin Chinese, 40(4): 29-36.

Zhu G, Xu J, Sun S. 1995. Isotopic age evidence for the timing of strike-slip movement of the Tan-Lu fault zone. Geological Review, 41: 452-456.

Zhu G, Wang Y, Liu G, et al. 2005. ^{40}Ar/^{39}Ar dating of strike-slip motion on the Tan-Lu fault zone, East China. Journal of Structural Geology, 27(8): 1379-1398.

Zhu G, Liu G S, Niu M L, et al. 2009. Syn-collisional transform faulting of the Tan-Lu fault zone, East China. International Journal of Earth Sciences, 98(1): 135-155.

Zhu G, Hou M J, Wang Y S, et al. 2010. Thermal evolution of the tanlu fault zone on the eastern margin of the dabie mountains and its tectonic implications. Acta Geologica Sinica(English Edition), 78(4): 940-953.